普通高等教育“十三五”规划教材

3D打印技术及CAD建模

陈中中　朱惠玉　主编

化学工业出版社

·北京·

本书系统地讲述了3D打印技术的原理、应用及CAD建模，全书共5章，内容包括3D打印技术原理、金属零件3D打印设备及原理、3D打印金属粉末制备与检测、3DP产品质量分析及后处理、数据处理、CAD建模及反求工程等方面。从科学、集成的角度，系统介绍了3D打印技术的理念、内容、关键技术和最新成果，力求实时跟进科技发展动态，让读者领略和了解3D打印前沿热点，开阔视野、拓宽知识。

本书配套有相应的电子教案、视频资料及课后思考题答案，以方便广大师生和读者阅读学习。

本书可作为高等院校理工科专业教材，也可供对3D打印技术有兴趣或希望尽快进入3D打印领域的人员参考。

图书在版编目（CIP）数据

3D打印技术及CAD建模/陈中中，朱惠玉主编．—北京：化学工业出版社，2017.12（2022.1重印）
普通高等教育“十三五”规划教材
ISBN 978-7-122-30816-0

Ⅰ.①3… Ⅱ.①陈… ②朱… Ⅲ.①立体印刷-印刷术-高等学校-教材 Ⅳ.①TS853

中国版本图书馆CIP数据核字（2017）第256038号

责任编辑：高 钰　　文字编辑：陈 喆
责任校对：王素芹　　装帧设计：刘丽华

出版发行：化学工业出版社（北京市东城区青年湖南街13号 邮政编码100011）
印　　装：北京捷迅佳彩印刷有限公司
787mm×1092mm 1/16 印张10¾ 字数265千字 2022年1月北京第1版第2次印刷

购书咨询：010-64518888　　售后服务：010-64518899
网　　址：http://www.cip.com.cn
凡购买本书，如有缺损质量问题，本社销售中心负责调换。

定　　价：39.00元

前言

FOREWORD

以信息技术与制造技术深度融合为特征的智能制造模式，正在引发整个制造业的深刻变革。3D 打印是制造业有代表性的颠覆性技术，实现了制造从减材、等材到增材的重大转变，改变了传统制造的理念和模式，具有重大价值和拓展空间。近年来，3D 打印技术正迅速发展，其所涉及的领域、概念及板块几乎涵盖了制造业的方方面面，尤其是以互联网为支撑平台进行智能化、规模化定制，标志着新一轮制造方式、市场营销乃至电子商务模式的到来。有机构预测，在不久的将来，3D 打印将做到与等材制造、减材制造三足鼎立。美国《时代周刊》已将 3D 打印产业列为"美国十大增长最快的工业"，英国《经济学人》杂志则认为 3D 打印将与其他数字化生产模式一起推动实现新的工业革命。

在经济发展全球化的大背景下，个性化消费时代已经到来，3D 打印技术可以方便、快捷地制作出从单件到批量的定制化产品，加速推动着传统加工模式的改变。有专家指出："无处不在的互联网技术和日益成熟的 3D 打印结合之后，可以形成威力巨大的智能制造生态系统，打通从设计师到消费者之间的通道，并有可能取代传统生产模式。"同时，作为产品数字化开发的利器，3D 打印技术可以更好地为创客所用，在"大众创业、万众创新"的时代浪潮中发挥出独特的作用。

本书系统地介绍了 3D 打印的技术原理及相关工艺过程，阐述了与之相关的材料特征、数据准备、后期制作以及 CAD 建模、反求工程等环节，让读者对 3D 打印技术所涉及的前沿领域和最新科技成果，有一个全面系统的认识。为提供给读者更多的 3D 打印技术知识，本书以案例的形式介绍了几款通用模型制作软件——Thinkercad/Blender/Rhino/Blender/3D One 的使用，同时通过反求测量实际案例，介绍了通过 CATIA 进行创成式设计的过程，以崭新的视角为读者展现 3D 打印技术的魅力。

本书配套有相应的电子教案、视频资料及课后思考题答案，并将免费提供给采用本书作为教材的院校使用。如有需要，请发电子邮件至 cipedu@163.com 获取，或登录 www.cipedu.com.cn 免费下载。

本书由陈中中、朱惠玉主编，张建立、刘建伟参编，感谢蒋志强、王一工教授和畅鹏豪、杨承宇、王鹏同学提供的帮助；感谢河南泛锐研究院和 3D 人才网提供的教学培训平台，使本书更加系统和完善。

本书很多内容来自笔者在西安交通大学先进制造技术研究所读博期间搜集和整理的原始资料，借此向导师卢秉恒院士和所引论文的作者表示衷心的感谢。

由于时间仓促，笔者水平有限，不足之处在所难免，敬请广大读者批评指正。最后，笔者真诚地希望能够借此机会，在与读者的交流中共同获得新的知识和力量。

编　者

目录

CONTENTS

第1章 3D打印技术概论 / 1

第2章 金属零件3D打印设备及原理 / 33

第3章 3D打印金属粉末制备与检测 / 70

第1章 3D打印技术概论

1.1 3D打印技术

3D打印技术的前身是20世纪80年代后期发展起来的快速成型技术（Rapid Prototyping，RP）。RP技术有别于传统的去除成型（如车、铣、刨、磨等机械加工）、受迫成型（如铸、锻、粉末冶金）、焊接拼合成型等加工方法，它采用材料累加法制造零件原型，可以直接将CAD数据在计算机的控制之下，快速精确地制造出三维实体模型，而无需传统的刀具和夹具。RP技术集成了CAD、数控、激光和材料技术等现代科技成果，是先进制造技术的重要组成部分。步入2015年以来，我国开始重视3D打印产业的发展，并正式将3D打印纳入国家工业转型升级的重点方向。中国物联网校企联盟将3D打印称作"上上个世纪的思想，上个世纪的技术，本世纪的市场"。

1.1.1 3D打印技术原理

3D打印技术是采用软件离散-材料堆积的原理来实现零件成型的（见图1-1），正是由于这样的过程，3D打印技术也被称为增材制造（Additive Manufacturing，AM）。

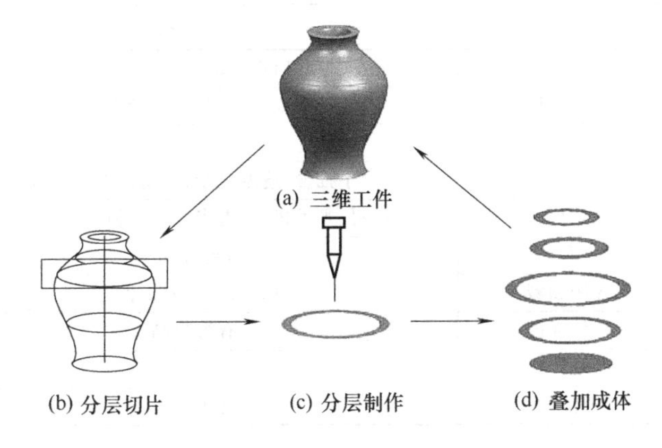

图1-1 三维—二维—三维的转换

3D打印技术的具体工艺过程

是：首先对零件的CAD数据进行分层处理，得到零件的二维截面数据，然后根据每一层的截面数据，以特定的成型工艺（挤压堆积成型材料、固化光敏树脂或烧结粉末等）制作出与该层截面形状一致的一层薄片，这样不断重复操作，逐层累加，直至“生长”出整个实体模型（见图1-2）。

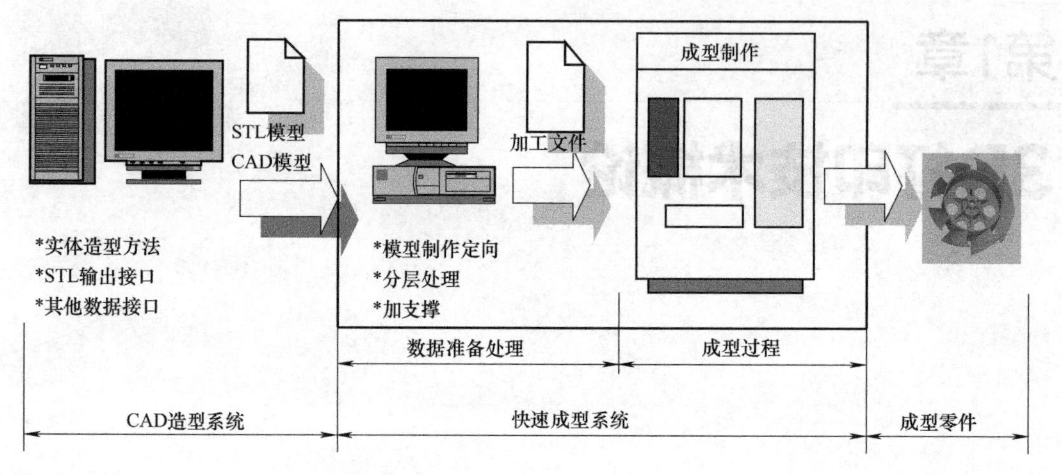

图1-2 3D打印技术工艺过程示意图

可以看出，由CAD造型系统输出的STL模型或CAD模型，经数据准备处理，生成用于成型的加工文件，再由3D成型设备将模型转化为物理实体。数据准备处理过程中，通过对模型文件进行制作定向、分层处理、加支撑和输出加工文件等操作，可以将一个任意复杂的三维实体转化为一组二维层片的叠加，因此，成型制作与零件复杂程度无关，使得整个生产过程数字化，零件实现所见即所得，模型文件可随时修改、随时制造，是真正意义上的自由制造。

3D打印技术相对传统制造技术来讲是一次重大的技术革命，它能够解决传统制造业所不能解决的技术难题，对传统制造业的转型升级和结构性调整将起到积极的推动作用。但传统制造业所擅长的批量化、规模化、精益化生产，恰恰是3D打印技术的短板。表1-1给出了3D打印与传统制造业在技术上的差异。

表1-1 3D打印与传统制造技术的比较

项　目	3D打印技术	传统制造技术
基本技术	SL,FDM,SLS,LOM,3DP等	车、铣、刨、磨、铸、锻、焊等
核心原理	分层制造、逐层叠加	—
技术特点	增材制造	减材制造
适用场合	小批量、造型复杂;非功能性零部件	大规模、批量化;不受限
使用材料	塑料、光敏树脂、陶瓷或金属粉末等(受限)	几乎所有材料
材料利用率	高,超过95%	低
应用领域	模具、样件;异形件等	广泛、不受限制
构件强度	有待提高	较好
产品周期	短	较长
智能化	易于实现	不易实现

从技术上分析，目前3D打印常用以表达产品的外观几何尺寸、颜色等属性，无法打

印出其全部性能；此外，从成本核算、材料约束、工艺水平等多方面因素综合考虑，3D打印并不能够完全替代传统的生产方式，而是要为传统制造业的创新发展注入新动力。因此可以看出，目前3D打印的核心意义体现在以下两个方面：一是传统生产方式不能生产制造的个性化、复杂高难度产品，通过3D打印可直接制造；二是虽然传统方式能够生产制造，但是投入成本太高，周期太长，通过3D打印可达到实现快捷、方便、缩短周期、降低成本的目的。

1.1.2 3D打印技术分类

目前，典型商业化的3D打印方法主要有：立体光固化成型法（Stereolithography，SL）、叠层制造法（Laminated Object Manufacturing，LOM）、选区激光烧结法（Selected Laser Sintering，SLS）、熔融沉积造型法（Fused Deposition Modeling，FDM）、三维打印法（Three Dimensional Printing，3DP）、掩模固化法（Solid Ground Curing，SGC）、弹射颗粒成型（Ballistic Particle Manufacturing，BPM）等。其中，SL工艺以误差小、精度高的技术优势，成为市场占有率最高的3D打印技术。

1.1.2.1 立体光固化成型（Stereolithography，SL）

立体光固化成型亦称为立体光刻成型，其基本原理是以激光光束照射光敏树脂，使被照射区域的树脂固化并逐层堆积，从而制造出产品原型（见图1-3）。

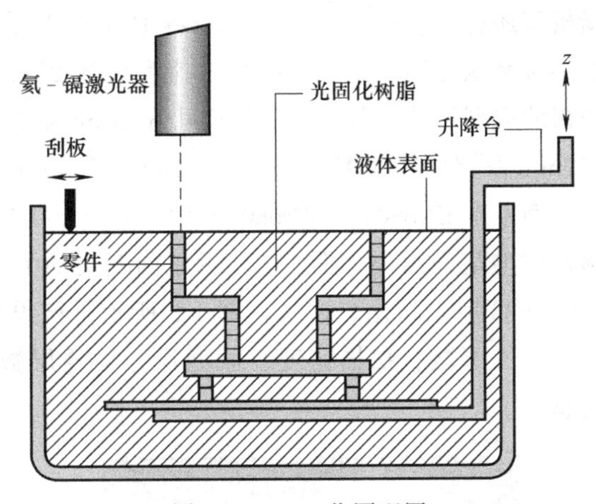

图1-3 SL工艺原理图

具体过程如下：液槽中盛满液态光敏树脂，氦-镉激光器或氩离子激光器发出的光束在控制系统控制下按零件的各分层截面信息，在光敏树脂表面进行逐点扫描，使被扫描区域的树脂薄层产生光聚合反应而固化，形成零件的一个薄层。一层固化完毕后，升降台下移一个层厚的距离，以使在原先固化好的树脂表面再涂敷上一层新的液态树脂，刮板将黏度较大的树脂液面刮平，然后进行下一层的扫描加工，新固化的一层牢固地黏结在前一层上，如此重复直至整个零件制造完毕，最终得到一个三维实体原型。

(1) 成型工艺特点

具有成型表面质量好、尺寸精度高、制作迅速，成型材料收缩量小以及能够制造比较精细的结构特征等优点，因而应用最为广泛。但该工艺也有成型材料种类少、液态树脂性能不够稳定、常常需要二次固化且需避光保存等缺点。

(2) 成型设备

20世纪80年代初，美国3M公司的Alan J. Hebert、美国UVP公司的Charles W. Hull、日本Nagoya Prefecture研究所的小玉秀男，在不同地点各自独立地提出了快速成型的概念，即利用连续层的选区固化生产三维实体的新思想。Hull 在 UVP 的支持下，发明了 Stereolithography 工艺，并于 1986 年申请了专利（美国专利号 4575330），同时他和 UVP 的股东们一起创立了 3D Systems 公司，开始进行立体光刻技术的商业开发，并于 1988 年首次推出 SLA-250 机型（见图 1-4）。

目前，在研究光固化成型设备的公司及科研院所中，知名的有美国 3D Systems 公司、Aaroflex 公司，德国 EOS 公司、F&S 公司，法国 Laser 3D 公司，日本 SONY/D-Meiko 公司、Denken Engieering 公司、Unipid 公司、CEMT 公司，以色列 Cubital 公司以及国内的清华大学、西安交通大学、上海联泰公司、华中科技大学等单位。

上述研究 SL 设备的公司中，美国 3D Systems 公司在国际市场上所占份额最大。该公司继 1988 年推出第一台商品化设备 SLA-250 以来（见图 1-4），又于 1997 年推出了 SLA-250HR、SL-3500、SL-5000 三种机型，在技术方面有了长足的进步。其中 SLA-3500 和 SLA-5000 使用半导体激励的固体激光器，扫描速度分别达到 2.54m/s 和 5m/s，成型层厚最小可达 0.05mm。此外，这两种机型还采用了一种称为 Zephyr Recoating System 的新技术，该技术是在每一成型层上，用一种真空吸附式刮板在该层上涂一层0.05～0.1mm 的待固化树脂，使成型时间平均缩短了 20%。该公司于 1999 年推出 SLA-7000 机型（见图 1-5），与 SLA-5000 机型相比，该设备的扫描速度提高至 9.52m/s，平均成型速度提高了 4 倍，成型层厚最小可达 0.025mm，精度提高了 1 倍。3D Systems 公司推出的较新机型还有 Viper-si2 SLA 及 Viper Pro SLA 系统（见图 1-6）。Viper Pro SLA 系统装备了 2000MW 激光器，激光扫描最大速度可达 25m/s，升降台的垂直精度为 0.001mm，有三种规格的成型尺寸，分别为中等尺寸 650mm×350mm×300mm、大型尺寸 650mm×750mm×550mm 及超大尺寸 1500mm×750mm×500mm。3D Systems 公司最新推出的机型为 iPro 系列，型号有 iPro8000、iPro8000MP、iPro9000 与 iPro9000XL 等，可更换不同尺寸的液槽以满足成型空间需要。图 1-7 所示是西安交通大学机械制造系统工程国家重点实验室研发的 SPS600C 型光固化成型机，图 1-8 所示是该设备操作界面及成型的零件模型。系统界面包含有激光参数、扫描速度、原型尺寸、叠层数、层距、当前层数据、工作台升降速度等信息。

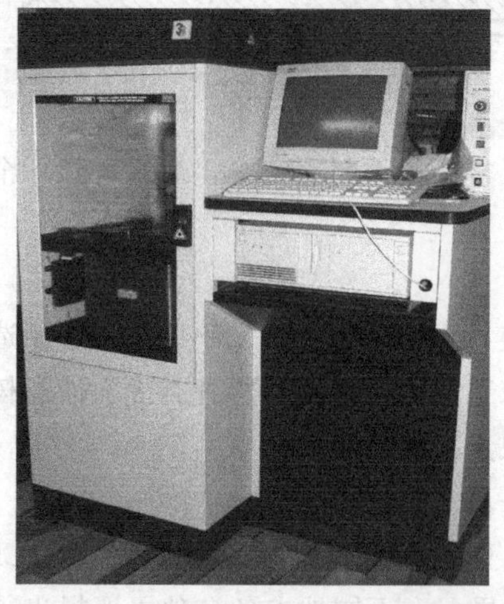

图 1-4 3D Systems 公司 SLA-250 成型机

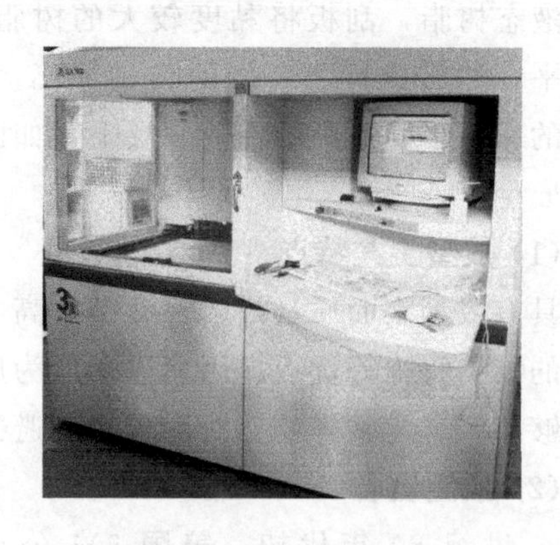

图 1-5 3D Systems 公司 SLA-7000 型快速成型机

1.1.2.2 选区激光烧结（Selective Laser Sintering，SLS）

选区激光烧结使用的材料为固态粉末，与SL工艺相似，它也是用激光束来扫描各层材料，只不过是用粉末材料代替了液体树脂。制作时，粉末首先被预热到稍低于其熔点温度的状态，然后控制激光束加热粉末，使其达到烧结温度，从而把它和上一层黏结到一起。激光未扫描到的区域仍是原始粉末，可以作为下一层的支撑并在成型完成后用刷子清除掉。一层制作完毕后成型活塞下降一个层厚的距离，供粉活塞上升，用铺粉辊筒将粉体从供粉活塞移动至成型活塞，将粉体铺平后即可扫描下一层，不断重复铺粉和选区烧结的过程，从而实现一个完整的三维实体制作（见图1-9）。

图1-6 3D Systems公司
Viper Pro型SLA快速成型机

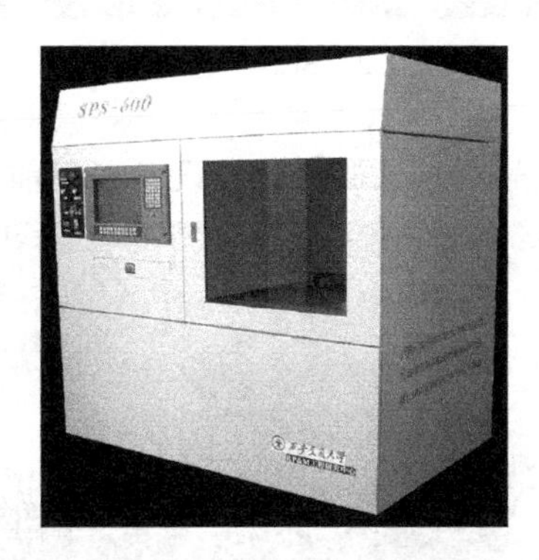

图1-7 西安交通大学
SPS600C成型机

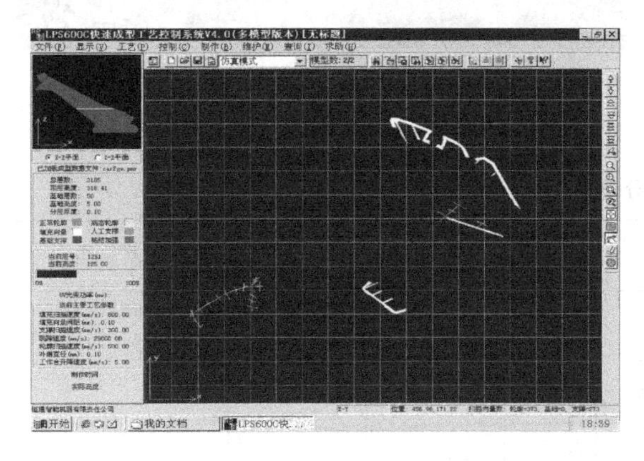

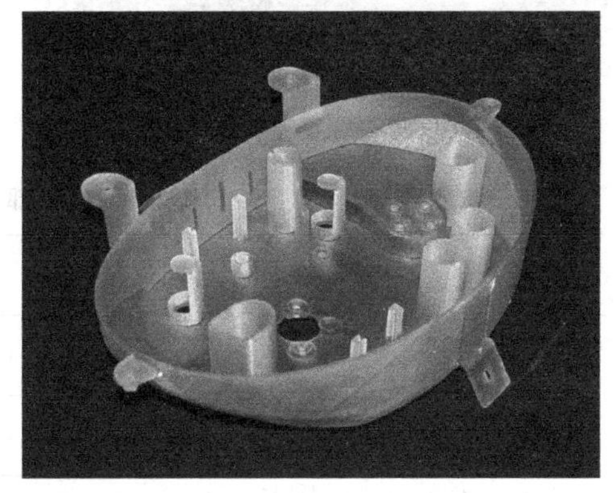

图1-8 SPS600C成型机系统控制软件界面及加工的SL原型

SLS使用的激光器是CO_2激光器，使用的原料有蜡、聚碳酸酯、尼龙、金属以及其他一些粉状物料。根据所使用的成型材料不同，选区激光烧结的具体烧结工艺也有所不同，可大致分为高分子、金属、陶瓷粉末三种烧结工艺。

(1) 成型工艺特点

SLS最大的独特性是能够直接烧结金属模具和陶瓷模具，用作注塑、压铸、挤塑等塑料成型模及钣金成型模（见图1-10）。同时该工艺还具有成型材料选择广泛、无需支撑结构、材料利用率高等优点。缺点表现在经选区激光烧结后的聚合物高分子材料粉末强度

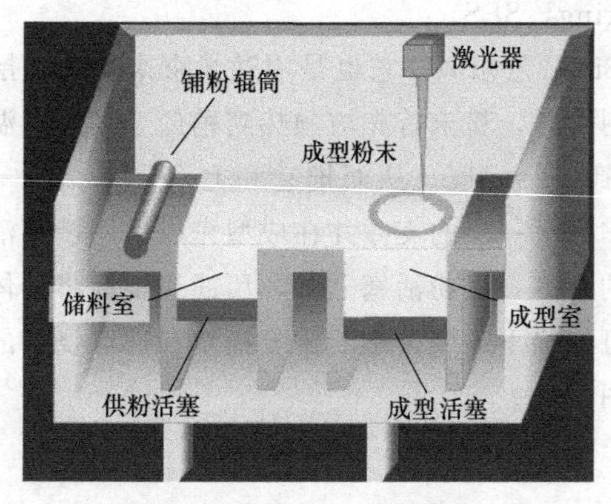

图 1-9　SLS 工艺原理图

较弱，须进行渗蜡或渗树脂等补强处理（见图 1-11）；此外，在烧结过程中有一定的气味和毒性，且成型室对环境要求较严格。

(2) 成型设备

美国 DTM 公司首次获得此项技术专利，并于 1992 年研制了激光烧结设备“Sinterstation 2000”系统。该设备烧结的材料主要有铸造用蜡、标准工程热塑性塑料（如聚碳酸酯、尼龙、覆膜金属等）。此外，美国 3D Systems 公司、德国 EOS 公司以及国内的北京隆源公司、华中科技大学等单位都生产出不同型号的选区激光烧结设备。目前国内外部分选区激光烧结成型设备如表 1-2 所示。

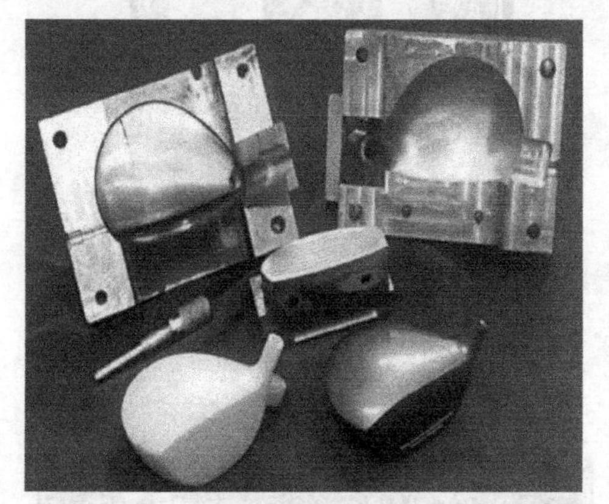

图 1-10　采用 SLS 工艺制作的高尔夫球头模具及产品

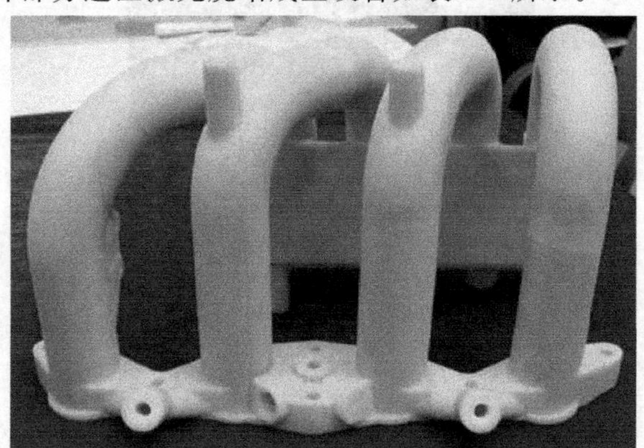

图 1-11　内燃机进气管 SLS 原型（渗蜡处理）

表 1-2　国内外部分选区激光烧结成型设备

型号	研制单位	加工尺寸/mm	厚度/mm	激光光源	扫描速度/(m/s)	控制软件
Vanguard si2 SLS	3D Systems（美）	370×320×445		100W CO_2	7.5(标准) 10(快速)	VanguardHS si2™ SLS@system
Sinterstation 2500hps	DTM（美）	368×318×445	0.1016	50W CO_2	—	—
Sinterstation 2000		203×254×152	0.05～0.7	50W CO_2	—	
Sinterstation 2500		350×250×500	0.07～0.12	50W CO_2	—	
Eosint S750	EOS（德）	720×380×380	0.2	2×100W CO_2	3	EOS RP tools Magics RP Expert series
Eosint M250		250×250×200	0.02～0.1	200W CO_2	3	
Eosint P360		340×340×620	0.15	50W CO_2	5	
Eosint P700		700×380×580	0.15	50W CO_2	5	
AFS-320MZ	北京隆源	320×320×435	0.08～0.3	50W CO_2	4	AFS Control2.0
HRPS-Ⅲ	华中科大	400×400×500		50W CO_2	4	HPRS 系列

1.1.2.3 熔融沉积造型（Fused Deposition Modeling，FDM）

熔融沉积造型是由美国明尼苏达州明尼阿波利斯市的工程师 Scott Crump 于 1988 年发明的，并随后创立了 Stratasys 公司。值得一提的是，时至今日，Scott Crump 仍然是全球 3D 打印领域的引领者——Stratasys 公司的全职主席兼研发负责人。FDM 的工作原理是将丝状的热熔性材料加热熔化，通过一个带有微细喷嘴的喷头挤压出来，如果热熔性材料的温度始终稍高于固化温度，而成型部分温度稍低于固化温度，就能保证热熔性材料在挤压出来后，能够立即与前一层面熔结在一起。一个层面沉积完成，工作台按预定的分层高度下降一个层厚，二维层面是通过 *X*-*Y* 工作台的移动，带动喷头将熔融材料按每层截面形状进行铺敷，如此逐层累积从而形成三维实体模型（见图 1-12）。

（1）成型工艺特点

FDM 的突出优势是成型材料选择范围很广，如铸造石蜡、尼龙、热塑性塑料、ABS 等；此外设备体积小，运行维护费用低，易于实现桌面化。缺点是成型速度及精度不高；制作复杂零件时必须添加辅助支撑结构，并在后续工序中加以去除（见图 1-13）。

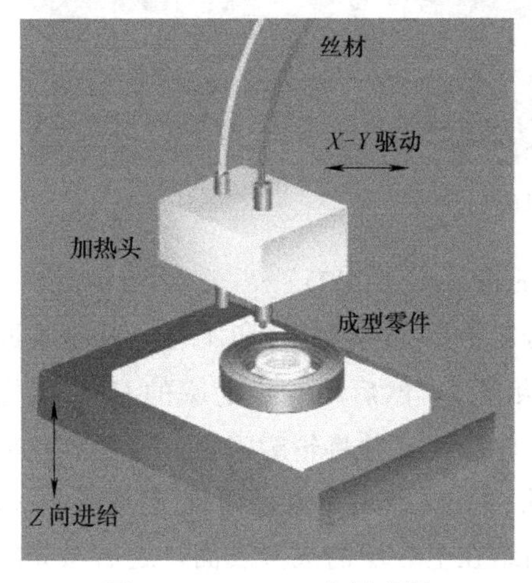

图 1-12 FDM 工艺原理图

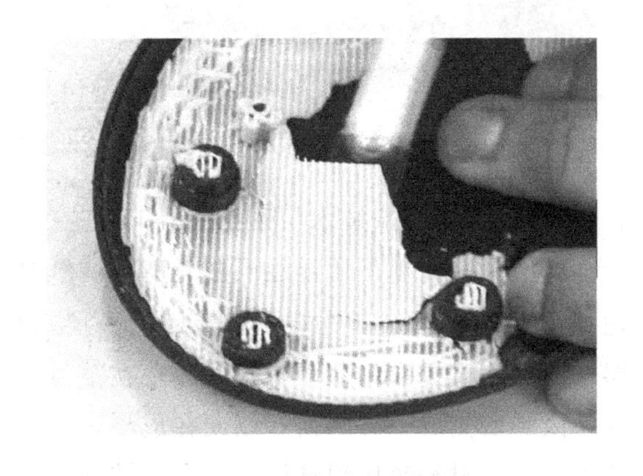
图 1-13 FDM 工艺去除辅助支撑

（2）成型设备

目前国外研究 FDM 工艺的公司主要有美国 MakerBot 公司、Stratasys 公司和 3D Systems 公司，以及以色列的 Object 公司等。其中 Stratasys 公司处于领导者的地位，该公司自 1993 年开发出第一台商业机型 FDM1650 后，又先后推出了 FDM2000、FDM3000、FDM8000 及 FDM Quantum 等机型。其中 FDM Quantum 机型最大造型体积可达 600mm × 500mm × 600mm。此外，该公司推出有 Genisys 和 Dimension 系列小型 FDM 设备，并得到市场广泛认可，仅 2005 年 Genisys 系列成型机的销量就突破千台（见图1-14）。

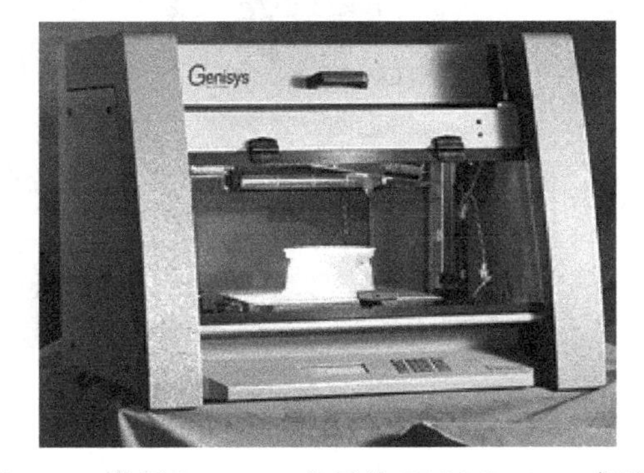

图 1-14 美国 Stratasys 公司的 FDM-Genisys 成型机

此外还有美国3D Systems公司、MedModeler公司等单位也研制了FDM成型设备。其中3D Systems的Invision 3-D Modeler系列成型机，采用了多喷头结构和水溶性支撑，成型材料具有多种颜色。国内清华大学与北京殷华公司（现为北京太尔时代）也较早地进行了FDM工艺商品化系统的研制工作，并推出了MEM300型成型设备。西安交通大学在FDM工艺基础上开发出了气压式熔融沉积成型机——AJS系统。该系统由于没有送丝部分而使得喷头结构轻巧，从而减小了机构振动。同时，系统采用双喷头结构，可以通过控制不同温度和扫描速度成型出不同直径的丝材，提高制作精度（见图1-15）。

图1-15 AJS系统设备外观及内部双喷头结构

1.1.2.4 叠层制造技术（Laminated Object Manufacturing，LOM）

叠层制造技术是通过逐层激光剪切薄纸材料制造零件的一种3D打印工艺，其基本原理如图1-16所示。首先在基板上铺上一层箔材（如纸张），然后用一定功率的CO_2激光器按照计算机提取的截面轮廓，逐一在箔材上切割出轮廓线，并将轮廓区以外（非零件部分）区域切割成小方网格，以便在成型之后加以剔除。一层加工完成后再铺上一层箔材，新的一层箔材经热压辊碾压后，在黏结剂的作用下黏结在上一层的成型表面，之后激光继续切割该层轮廓，如此反复直至加工完毕。最后去除非零件的多余部分，便可得到完整的实体零件。

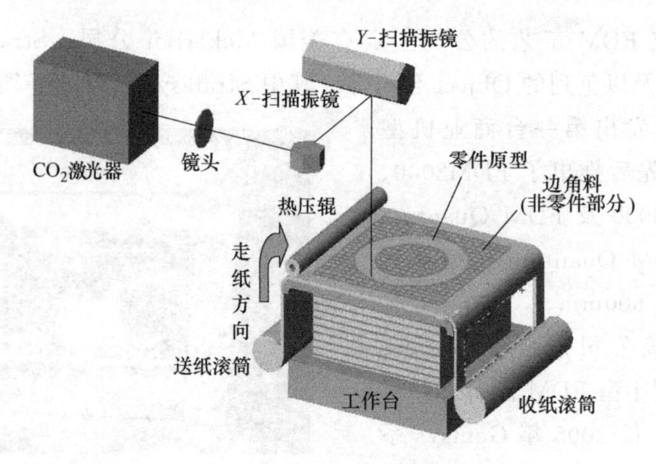

图1-16 LOM工艺原理图

(1) 成型工艺特点

优点是无需设计支撑；无需填充扫描，扫描工作量少；成型过程无相变，残余应力较小。缺点是后续去除废料过程工作量大，且材料浪费严重；成型精度低。

(2) 成型设备

叠层制造成型工艺出现于1985年，主要制造商是美国Helisys公司。目前，生产LOM成型设备的有美国Helisys公司，日本Kira公司、Sparx公司，以色列Solidimension公司，新加坡Kinergy公司以及国内华中科技大学和清华大学等单位，其中美国Helisys公司技术较为领先，在国际市场上所占份额最大。该公司于1992年推出了第一台商业机型LOM-1015（380mm×250mm×350mm），之后又在1996年推出LOM-2030机型（815mm×550mm×508mm），成型时间较原机型缩短30%（见图1-17、图1-18）。Helisys公司除LPH、LPS和LPF三个系列纸材品种外，还开发了塑料和复合材料品种。软件方面，Helisys公司开发了面向Windows NT的LOMSlice软件包，增加了STL可视化、纠错和布尔操作等功能，使系统功能更加完善。日本Kira公司的PLT-A4机型采用了一种硬质合金刀具来代替激光器进行纸材切割。以色列Solidimension公司SD300机型类似于一台桌面A4纸打印机，具有USB接口，所使用材料为透明的工程塑料（PVC）薄膜，模型最小壁厚可以小至1.0mm，图1-19所示为SD300设备外观及所制作的模型样件。国内西安交通大学的CLM400叠层实体快速成型机、华中科技大学研制的HRP系列成型机，在硬件和软件方面都有各自的创新之处。图1-20所示为CLM400成型机加工现场及制备的零件模型。

图1-17 Helisys公司LOM-2030成型机

图1-18 LOM-2030切纸过程

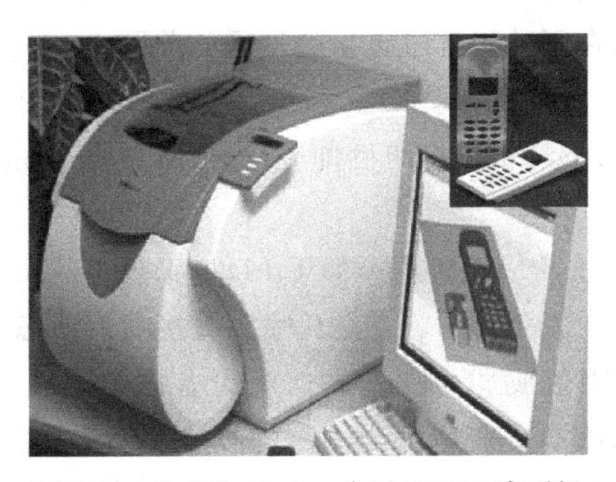

图1-19 Solidimension公司SD300成型机

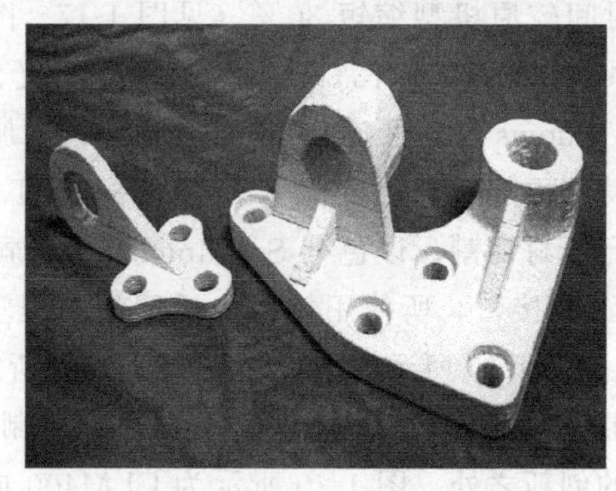

图 1-20 西安交通大学 CLM400 成型机外观、内部结构及加工的机械零件 LOM 原型

1.1.2.5 三维打印技术（Three Dimensional Printing，3DP）

三维打印技术起初是美国麻省理工学院（MIT）机械工程系 Emanual Sachs 和材料工程系 Michael Cima 等联合研制的。Sachs 于 1989 年申请了 3DP 专利，该专利是非成型材料微滴喷射成型范畴的核心专利之一。需要特别说明的是，MIT 发明的三维打印技术（Three Dimensional Printing，3DP）只是 3D 打印众多成型技术中的一种，我们通常所说的 3D 打印并非特指 MIT 的这项 3DP 技术。最初的 3DP 工艺与 SLS 工艺类似，采用的也是陶瓷粉末作为成型材料，不同之处是粉末不是通过烧结连接起来，而是通过喷头利用黏结剂微滴将零件截面“印刷”在材料粉末上。分层加工完毕后，再用高温烧结的方法使原型固化，从而得到所需模型（见图 1-21）。

近几年来，3DP 技术在国外得到了迅猛的发展。美国 Z Corp 公司与日本 Riken Institute 公司于 2000 年研制出基于喷墨打印技术的、能够制作出彩色原型件的三 D 打印机。该公司生产的 Z400、Z406 及 Z810 打印机即是采用 MIT 发明的基于喷射黏结剂工艺的 3DP 设备。

另一种喷墨式 3DP 技术的成型过程类似于 FDM 工艺，其喷头更像是喷墨打印机的打印头，与铺粉后喷涂黏结剂固化不同，它是从喷头直接喷射液态工程塑料微滴，依靠瞬间凝固而形成薄层。多喷嘴喷射成型为喷墨式 3DP 设备的主要成型方式，喷嘴呈线性分布（见图 1-22）。喷嘴数量和微滴直径是两个关键的技术参数，喷嘴数量越多，成型效率越高；微滴直径越小，打印精度或打印分辨率也就越高。如美国 3D Systems 公司的 Pro-

Jet6000 设备，在特清晰打印模式（XHD）下打印精度为 0.075mm，层厚为 0.05mm。

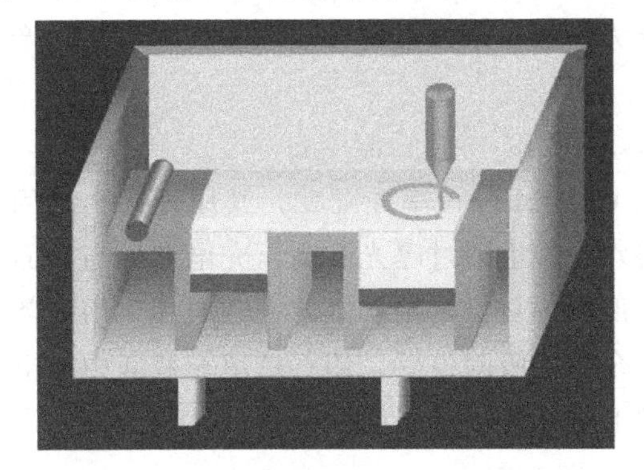
图 1-21 粉末粘接成型 3DP 工艺原理图

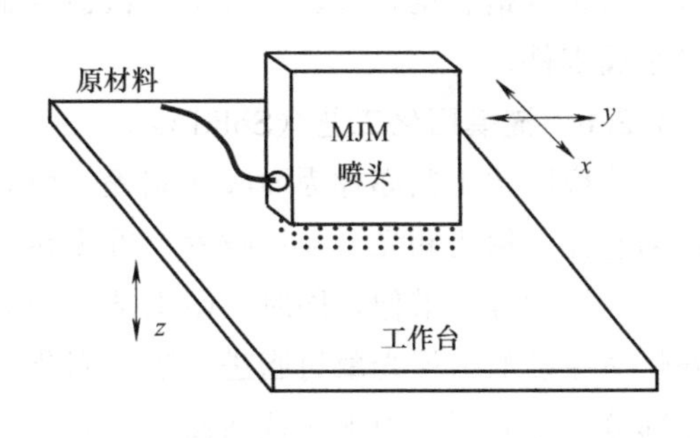

图 1-22 多喷嘴喷射成型 3DP 工艺原理图

（1）成型工艺特点

3DP 作为喷射成型技术之一，采用黏结剂和喷射方式，原则上几乎可以采用任何材料来进行成型加工，且具有成型速度快、成本低、适用材料广等诸多优点，并且能够制作出彩色产品。缺点是模型强度较低，易发生变形甚至出现裂纹；成型表面精度较低，须后续处理。

（2）成型材料及设备

目前，已开发出来的部分 3DP 商品化设备有美国 Z Corp 公司的 Z 系列（见图 1-23），以色列 Objet 公司（于 2012 年并入 Stratasys 公司）的 EDEN 系列、Connex 系列及桌上型 3D 打印系统，3D Systems 公司开发的 Personal 系列与 Professional 系列以及 Solidscape 公司的 T 系列等。2009 年以来，3D Systems 公司推出价格低廉、面向个人用户的 Personal 3DP 设备，主要型号有 Glider、Axis Kit、RapMan、3D Touch、ProJet 1000、ProJet 1500、V-Flash 等，其中 ProJet1500 型号及 3D Touch 打印机具有更高的打印分辨率和速度、更明亮的色彩及打印的模型耐久性更好（见图 1-24）。

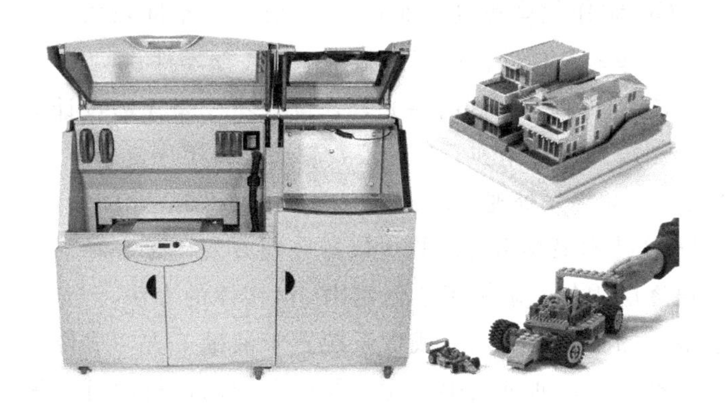
图 1-23 Z Corp 公司 Z650 三 D 打印机

图 1-24 3D Systems 公司 3D Touch 三 D 打印机

此外，基于 3DP 工艺的其他成型方式还有：将陶瓷粉末换成不锈钢金属粉末，同时保证金属粉末对所喷射的化学黏结剂具有好的润湿性，便可制造出金属“绿件”，“绿件”

经去除黏结剂和渗铜处理，便可得到高密度件。美国 Extrude Hone 公司的 RTS-300 机型，就是以钢、钢合金、镍合金和钛钽合金粉末为原料，采用喷射黏结剂的技术直接生产出金属零件。

1.1.2.6 掩模固化工艺（Solid Ground Curing，SGC）

掩模固化工艺亦称为面曝光制程，由以色列 Cubital 公司率先开发。其原理是：利用丙烯基光敏树脂和光学掩模技术，首先在一块特殊玻璃上通过曝光和高压充电产生与截面形状一致的静电潜像，同时吸附上碳粉形成截面形状的负像，接着以此为“底片”用强紫外灯对涂敷的一层光敏树脂进行曝光固化，将多余树脂吸附掉后，用石蜡填充截面中的空隙部分。之后用铣刀把该截面修平，并在此基础上进行下一个层面的固化（见图 1-25）。

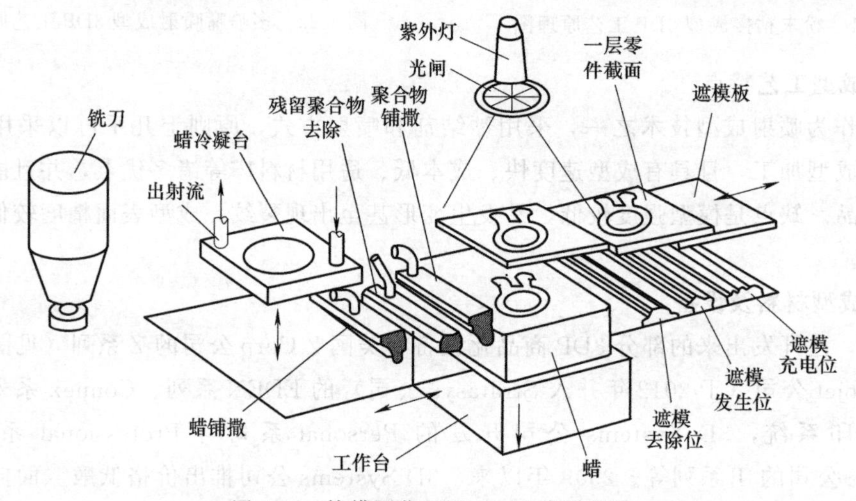

图 1-25 掩模固化（SGC）工艺原理图

同 SL 工艺一样，掩模固化系统也是利用紫外光来固化光敏树脂，但光源和具体的工艺方法与 SL 不同，它的曝光是采用光学掩模技术和电子成像系统来进行的。因为每层固化是瞬间完成，因此相比 SL 来说，SGC 制作效率更高，而且 SGC 的工作空间较大，可以一次制作多个零件，也可以制作单个大型零件。

SGC 的优点一是同时曝光，速度快；二是无需设计支撑结构。缺点是树脂和石蜡的浪费较大，且工序复杂。

1.1.2.7 数字光处理（Digital Light Processing，DLP）

DLP 技术最早由美国德州仪器公司开发，是一种通过投影仪逐层固化光敏树脂来创建出 3D 实体的方法。与 SL 工艺最大的不同之处是其成像系统置于液槽下方，成像面位于液槽底部，通过投影光能量及图形控制，每次可以固化一定厚度及形状的薄层树脂，液槽上方设置有提升机构，每次截面曝光完成后向上提升一定高度（即分层厚度），使当前固化完成的固态树脂与液槽底面分离并粘接在上一层已成型的树脂层上，这样通过逐层曝光并提升来生成三维实体（见图 1-26）。此外，DLP 所使用的光源与

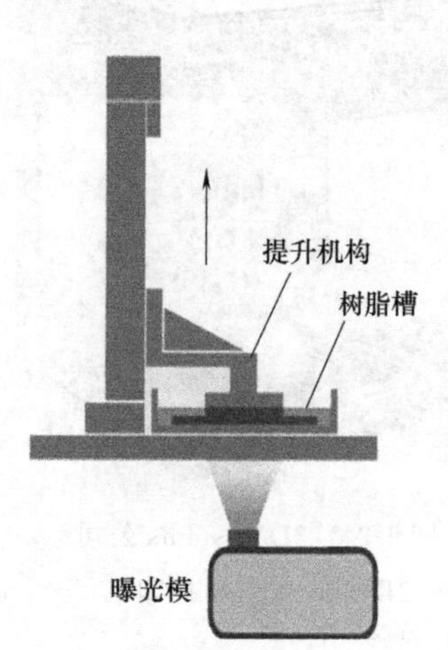

图 1-26 DLP 技术成型原理示意图

投射方式也与 SL 工艺不尽相同，SL 使用激光束进行扫描，而 DLP 则通常采用控制芯片结合半导体光开关 DMD 组件（Digital Micromirror Device，数字微透镜装置）实现 LED 光源的投射效果。

由于采用了面曝光成型方式，因此 DLP 的成型速度更快，效率更高，而且下曝光的投影照射方式可以在一定程度上避免重力对材料成型的影响，提高了制作精度。图 1-27 所示为采用 DLP 成型机加工出的牙模。

图 1-27 DLP 成型机及制作的牙模

1.1.2.8 直接金属快速成型

从 20 世纪 90 年代初开始，探索实现金属零件直接快速制造的方法，已成为 RP 技术的研究热点，国外知名 RP 公司均在进行金属零件 3D 打印技术研究。在诸多直接制造金属零件 3D 打印工艺中，除前面介绍的 SLS、3DP、LOM 外，还有直接金属沉积（Direct Metal Deposition，DMD）、电子束熔化（Electron Beam Melting，EBM）、三维焊接（Three Dimensional Welding，3DW）等工艺。

(1) DMD 工艺

美国 Sandia 国家实验室、Los Alamos 国家实验室、密歇根大学与十余家企业单位，开展了以制作致密金属零件为目标的 DMD 技术，也称为金属激光净成型（Laser Engineered Net Shaping，LENS）。其工艺原理如图 1-28 所示：使用聚焦的激光在金属基体上熔化一个局部区域，同时喷嘴将金属粉末喷射到熔池里，基体置于工作台上，工作台具有 *XYZ* 方向、旋转及倾斜的运动自由度。移动工作台的同时，系统沉积一层新金属，当一层沉积完成后，抬升喷嘴一个分层厚度，新一层金属就可再次沉积，如此层层叠加制作金属原型零件。金属粉末由一个固定于机械顶部的料仓送入喷嘴，成型室内充满 Ar 气以防止熔融金属氧化。

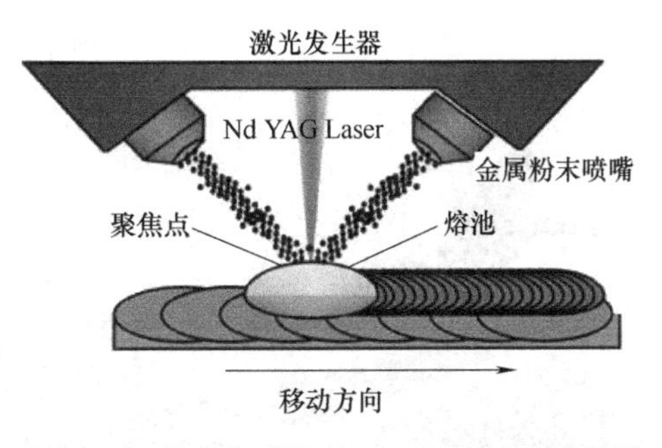

图 1-28 激光熔融沉积（DMD）工艺原理图

DMD 工艺的优点是无需浸渗等后处理工序，即可直接获得致密度和强度较高的组织。缺点是由大功率激光器、五轴运动系统、密封保护气成型室所组成的成型系统造价昂贵，且成型时热应力和变形较大，成型精度不是很高。因此，DMD技术目前主要应用于航空、航天、军工领域的特殊合金零件制造与修补。

基于这种技术，美国Optomec公司、POM公司和AeroMet公司针对不同的应用领域，分别推出了其商业化的成型机和服务项目（见表1-3）。

表1-3 不同DMD系统比较

机型	Optomet'CTMA 850	POM'DMD	AeroMet
激光器	1kW Nd:YAG	5kW CO_2	18kW CO_2
成型尺寸	18in×18in×42in	60in×20in×18in	10in×10in×3ft
成型材料	316、304不锈钢；H13工具钢；Inconel625、629镍基固溶变形超耐热合金；718、2024铝；Ti_6Al_4V	不锈钢、工具钢、镍基变形超耐热合金	纯钛及钛合金
应用领域	零件的制作与修补	零件和模具制作与修补，表面处理	飞机、军舰的大型零件

由于在DMD技术中，添加的材料要经过固态-液态-固态的相变过程，成型过程中熔融金属的流淌以及冷却过程中的变形都难以避免。因此，为保证成型精度，往往需要与切削加工的后处理过程相结合。图1-29所示是AeroMet公司利用DMD沉积获得初具形态的零件毛坯，再经切削加工精整，使零件获得所需的尺寸精度。

(a) 成型过程

(b) 零件毛坯

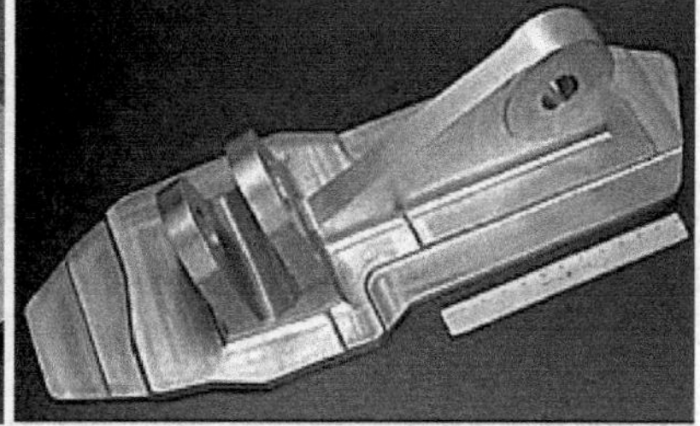
(c) 精整后的零件

图1-29 DMD工艺

图1-30 激光立体成型C919飞机中央翼缘条

2013年11月，国产C919大型客机翼身组合体综合验证项目中机身、外翼翼盒总装大部段在中航飞机西飞集团成功下线，其中首次采用激光三维打印技术加工钛合金中央翼缘条，最大尺寸3070mm，最大重量196kg。图1-30所示为西北工业大学凝固技术国家重点实验室通过DMD工艺制造的飞机翼缘条样件。

(2) EBM工艺

同激光装置相比，电子束的能量密度与激光相近，而运行成本较低，其成型过程具有焊接能量密度高、焊缝成分纯净、焊接质量好的优点（见图1-31）。

瑞典Arcam公司的EBM S-12直接金属成型系统，采用一种称作“CAD to Metal”

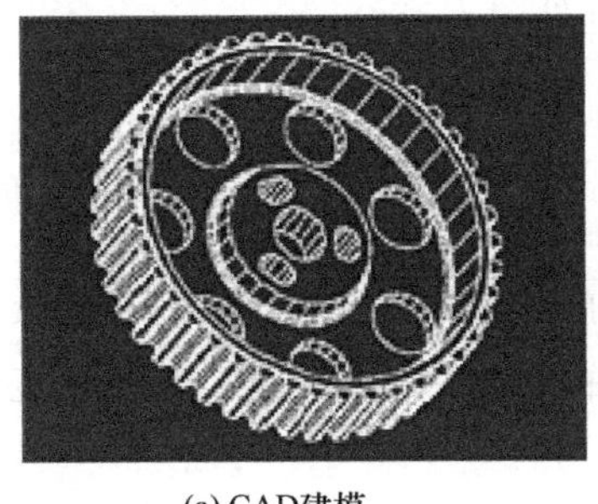

(a) CAD建模

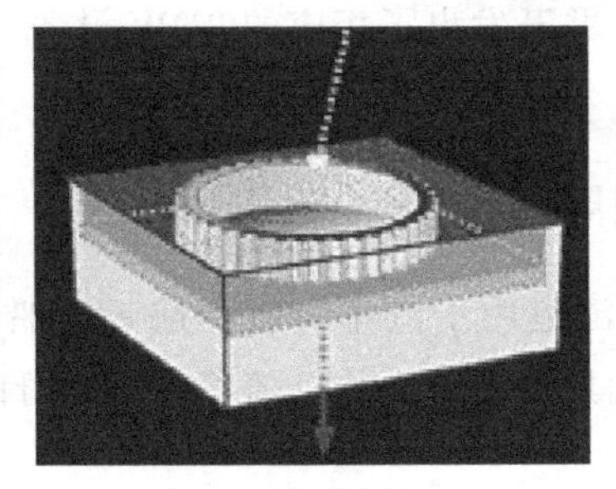

(b) EBM成型过程

(c) 实体金属零件

图 1-31 电子束熔化（EBM）工艺原理图

的技术，是利用高能真空电子束作为能量来逐层熔融金属粉末进行成型。目前，该公司已开发了针对普通零件成型的 200 低合金钢和针对模具制造的 H13 工具钢粉末材料，并积极开展针对生物工程的生物适应性金属材料的研究工作。但是，电子束工作时的真空要求和 X 射线屏蔽措施，降低了其可操作性。真空隔离的操作环境，虽然可以避免成型材料的污染与氧化，但对于连续热输入的堆积成型过程，这种环境不利于散热，会导致熔融金属的过热流淌以及成型后零件的整体收缩变形，因此难以保证制造精度。

（3）3DW 工艺

三维焊接是以成熟的焊接工艺作为技术依托，结合数控及 RP 原理来直接成型金属零件。其成型方法是：采用弧焊热源熔化金属基体和填充材料，按照所要成型零件的几何特征，逐层堆积金属材料，实现零件成型（见图 1-32）。成型件的尺寸精度可根据使用要求，通过焊接工艺控制与数控切削相结合来保证。

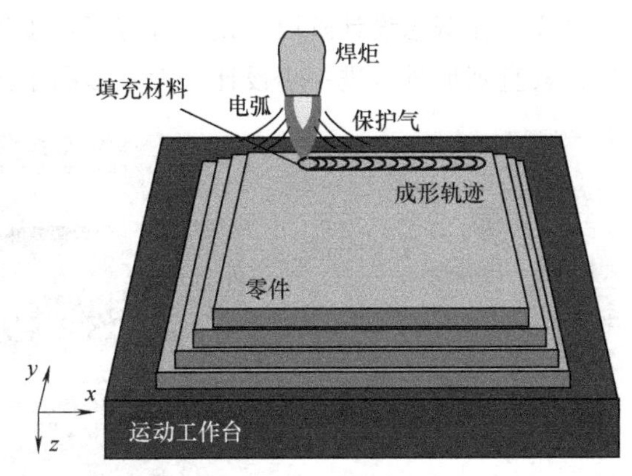

图 1-32 三维焊接（3DW）工艺原理图

美国肯塔基大学和英国诺丁汉大学的研究人员采用熔化极气体保护焊的方法构建了试验平台，并对基于弧焊的直接金属成型方法的扫描工艺、温度控制、应力及变形问题进行了研究。西安交通大学机械制造系统工程国家重点实验室提出了基于常规弧焊工艺

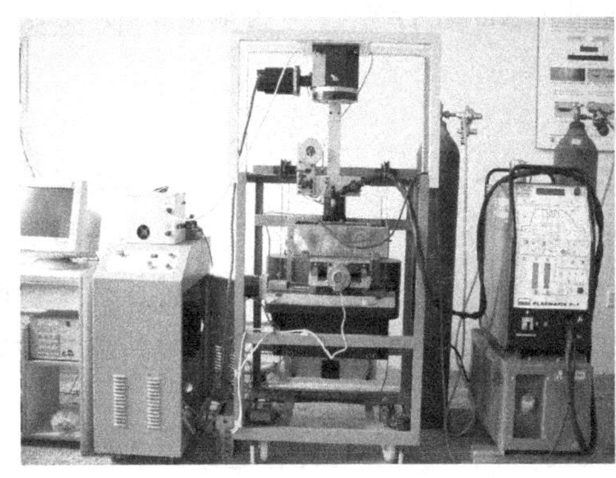

图 1-33 3DW 设备外观及制作的薄壁圆柱精度测试件

的经济型直接金属成型方法，并开发出了相应的3DW设备（见图1-33）。

1.1.3 3D打印技术的应用

目前，3D打印技术已广泛应用于汽车、航空航天、船舶、家电、工业设计、医疗、建筑、工艺品制作以及儿童玩具等领域，并且随着技术本身的不断发展和完善，其应用范围也将不断拓广。

（1）产品设计评估与审核

新产品的开发总是从外形设计开始的，外观是否美观和实用往往决定了该产品是否能够被市场接受。传统的加工方法中，二维工程图在设计加工和检测方面起着重要作用。其做法是根据设计师的思想，先制作出效果图及手工模型，经决策层评审后再进行后续设计。但由于二维工程图或三维工程图不够直观，表达效果受到很大限制，而手板制作模型耗时又长，精度较差，修改也困难。尽管目前造型软件的功能十分强大，但设计出来的概念模型仍然停留在计算机屏幕上。概念模型的可视化对于开发人员修改和完善设计是十分必要的。一台3D打印机能够迅速地将CAD概念设计的物理模型非常精确地“打印”出来，这样，在概念设计阶段，设计者有了初步设计的物理模型，借助于物理模型，设计者可以比较直观地进行进一步设计，大大提高了产品设计的效率和效果。如设计者可以进行模型的合理性分析、模型的观感分析，并根据原型或零件评价设计正确与否加以改正。

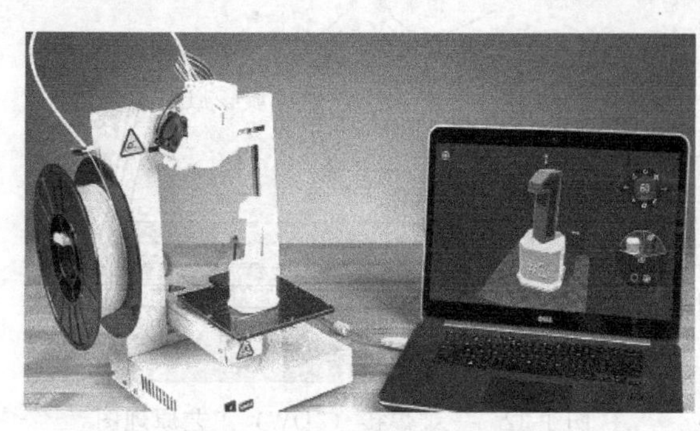

图1-34 快速获得实物模型

为提高设计质量，缩短生产试制周期，3D打印机可在几个小时或几天内将设计人员的图纸或CAD模型变成看得见摸得着的实体模型。这样就可根据设计原型进行设计评定和功能验证，迅速地取得用户对设计的反馈信息（见图1-34）。同时也有利于产品制造者加深对产品的理解，合理地确定生产方式、工艺流程和费用。与传统模型制造相比，3D打印技术不仅速度快、精度高，而且能够随时通过CAD进行修改与再验证，使设计尽善尽美。

（2）工程测试、功能测试及结构运动的分析

3D打印技术除了可以进行设计验证和装配校核外，还可直接用于性能和功能参数试验与相应的研究，如机构运动分析、流动分析、应力分析、流体和空气动力学分析等。采用3D打印技术可严格地按照设计将模型迅速地制造出来进行实验测试，对各种复杂的空间曲面更体现出3D打印技术的优点。如风扇、风扇轮毂等设计的功能检测和性能参数确定，可获得最佳扇叶曲面、最低噪声的结构。

在3D打印机中使用新型光敏树脂材料制成的产品零件原型具有足够的强度，可用于传热、流体力学试验。如节水灌溉设备的关键部件——节水滴管的研发过程：首先对典型迷宫型滴管进行防堵机理分析和结构优化，包括在CFD软件（Computational Fluid Dynamics，计算流体力学）中进行数值模拟和流态实验分析（图1-35、图1-36），在分析结果上针对流道中存在的流动滞止区进行结构优化，再对改进型滴管流道进行CFD流体分析，直到获得满意的数值分析结果（见图1-37），最终以滴管定型后的CAD设计参数为依据，进行滴管精密模具的设计和制造（见图1-38）。

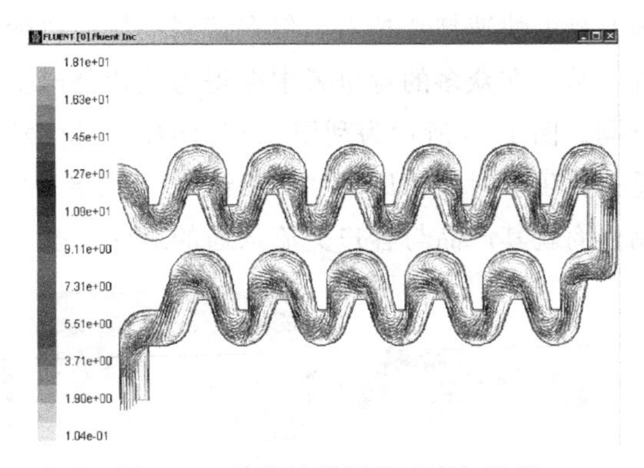

图1-35 迷宫流道层流速度矢量图

用某些特殊光敏材料制成的模型还具有光弹特性，可用于产品受载应力应变的实验分析。例如，美国福特汽车公司在某车型开发中，直接使用3D打印原型进行车内空调系统、冷却循环系统及冬用加热取暖系统的传热学试验，较之以往的同类实验节省费用40%以上；美国克莱斯勒汽车公司直接利用3D打印制造的车体原型进行高速风洞流体动力学试验，节省实验费用20%以上。总之，通过3D打印的方法快速制造出物理原型，可以尽早地对设计进行评估，缩短设计反馈周期，方便快速地进行反复修改，提高产品开发成功率的同时也大大降低了开发成本和周期。

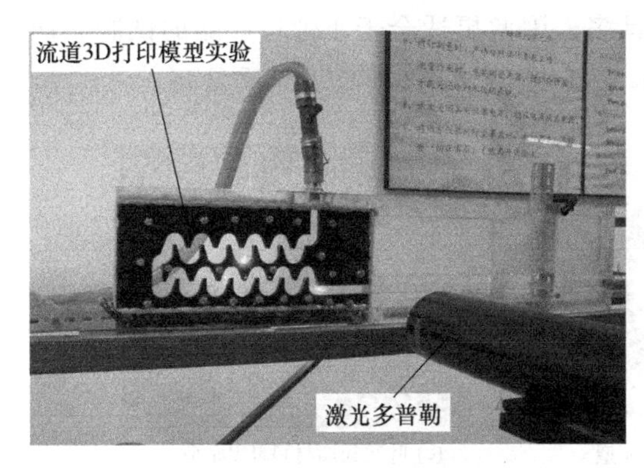

图1-36 微流道流态、流场及物理堵塞实验（15倍放大模型）

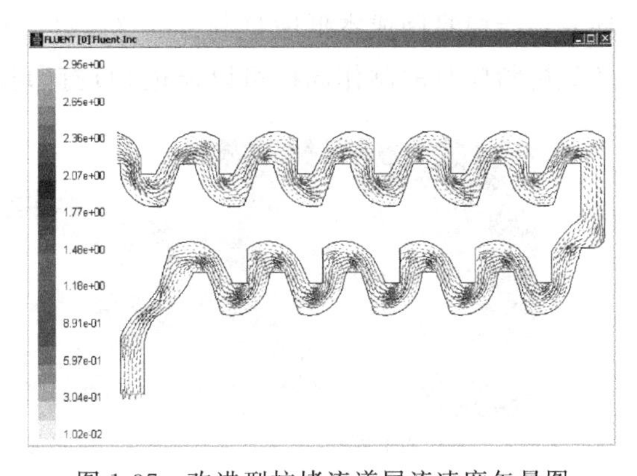

图1-37 改进型抗堵流道层流速度矢量图

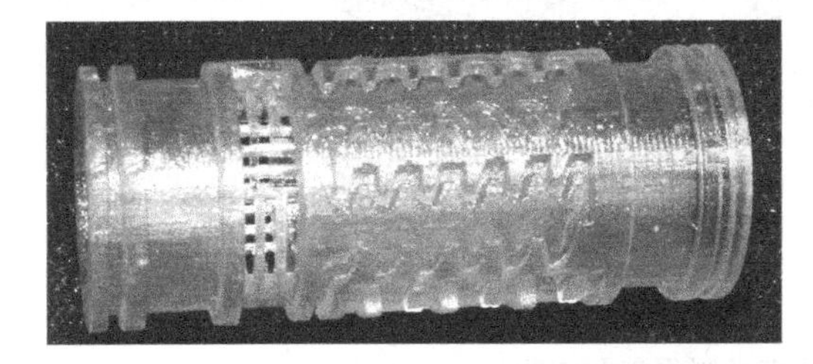

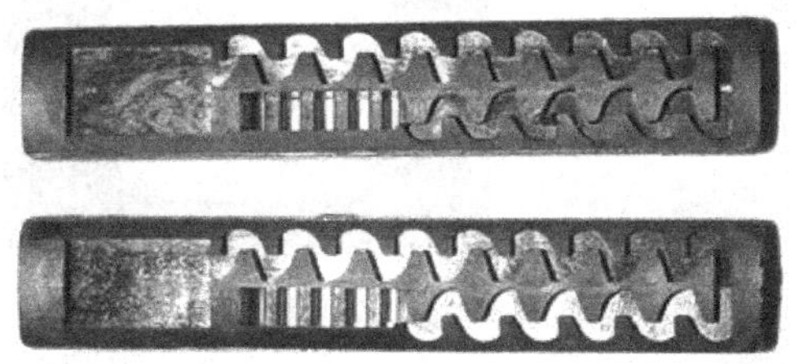

图1-38 抗堵流道滴管3D打印原型及加工出的钢制模具

(3) 与客户或订货商的交流手段

在激烈的市场竞争环境下，3D打印原型已成为制造商争夺订单的手段。例如，位于美国底特律的一家仅组建刚两年的制造商，由于装备了2台不同型号的快速成型机和以此为基础的快速精铸技术，仅在接到福特公司标书后的4个工作日内便生产了第一批功能样件，从而在众多的竞争者中夺得为福特公司生产年产值3000万美元的发动机缸盖精铸件合同。图1-39所示为利用3D打印技术进行发动机连杆钢模制造的实际案例。此外，客户总是更乐于对实物原型“品头论足”，提出对产品的修改意见，因此，3D打印模型是设计制造商就其产品与客户交流沟通的最佳手段。

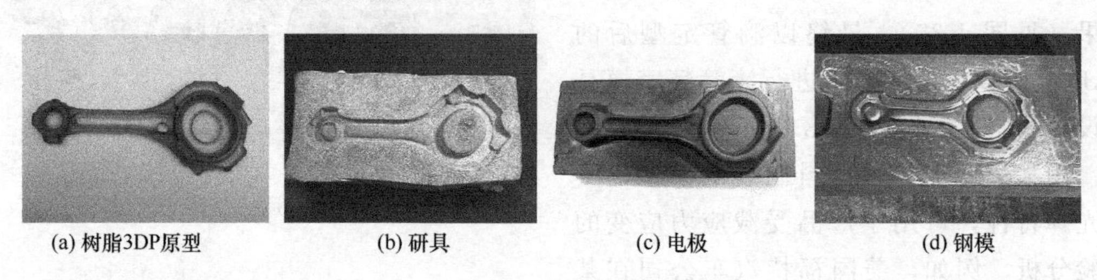

(a) 树脂3DP原型　(b) 研具　(c) 电极　(d) 钢模

图1-39　发动机连杆快速钢模制造过程

(4) 快速模具的母模

在模具制造业，3D打印技术可以有效地翻制经济模具的母模，如对硅橡胶模具、聚氨酯模具、金属喷涂模具、环氧树脂模具等软质模具进行单件、小批量的试制。

硅橡胶软模在小批量制作具有精细花纹、无拔模斜度，甚至倒拔模斜度的零件时，具有较大优势，几乎所有的3D打印原型都可以作为硅橡胶模具制作的母模（见图1-40）。环氧树脂模具因成本低廉且制件数量较硅胶模具多，因此更适合于小批量产品的试制，而环氧树脂模具的制作同样可以通过3D打印技术来制作母模，且模具表面质量高。

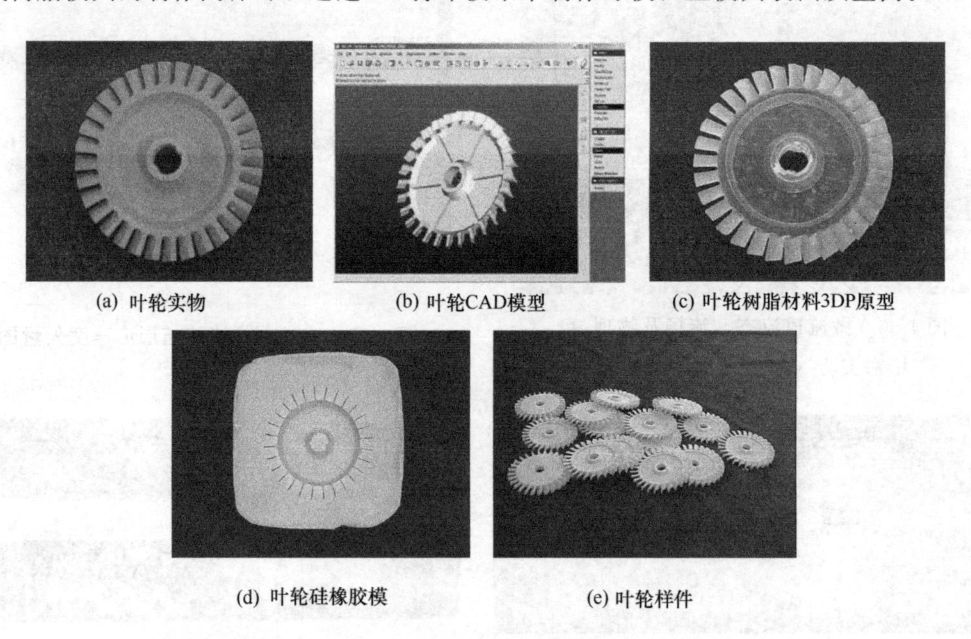

(a) 叶轮实物　(b) 叶轮CAD模型　(c) 叶轮树脂材料3DP原型

(d) 叶轮硅橡胶模　(e) 叶轮样件

图1-40　叶轮橡胶模具制作工艺流程

(5) 直接制作快速模具

以3D打印技术生成的模型作为模芯或模套，结合精铸、粉末烧结或电极研磨等技术可以快速制造出企业产品所需的功能模具或工装设备，其制造周期一般为传统数控切割的1/5～1/10，而且成本仅为其1/3～1/5。模具的几何复杂程度越高，这种效益越显著。如利用SL壳形样件作为熔模铸造，能快速制备出金属制品或金属材料模具，以用于冲压模或压铸模，这种工艺可获得90%的成功率，极具应用前景（见图1-41）。再如，利用SLS工艺可以直接烧结金属模具和陶瓷模具，用作注塑、压铸、挤塑等塑料成型模及钣金成型模。美国DTM公司在Sinterstation2000成型机上将Rapidsteel粉末（钢制微粒外裹一层聚酯）进行激光烧结，获得的坯件放入聚合物溶液中浸泡一定时间，之后在加热炉中加热使聚合物蒸发并进行渗铜处理，出炉后打磨并嵌入模架内即可得到完整模具。

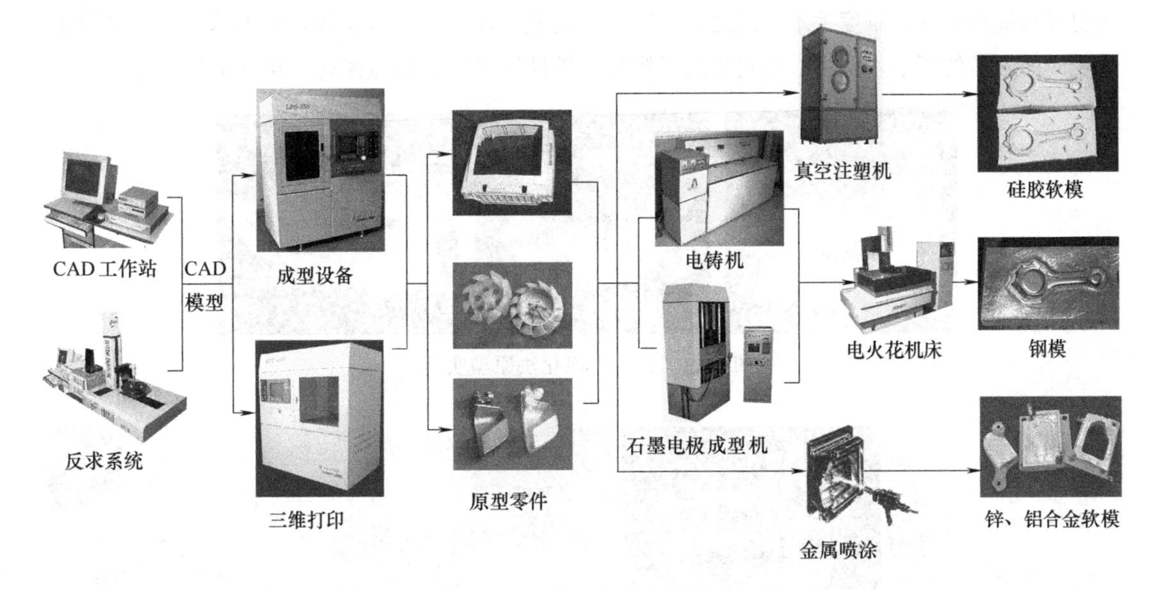

图1-41 基于3D打印技术的快速模具制作流程

（6）医学应用

3D打印技术最早应用的是航空、汽车、铸造、家电等领域，随后在医学领域也得到了广泛应用，同时医学应用也对3D打印技术提出了更高的要求。将高分辨率的医学图像数据（CT或MRI）通过专业软件处理，再导入快速成型机，便可制作出精确的人体器官模型（见图1-42）。这项技术可以在不经手术的条件下，增强医生对患者病变部位的了解。在颅外科、神经外科、口腔外科、颌面整形外科等方面，可以帮助医生进行外科手术

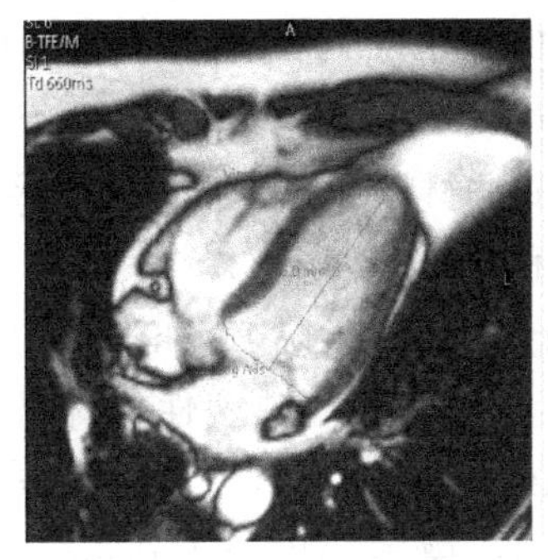

图1-42 从CT图像到3D打印模型

方案规划和评估、复杂手术预演及进行个体适配性假体的设计和制造。

彩色光固化法（Color Stereolithography）的出现进一步验证了3D打印技术在医学领域上的优势。彩色光固化法是一种特殊的光固化法，它利用控制光敏树脂不同固化程度的工艺使3D打印原型显示出深浅不同的颜色（见图1-43）。该技术对于肿瘤及其相关病灶区域的直观表达具有明显优势，如存在于骨骼内部的肿瘤可透过“骨骼”观察到；在复杂的颌骨手术准备中，外科医生可以很容易找正颌骨在口腔中的相对位置，并对存在于上下颌中的牙根部位进行精确操作（见图1-44）。

生物模型为医生和病人提供了一个良好的交流工具，可以准确传递医生的手术意图，使患者更好地配合完成高难度手术。总之，生物模型改进了现代医疗诊断和外科手术水平，缩短了手术时间，节约了手术费用；与过去的三维计算机模型相比，更为直观、准确和人性化。

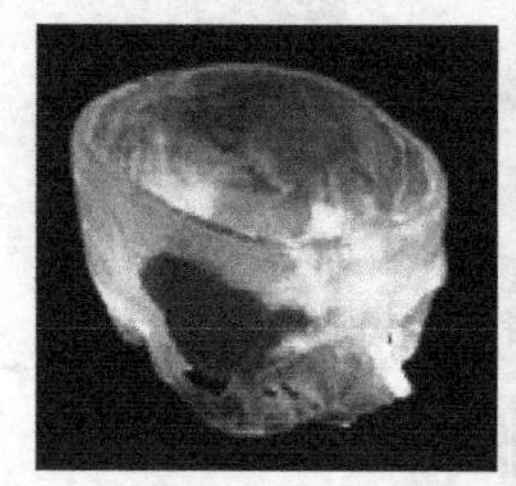
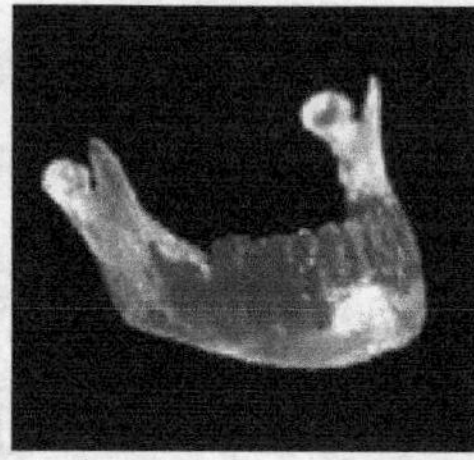
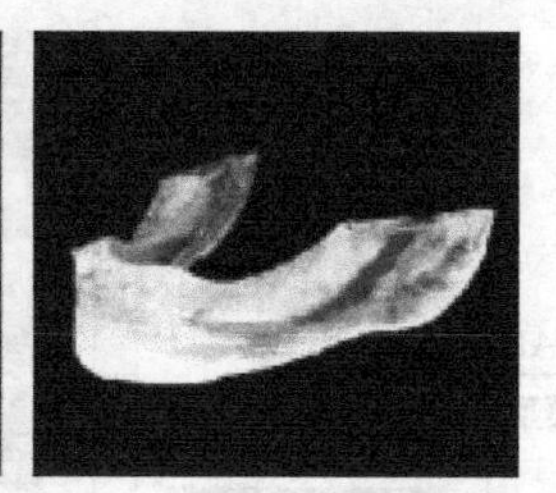

图1-43 彩色光固化法原型实例

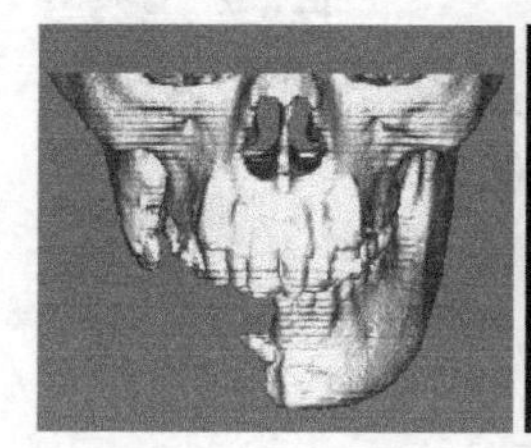
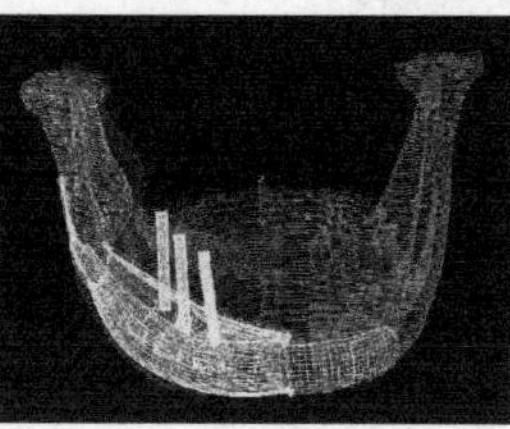
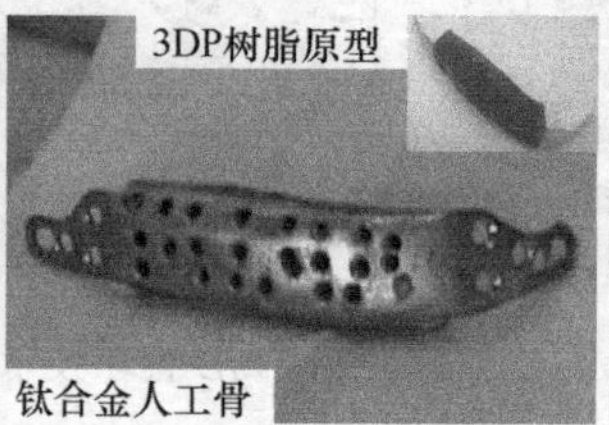

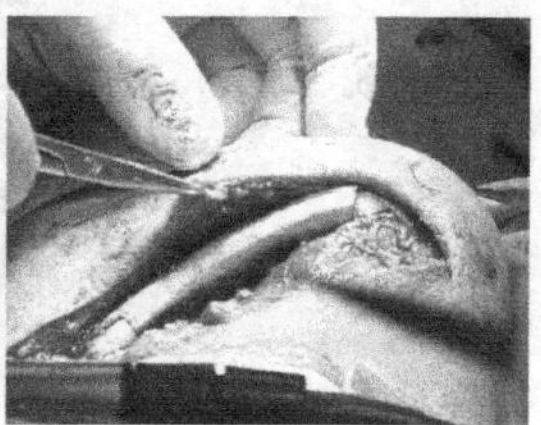

图1-44 颌面外科骨缺损原位设计

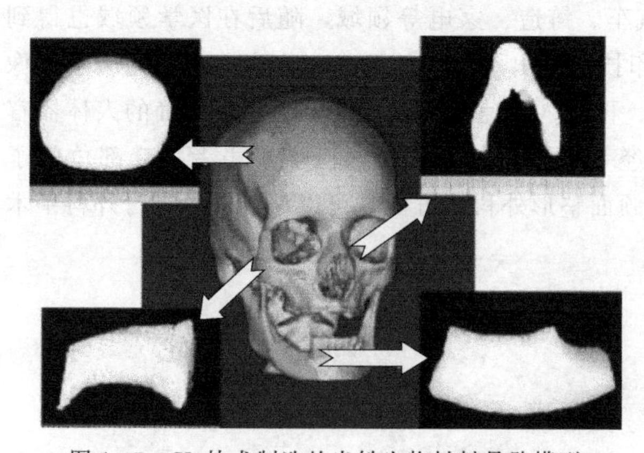

图1-45 SL技术制造的光敏生物材料骨骼模型

(7) 组织工程载体支架制备

随着光敏材料的深入研究，一些具有生物相容性和可降解性的光敏生物材料诞生了，如PEG（Polyethylene Glycol）、PVA（Polyvinyl Alcohol）、PEO（Polyethylene Oxide）、PPF（Polypropylene Fumarate）等，一些研究者开始利用这些材料通过SL技术来直接制造组织工程支架（见图1-45）。

瑞士联邦工学院E. Charrière等采用Ink Jet技术，用热塑性材料制备了宏观支架结构，并填充浆状的羟基磷灰石（Hydroxylapatite，HA）材料，再通过铸造的办法来融化负型支架并使其固化成型［见图1-46（a）］；德国Albert-Ludwigs大学Rüdiger Landers等利用3DP工艺制作硅树脂支架结构；美国新泽西州Therics医疗器械公司利用3DP技术，通过开发的“Theriform”工艺成型出HA+聚丙烯酸支架；伦敦大学Grida I. 等利用氧化锆、微晶蜡和硬脂酸混合物，通过3DP成型+高温烧结工艺，制备出多孔结构支架；美国Michigan大学Taboas J. M. 等采用Solidscape公司MM2喷蜡机制作出支架铸件，然后选用聚乳酸（PLA）和陶瓷的复合材料作为支架材料，通过烧结工艺来制备可控孔隙率和孔径的微孔结构支架［见图1-46（b）］；美国Oklahoma大学Manuela E. G. 等利用FDM工艺制备出乙烯醇与淀粉的混合物支架结构［见图1-46（c）］；美国华盛顿州立大学Kalita S. J. 等设计制造了具有可控孔隙率的聚丙烯-磷酸三钙（PP-TCP）混合物支架，并进行了人成骨细胞体外培养试验［见图1-46（d）］。

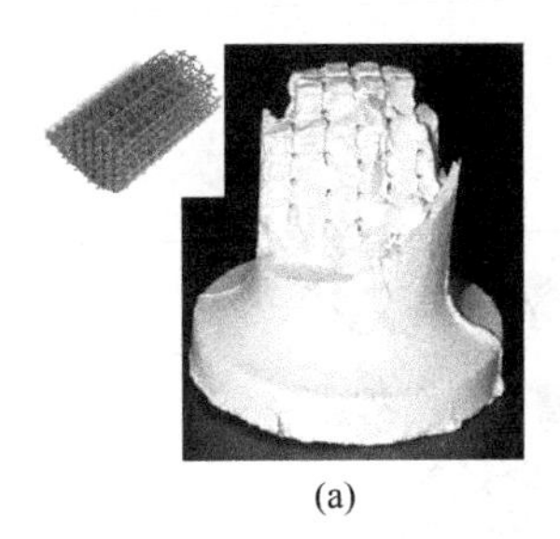
(a)

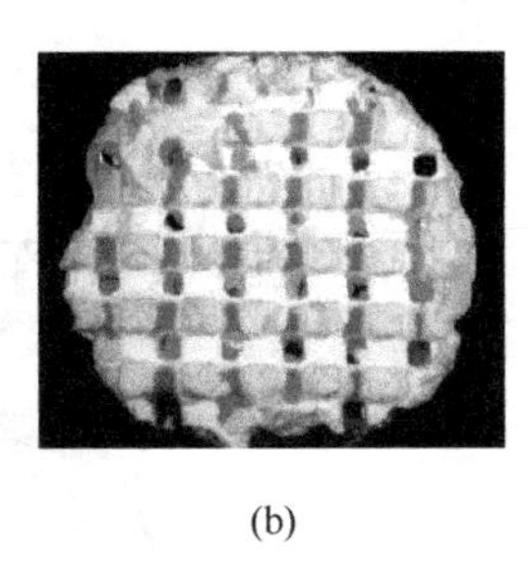
(b)

(c)

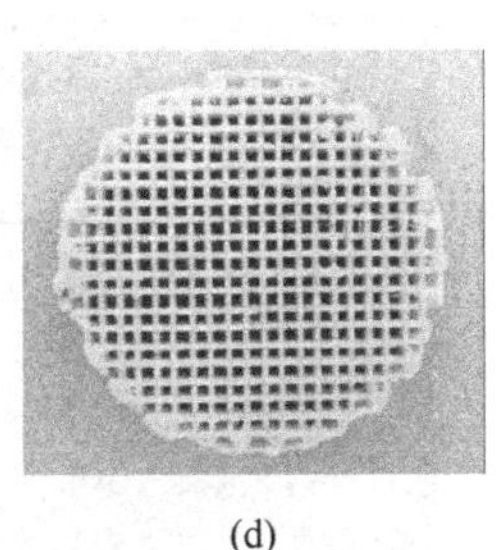
(d)

图1-46 利用3D打印工艺制备出的组织工程支架结构

新加坡的研究人员发明了一种由多孔合成材料制成的3D打印支架，通过该支架，能够将成骨细胞安置在待填补的牙床里，在促进骨骼生长方面比异种骨或异体骨替代物更加有效。传统工艺制作的支架无法调整细胞种植密度，导致手工植入细胞时贴合不精确，相比之下，利用3D打印方法能够更加精准地制作复杂精细的生物3D结构，而且这种支架植入后能够被完全降解，降解速度较传统支架更快且成本更低（见图1-47）。

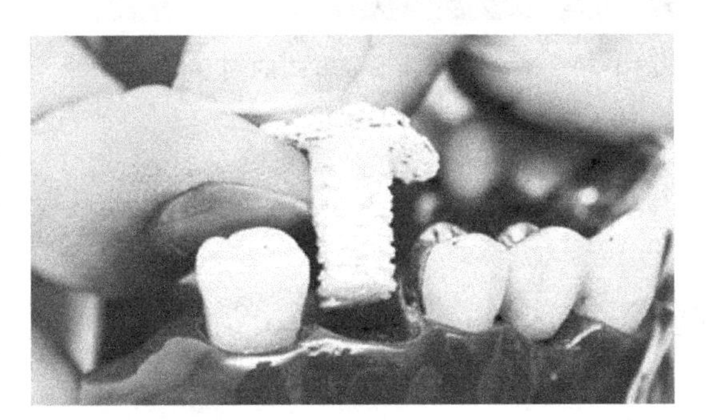

图1-47 3D打印骨生长支架

图1-48 基于生物螺旋环面形貌而创作的艺术雕塑（陶瓷粉末3DP）

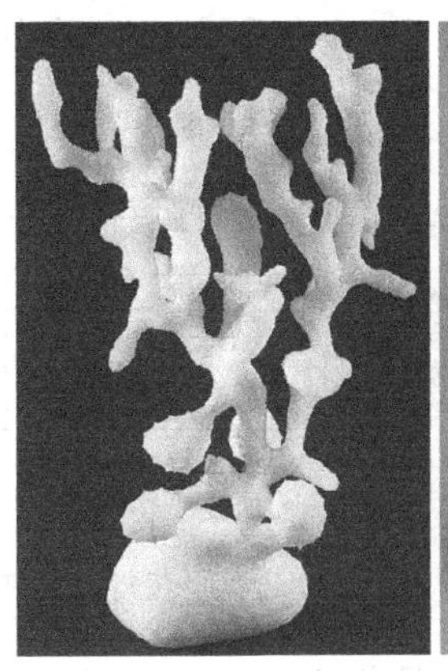
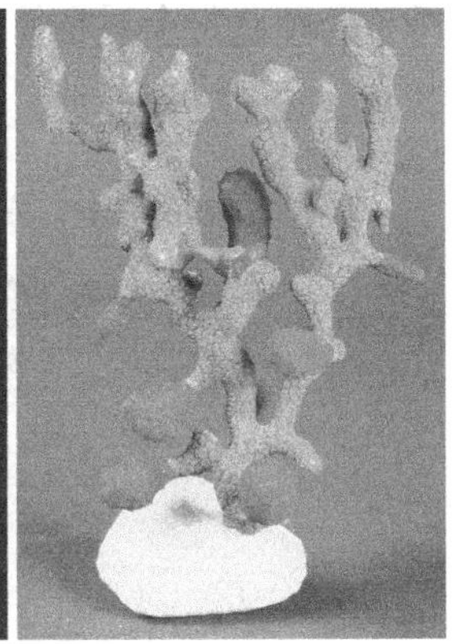

图1-49 基于细胞生长的有机体结构模型（树脂材料3DP，原始模型及着色后模型）

(8) 艺术品制造

3D打印技术在玩具及艺术品创作中取得了良好的应用效果。艺术品及各种饰品多是根据设计者的灵感而逐渐构思设计出来的，例如，许多新颖别致的雕塑艺术品，其创作灵感来源于海洋生物形貌、有机化学晶体结构、细胞结构生长图形、数学拓扑演变结构等方面。采用3D打印技术可以使艺术家的创作和制作一体化，并为其提供最佳的设计环境和成型条件，而3D打印独特的工艺过程，更是为艺术品的创作开创了一个崭新的设计舞台(见图1-48～图1-51)。

图1-50 来源于叶脉形成方式的创意灯具

(塑料粉末3DP)

图1-51 定制化3D打印首饰

(蜡模3DP，石膏倒模后经铸造法制备饰品)

1.2 金属成型技术

如今3D打印技术不仅应用于设计过程，而且也延伸到了制造领域。以制造功能零件为例，客户要求成型件必须具有高的精度、强度、刚度和特殊使用功能要求。图1-52列举了几种获得金属零件的3D打印方法，其中根据获得金属零件途径的不同，可分为间接和直接金属成型两种。

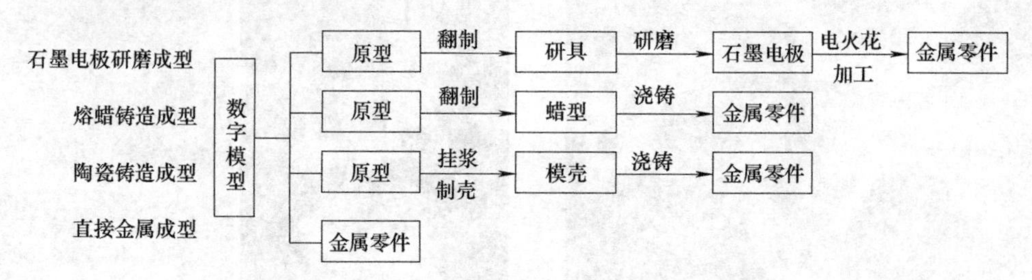

图1-52 不同获得金属零件的快速成型方法比较

间接金属成型主要是指RP技术与精密铸造相结合，是快速制造金属零件的有效途径，尤其适合单件小批量铸件的生产，具体工艺有：

①基于SL原型快速制造零件。用SL原型模代替熔模精密铸造中的蜡模，在SL模上直接涂挂耐火浆料，待耐火浆料固化后焙烧除去SL模，剩下铸造用型壳供铸件浇注，此方法适合于中等复杂程度的中小型铸件。

②基于LOM原型快速制造零件。将LOM原型制成所需零件的凹模，经硅橡胶模过渡转换制得石膏型或陶瓷型后进行金属浇注。当零件具有一定拔模斜度或LOM原型模表面经过特殊处理后，可将LOM原型直接制成零件原型来代替木模使用，之后通过传统铸造工艺制作出石膏型或陶瓷型，此方法适于简单或中等复杂程度的金属模具、中大型金属件。当LOM原型模的材料为金属箔时，可用LOM原型生产EPS（Expandable Pattern Casting，消失模铸造）气化模，此方法也能够直接制造模具，并可批量生产金属铸件。

③基于SLS原型生产金属零件。采用陶瓷材料作为SLS的粉末材料直接加工出铸造用的型壳，用来生产各类金属零件，此方法适于中小型复杂铸件的生产。当SLS粉末材料为石蜡、塑料等材料时，SLS制品用于制造金属零件的方法与基于SL原型生产零件的方法基本相同。

④基于FDM原型生产金属零件。采用石蜡或塑料等低熔点材料制作出FDM原型，用以替代熔模精密铸造中的蜡模，此方法适用于中等复杂程度的中小型铸件。

在以上3D打印与精密铸造相结合的快速金属零件制造方法中，较为先进的有Quick-cast、DSPC等工艺。Quickcast是美国3D Systems公司发明的快速精铸技术，是在SL原型表面上包裹耐火材料后直接进行焙烧，使原型材料气化后得到浇注金属零件的铸壳，此技术关键是采用了燃烧充分且发气量较小的光敏树脂材料，同时原型壳体内部呈蜂窝状或空心立方体结构，这种型壳具有强度高，烧结不易胀壳等优点，因此常被用作制造汽车模具。美国Soligen公司首先开发出了DSPC（Direct Shell Producting Casting）工艺，是利用3DP原理在RP系统中成型出陶瓷铸壳，黏结处理后可用于浇注结构复杂的各类金属精密铸件；与此相类似，美国DTM公司研发出包覆树脂黏结剂的陶瓷粉末锆-矽砂材料，以SLS工艺烧结并经后处理制成陶瓷型壳，用于浇注金属铸件。

间接金属成型技术的缺点是增加了中间环节，延长了产品制作周期，同时零件精度也有所降低。

直接金属成型技术是直接以金属材料作为处理对象的3D打印工艺，它以生成最终金属零部件或模具为目标。由于省略了模具制造及设备准备等中间环节，因此该工艺可大大缩短产品的开发周期，增强产品竞争力。目前，直接金属成型主要有粉末烧结、激光熔化、粉末冶金、粉末注射、三维焊接等几大类。

1.2.1 金属粉末3D打印技术分类

1.2.1.1 放电等离子体烧结（Discharge Plasma Sintering，DPS）

放电等离子体烧结也称作等离子体活化烧结（Plasma Activated Sintering，PAS）或脉冲电流热压烧结（Pulse Current Pressure Sintering，PCPS），是20世纪90年代研制的一种快速烧结工艺。它融等离子体活化、热压、电阻加热为一体，具有烧结迅速、温控准确、易自动化、烧结样品颗粒均匀、致密度高等优点，能够在数分钟内将烧结密度提高至理论密度，而且能抑制样品颗粒的长大，提高材料综合性能。

烧结时，将高能脉冲电流通入装有金属粉末的模具上，在粉末颗粒间即可产生等离子放电，同时也产生诸多有利于快速烧结的效应，其中包括：

① 由于脉冲放电产生的放电冲击波以及电子、离子在电场中反方向的高速流动，可使粉末吸附的气体逸散，粉末表面的起始氧化膜在一定程度上能够被击穿，使粉末得以净化、活化；

② 由于脉冲是瞬间、断续、高频率发生，在粉末颗粒未接触部位产生的放电热，以及粉末颗粒接触部位产生的焦耳热，都大大促进了粉末颗粒的扩散，其扩散系数比通常热压条件下大得多，因而能达到粉末烧结的快速化；

③ 开关快速脉冲的加入，无论是粉末内的放电部位还是产生焦耳热部位，都会快速移动，使粉末烧结能够均匀化。

1.2.1.2 微波烧结

微波烧结技术是一种利用微波加热来对材料进行烧结的方法。同常规烧结方法相比，微波烧结具有快速加热、烧结温度低、细化材料组织、改进材料性能、安全无污染以及高效节能等优点；其制件密度、硬度和韧性均较高。短时间烧结产生均匀的细晶粒显微结构，内部孔隙很少，孔隙形状较传统烧结的圆，因而具有更好的延展性和韧性。由于微波对大多数材料有很大的穿透性，可以均匀地加热工件，减小高温烧结过程中的温度梯度，从而降低由材料膨胀不均匀产生的变形，使迅速升温成为可能，加热速度可高达1500℃/min，而且在高温下停留的时间可以大幅度缩短，从而抑制晶粒的长大，改善材料的物理、力学性能。

1.2.1.3 电场活化烧结（Electric-field Activated Sintering，EAS）

电场活化烧结技术是近年来材料科学界研究的热点之一。其基本原理是利用外加脉冲强电流形成的电场来清洁粉末颗粒的表面氧化物和吸附的气体，提高粉末表面的扩散能力，再在较低压力下利用强电流短时加热粉体进行烧结致密。

一般来说，电场活化烧结技术无需添加剂或黏结剂，也无需预压，烧结过程是在空气中进行的，无需可控气氛或预先进行粉末脱气。烧结中施加的电场可以固结难以烧结的粉末，与传统烧结技术相比，电场活化烧结技术具有温升快（1000℃/min）、保温时间短（3～5min）、烧结温度低，烧结制品密度高、质量好及生产率高等优势。

目前，电场活化烧结技术的致密化已应用于液相或固相烧结的导电材料、超导材料、绝缘材料、复合材料及功能梯度材料，也可用于同时致密化与合成化合物。例如，利用电场活化烧结技术，不用任何添加剂可将AlN在2000K、5min之内烧结到理论密度的97.5%～99.3%，而该材料在传统烧结2200K、30min时烧结体密度仅为理论密度的95%。又如，用电场活化烧结法在1573K加热、不保温条件下，可将Al_2O_3-$Y3Al_5O_{12}$（YAG，钇铝石榴石）陶瓷复合材料烧结到理论密度的99%以上，而若通过传统的烧结工艺（如热等静压）则需要在1873K、25MPa、1h时才能达到同样的密度。

1.2.1.4 激光工程化净成型技术（Laser Engineered Net Shaping，LENS）

激光工程化净成型技术也称作激光近形制造，是基于局部送粉的金属零件快速制造方法，该技术是在激光涂覆技术的基础上发展起来的，其原理是计算机绘制的零件CAD模型经切片处理后获得一系列二维平面图形，并生成相应的扫描轨迹指令，高功率激光束经聚焦后作用于金属基体上形成较小熔池，同时送粉器将一种或多种金属粉末经送粉喷嘴汇集送至熔池中，粉末经熔化、凝固后形成一个直径较小的金属点。系统根据扫描轨迹指令控制激光束逐行扫描，便可形成金属点、金属线、金属面并逐层熔覆堆积出金属实体零件。

在该技术中，激光能量分布和粉末输送方法是两项重要指标，其中激光能量分布的影响尤为显著。激光能量分布不均及粉末输送不均会导致扫描得到的金属线在宽度和高度上沿着一层方向上发生不均匀变化，且该误差会在随后的成型工艺中不断积累，从而造成尺寸精度和表面质量的恶化。目前，粉末输送装置一般为气动，气体起到输送粉末和作为保护气体的作用。粉末输送装置要求能够均匀、连续、精确地输送粉末，粉末流的微小波动都会对加工结果造成影响。

优点：无需浸渗等后处理即可获得致密度和强度较高的组织。

缺点：成型系统由大功率激光器、五轴联动系统、气体保护成型室等组成，系统造价昂贵且成型时热应力和变形较大。

因此，目前该技术主要应用于航空、航天、军工领域的特殊合金零件制造及修补。

1.2.1.5 选区激光熔化技术（Selective Laser Melting，SLM）

SLM 与 SLS 的工作过程基本一致：首先建立一个 CAD 模型，然后通过分层软件对 CAD 模型进行切片处理，并把分层信息传给控制系统。激光束按照所得信息对金属粉末进行选区扫描，被扫描的粉末发生熔化后黏结在一起。一层扫描完成后工作台下降一定距离，送粉器再铺上一层粉末，然后激光对该粉层再进行扫描，不断重复上述过程直到一个完整的模型加工完成。在成型过程中，由于金属粉末受激光扫描后形成的微小熔池扩展到前一层已固化的金属及刚固化的金属粉末周围，在随后的冷却过程中，熔池的液态金属结晶并与周围的材料形成致密的冶金结合，因此，采用该技术生产的零件致密度高、强度高、力学性能好，无需后处理便可提高其致密度及力学性能。图 1-53 所示为华中科技大学武汉光电国家实验室研发的大型激光金属 3D 打印设备——SLM3000。

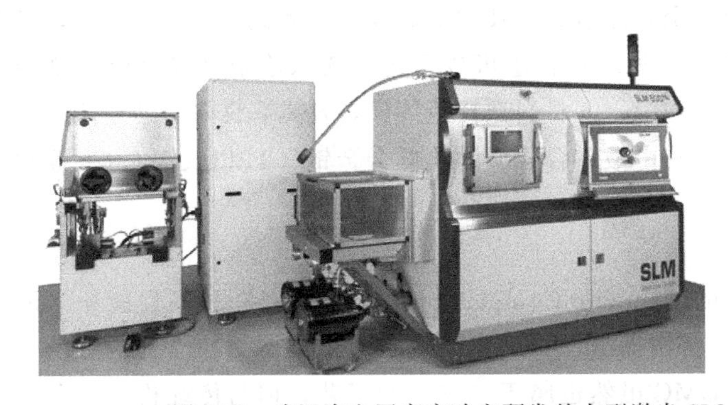

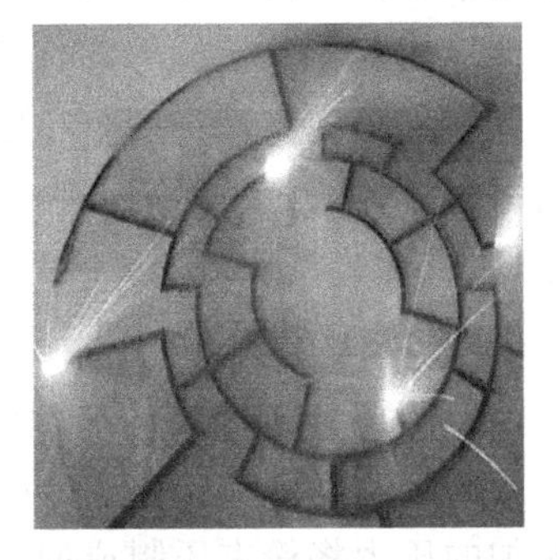

图 1-53 武汉光电国家实验室研发的大型激光 SLM 金属 3D 打印设备

1.2.1.6 电子束熔化技术（Electron Beam Melting，EBM）

EBM 技术是利用高能电子束经偏转聚焦后在焦点所产生的高密度能量，使被扫描的金属粉末层在局部微小区域产生高温而发生熔融，电子束连续扫描使所形成的微小金属熔池相互融合，连接形成线或面，凝固后便形成一层。重复上述过程，金属粉末经过逐层熔化堆积最终形成一个完整的金属实体零件。同LENS技术一样，EBM的优势也是无需后处理工序，缺点是由于EBM成型室必须为真空，使得设备复杂程度提高，且加工完成后零件须在成型室中冷却相当长的一段时间，从而降低了生产效率。

1.2.1.7 粉末冶金成型

粉末冶金是一种制取金属粉末以及采用成型和烧结工艺将金属粉末（或金属粉末与非金属粉末混合物）制成制品的工艺技术，主要包括温压技术、流动温压技术、动磁压制和高速压制技术等。

(1) 温压技术

温压技术是美国Hoeganaes公司在20世纪90年代研发的一种粉末冶金成型技术，是将加有特殊润滑剂的预制金属粉末和模具加热至130～150℃（温度波动控制在±2.5℃），之后进行压制、烧结并制得冶金结构件。

温压技术的核心有两个：一是特殊聚合物及金属粉末的制备，二是温压设备。该技术的特点是只需一次压制便可生产出高密度、高强度的粉末冶金零件，生产的零件一般密度不低于7.25g/cm³，且较传统制件有0.15～0.3g/cm³的增幅，使得拉伸强度和冲击韧性均有了较大提高。此外，由于温压零件的生坯强度高，因此降低了坯件在搬运过程中的破损率并可直接对其进行机加工。此外，温压成型所需压制力低、脱模力小，因而延长了模具的寿命，同时制品的性能和质量稳定，产品精度高，材料利用率高。

(2) 流动温压技术

流动温压技术是德国Fraunhofer应用材料研究所研发出来的粉末冶金技术。该工艺是在粉末压制、温压技术的基础上，结合金属粉末注射成型工艺的优点而提出来的一种新型粉末冶金零部件近净成型技术。该技术突出的优点在于通过加入适量的微细粉末和加大润滑剂含量以大幅提高混合粉末的流动性、填充能力及成型性，从而可以在80～130℃条件下成型带有与压制方向垂直的凹槽、内孔和螺纹孔等形状复杂的零件，而无需对零件进行二次机加工。作为一种粉末冶金近净成型技术，流动温压技术既克服了传统粉末冶金在成型复杂零件中的不足，又避免了金属注射成型技术的高成本，因此发展潜力很大，具有广阔的应用前景。该技术的优点集中表现在：①可成型传统粉末冶金难以完成的复杂零件；②坯件密度高且密度分布更加均匀；③材料选择范围广，凡具有良好烧结性能的粉末均可采用流动温压技术进行加工，其中最适合成型的是低合金钢、Ti以及WC-Co等硬质合金粉末。

(3) 动磁压制技术

动力磁性压制技术（Dynamic Magnetic Compaction，DMC）是一种高性能粉末最终成型压制技术，是美国于1995年首次提出。其工作原理是通过调制脉冲改变电磁场对粉末施加的压力将粉末压制成型。DMC虽然也属于二维压制工艺，但与传统粉末冶金压制工艺不同之处是，其压制力方向是沿径向由外向内，而非轴向。DMC压制过程迅速，生产效率高，压件性能好，与传统粉末冶金相比具有以下优点：①压制力高，由于不使用模具，因此维修与生产成本低；②在任何温度与气氛中均可施加压力，且适合于所有材料，工作条件灵活；③不使用润滑剂与黏结剂，有利于环境保护。

一般来说，DMC适于制造柱形件、薄壁管、高纵横比及内部形状复杂的零件。该技术对粉末的适用性也较好，如许多合金钢粉末在无任何润滑剂的条件下便可制得密度为理论密度95%以上的坯件，而且坯件可在常规条件下进行烧结。利用该技术生产的高性能黏结钕铁硼磁体与烧结钐钴磁体，可使其磁能积提高15%～20%。

（4）高速压制技术

高速压制技术（High Velocity Compaction，HVC）是2001年由瑞典首次提出。其工作原理是：混合粉末加入送料斗中，粉末通过送粉靴自动填充模腔，采用液压冲击机压制成型，然后将零件顶出并转入烧结工序。HVC主要优点：①生产效率很高，压制速度比传统压制高500～1000倍，其中液压机锤头速度高达30m/s；②制件密度高，除了通过重达5～1200kg的锤头在极短时间（<0.02s）内以强烈的冲击将粉末压制成型外，还可以利用具有一定时间间隔（约0.3s）的多重冲击波来获得更高致密度的制件，与传统制件相比，致密度可提高0.3g/cm³，抗拉强度可提高20%～25%；③工艺成本低，可成型大型零件。基于上述技术优势，HVC被广泛应用于制造阀座、气门导管、主轴承盖、轴套和轴承座、轮毂、齿轮、法兰、连杆等产品。

1.2.1.8 金属粉末注射成型（Metal Injection Molding，MIM）

金属粉末注射成型可追溯到20世纪70年代，最初由美国Parmatech公司研发成功，之后欧洲许多国家以及日本也都投入极大精力开始研究并得到迅速推广。到目前为止，全世界几十个国家和地区的数百家公司从事该工艺技术的产品开发、研制和销售工作。日本在该领域的表现较为突出，许多大型株式会社均参与MIM工业的推广，包括太平洋金属、三菱制钢、川崎制铁、神户制钢、住友矿山、精工-爱普生、大同特钢等，MIM技术也因此逐渐成为新型制造业中最为活跃的前沿技术领域，被称为世界冶金行业的开拓性技术，代表着粉末冶金技术发展的主方向。从技术角度上来定义，MIM技术实际上是传统粉末冶金和注塑成型相结合的一种技术，也是粉末冶金领域一门新兴的近净成型技术。由于具有精度高、组织均匀、性能优异、生产成本低等优点，且可生产传统粉末冶金无法满足设计要求的复杂形状零件，因而广泛应用于机械、电子、汽车、五金及航空航天等领域，特别适合制造形状复杂、高性能的大批量小件粉末冶金制品，被誉为“当今最热门的零部件成型技术”。MIM技术的主要工艺过程是：首先选择适合的金属粉末及黏结剂，在一定温度下将超细金属粉末与黏结剂均匀混合成为具有流动性的注射成型喂料，再在加热状态下用注塑机将喂料注入模腔内成型，随后经过脱脂和烧结工序，最终得到全致密或接近全致密的制品。由于成型料具有流动性，能均匀填充模腔成型，且模腔内各点的压力相同，所以获得的制品密度高、组织均匀，而且力学性能优异。

MIM结合了粉末冶金和注塑成型技术的优点，突破了传统金属粉末模压成型工艺在产品形状上的限制。MIM利用粉末冶金技术特点能烧结出高致密度、具有良好机械性能及表面质量的机械零件；同时，利用注塑成型的特点能大批量、高效率地生产出形状复杂的零件，因此该技术具有广阔的应用前景。其优势主要表现在以下几个方面：①可生产复杂形状零件；②制品密度高，性能可与锻件相比；③可最大限度地制得最终形状的零件，省去或简化了后续机加工过程；④材料的利用率高，适合大批量生产；⑤设备投资较小，并能自动控制整个生产工艺，生产效率高。

目前用MIM工艺生产的零件有：微驱动器件、硬质合金钻头夹、手表零件等。MIM技术适用的粉末体系较多，ZrO_2、Si_3N_4、AlN、Al_2O_3等都可用以生产形状复杂的高精度产品，目前已有成型出武器装备零部件的报道。MIM工艺的不足之处是成型尺寸有限且脱脂困难。一般而言，该工艺适合生产质量在1kg以下的零件，而对于一些尺寸较大或壁厚超过20mm的零件仍无法制得，尤其是硬质合金、钛合金等大型零件更难以注射成型。

近年来，随着技术的发展和新材料的不断开发，各种粉末冶金新技术、新工艺不断被开发出来。德国研究出微金属注射成型与微陶瓷注射成型技术，最小注射成型件尺寸仅为20μm，促进了微型系统制造技术的发展。多相喷射固结法也是一种新的自由成型技术，可以制造出外科手术所需的植入体，具体过程是首先通过CT扫描数据重构出植入体的三维模型，利用多相喷射工艺把金属粉或陶瓷粉与黏结剂形成的混合料，按要求进行层层喷射，制件成型完毕后，其中的粘接相利用化学法或经加热去除，最终将制件烧结到全密度。

1.2.1.9 三维焊接技术（Three Dimensional Welding，3DW）

三维焊接技术是一种非常实用且制造成本较低的金属零件直接快速制造方法，该技术结合了数控、叠层制造原理和焊接工艺，是直接成型金属材料和快速制模领域中新的研究热点。3DW的技术优势是在焊接工艺和成型方法上有很多选择，其中焊接工艺上有电弧熔覆、等离子熔覆、激光熔覆等快速堆焊技术。其中电弧熔覆和等离子熔覆相对于激光熔覆来说具有制造成本低、生产效率高、设备简单等优点，但成型及表面精度相对较低。3DW所面临的技术问题主要集中表现在熔覆成型，凝固组织及热应力、残余应力应变等方面。

基于精度方面的考虑，目前国内外对于3DW的研究主要集中在激光熔覆及激光烧结领域，而在弧焊快速成型方面研究相对较少。但近年来，随着焊接技术的发展，新的弧焊方法被引进到3DP技术之中。美国Babcack&Wilcox公司曾使用GMAW（Gas Metal Arc Welding，熔化极气体保护焊）和等离子混合焊，生产出了材料为奥氏体不锈钢或Ni基的大型零件；美国Rools ROYCE航空集团利用该技术制造昂贵的高性能合金零件，如各种Ni基和Ti基材料的飞行器零部件；英国Nottingham大学J. D. Spencer等利用GMAW焊接工艺和六轴焊接机器人相结合实现了3DP零件加工；英国Sheffied大学的Bernd Baufeld等对TIG焊（Tungsten Inert Gas welding，钨极保护焊）直接成型钛合金件进行了研究，并对成型件不同位置处的组织和力学性能进行了测试；国内装甲兵工程学院徐滨士院士等完成了基于冷金属过渡焊（Cold Metal Transfer welding，CMT焊）的快速成型工艺（见图1-54），同时对Inconel625合金等离子弧快速成型组织控制及工艺优化进行了研究（见图1-55）；哈尔滨工业大学王其隆等采用脉动送丝的方式对基于GMAW的快速成型进行了研究，使得焊缝的表面质量获得了很大的提高。

在成型零件的精度控制方面，美国肯塔基大学研究人员对焊接熔覆成型过程中的CAD建模、文件处理、分层切片、加工矢量路径规划进行了详细研究，着重分析了焊接过程的热量和质量流动机理及引弧、熄弧的控制措施，从而获得了较好的成型效果（见图1-56）。国内南昌大学张华等在分析快速成型数据处理技术的基础上，针对多参数强耦合的复杂高温过程，提出了“造型—前处理—分层—尺寸补偿—轨迹填充—熔覆加工”的

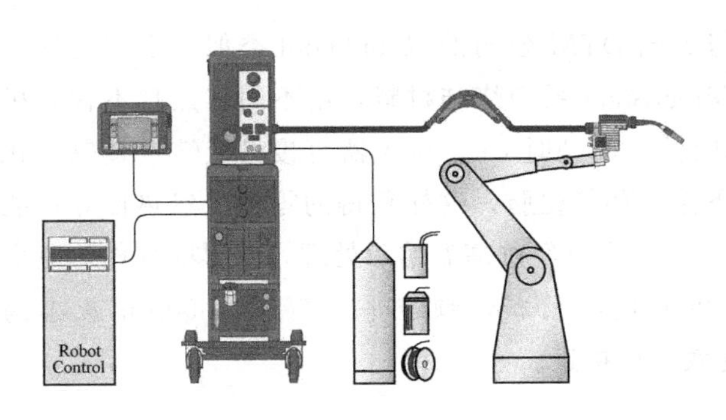

图 1-54 CMT 焊接快速成型系统

图 1-55 等离子弧快速成型 Inconel625 试样

数据处理技术。

图 1-56 3DW 低碳钢成型件

1.2.2 其他直接金属成型工艺

除上述直接金属成型工艺外，采用基于 LOM 的 Rapidsteel 工艺、DirectTool 工艺，金属粉末成型 3DP 工艺和采用金属箔材 LOM 工艺也在直接金属成型中得到了应用。

(1) Rapidsteel 工艺

美国 DTM 公司提出的 RapidTool 1.0 是商业化最早的直接金属成型工艺。其工艺流程如下：

① 烧结。将外层包覆热固性黏结剂的低碳钢粉末，利用 CO_2 激光器照射使黏结剂黏结成型，成型完成后获得未经任何处理的“绿件”(Green Part)。

② 热处理前的预处理。为防止后续热处理过程中热固性黏结剂的熔化导致制件变形，使用丙烯酸乳化剂浸渗“绿件”，当热固性黏结剂热熔后，丙烯酸乳化剂起到黏结剂的作用，以增强“绿件”强度。浸渗后的“绿件”要在 60℃的后处理炉中进行烘干，处理时间按零件大小进行调整，一般对于尺寸较大零件需要 48h。

③ 热处理。此阶段目的是通过浸渗黄铜使零件达到全密度。为去除钢表面的氧化物，热处理炉采用 70%氮气和 30%氢气的混合气体作为保护气氛，当温度升高到 350～450℃时黏结剂分解挥发，温升至 1000℃时钢粉烧结在一起，温升至 1120℃时熔化的黄铜粉末会在毛细作用下渗入零件。

RapidTool 1.0 工艺获得的零件由 60%的钢和 40%的铜构成，因此机械强度较高，但是长时间的预处理过程和高温渗铜工艺会导致工件有较大变形，因此 DTM 公司从成型粉末的材料配方以及热处理工艺方面着手，研发出第二代金属烧结材料 Rapidsteel 2.0，基体材料由碳钢改为 316 不锈钢，颗粒平均直径由 Rapidsteel 1.0 的 55μm 减小至 34μm，浸渗材料由黄铜改为青铜，黏结剂由热固性材料改为热塑性材料。目前，该公司最新研制的材料 LaserForm 成型粉末，则采用颗粒度和收缩率更小的 420 不锈钢粉，且其表面涂覆有有机黏结剂，直径仅为 20μm。

(2) DirectTool 工艺

德国 EOS 公司的 DirectTool 工艺与美国 DTM 公司的 RapidTool 类似，不同之处在于其所用的材料，EOS 公司使用的是 DirectSteel 系列烧结材料，由不同熔点且不含有机黏结剂的金属粉末所构成，材料收缩率较低。成型时 CO_2 激光器直接将低熔点金属熔化以实现粉末的结合，之后在 160℃温度下渗入环氧树脂。这样获得的零件虽然热传导性能和机械性能比 RapidTool 工艺要差，但是由于没有经过高温的后处理，获得的零件热应力和热变形都较小。目前，EOS 公司所用的烧结材料，颗粒平均直径由 50μm 减小为 20μm，成型件外观精度与电火花蚀刻的效果相接近。

(3) 金属粉末 3DP

如前所述，3DP 工艺最初由美国麻省理工学院研究成功，随后被美国 Soligen、Z Corp 等公司商品化。3DP 工艺最初使用的成型材料是陶瓷粉末，将陶瓷粉末换成金属粉末后，同时保证粉末对所喷射的化学黏结剂具有好的润湿性，便可制作出金属“绿件”，“绿件”再经去除黏结剂处理和渗铜处理，便可得到高密度件。3DP 工艺的优点是采用黏结剂和喷射技术，几乎可以采用任何材料来进行成型，能制作形状复杂的空腔样件。此外，当采用多喷头装置后，能够进一步提高制作速度，降低成本。

(4) 金属箔材 LOM

传统 LOM 工艺采用的箔材多为纸基片材。英国沃里克大学研究人员采用硬钎焊的方法，将采用 LOM 工艺成型的低碳钢和不锈钢箔材进行堆焊，再利用切削加工去除制件表面的台阶效应，最终获得了所需的金属模具。经强度、真空度、热循环等测试，该模具能够满足实际生产的各项要求。超声波增材制造技术最初是 1999 年被美国福特公司研究人员 Dawn White 发明成功，随后 Dawn White 成立了 Solidica 公司并将超声波增材制造技术商业化。2007 年，爱迪生焊接研究所和 Solidica 合作，开发出了更高效率的超声波 3D 打印材料和工艺，首先利用超声波焊机将 1mm 厚的铝箔焊接，然后用 CNC 铣削获得该层轮廓，逐层累加成型，最终制作出金属零件和模具。

LOM 成型金属零件的优点是无需制作支撑，利用激光（或 CNC）进行轮廓扫描，而无需填充扫描，故成型效率高，运行成本低；在成型过程中无相变，残余应力小，适合加工尺寸比较大的零件。缺点是材料利用率低，表面光洁度较低，层间连接工艺较复杂，易产生变形、翘曲等问题。

1.3 直接金属成型工艺面临的问题

直接金属成型过程中的热循环和组织转变较一般焊接过程要复杂得多，零件性能控制难度很大，因此，尽管这项技术具有良好的应用前景，但也存在一系列的技术难题。首先是利用高能束使金属（丝材或粉末）熔化，高温液态金属在堆积的过程中，难以精确控制堆积材料数量及能量，另外，金属熔池的存在使得零件边缘及零件精度的控制变得更加困难；其次，材料堆积过程也是一个冶金过程，伴有组织转变、热变形及残余应力等现象，这些都会对制件的精度及性能产生影响。具体来说，直接金属成型工艺所面临的问题主要包括以下几个方面：

（1）直接金属成型的数值分析方法与技术

直接金属成型过程是多参数耦合作用的复杂过程，包括成型工艺、成型参数和成型零件的几何形状及尺寸等多项因素。因此，除了必须解决一般3D打印技术的共性问题外，还必须解决如何通过控制成型参数有效地控制零件的几何尺寸、金相组织转变、内应力变化及变形等诸多问题。

（2）热循环及零件的变形、残余应力问题

在直接金属成型过程中，填充材料经历了一个复杂的不均匀快速加热和冷却过程，引起填充区材料产生不均匀的应力应变，导致成型后材料形成残余应力及变形。此外，由于热循环过程会随成型零件的几何形状及材料堆积路径的不同而发生变化，会使得变形和残余应力变得更加复杂和难以预测。因此，研究高效、可靠的热过程控制、热变形和应力应变控制以及能量束（如弧焊热源）对成型层反复循环加热对组织及性能的影响至关重要。

（3）成型精度控制

成型精度是影响直接金属成型的关键问题。直接金属成型过程中产生的残余应力和内应力会使得制件发生翘曲变形、热裂纹、冷裂纹、脆性断裂等工艺缺陷，而且产生的变形累积会严重影响成型件的几何精度，当累积误差达到一定程度甚至会导致成型过程无法进行。影响成型精度的因素是多方面的，包括数据处理引起的误差、数控加工过程代入的偏差以及成型过程造成的变形及缺陷等因素（见图1-57），在诸多因素中，成型工艺本身对成型精度的影响最大。

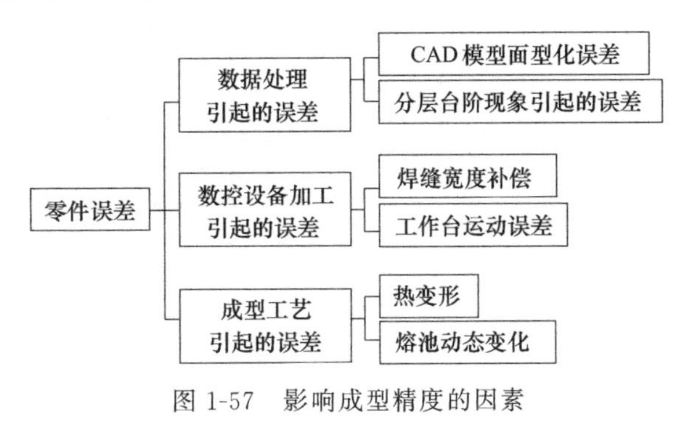

图1-57 影响成型精度的因素

（4）难加工材料和复合材料零件的制造

直接金属成型工艺的本质是基于增材制造原理，因此具有复杂形状零件成型的能力，理论上讲，如果与适当的保护气氛相结合，该工艺可以成为难加工材料和复合材料零件的重要成型方法。美国Sandia国家实验室开展DMD研究的初衷也就是针对这一问题。国内北京有色金属研究总院采用DMD技术，研究了镍基高温合金、316不锈钢、Al/SiC复合材料的成型参数及相关工艺；西北工业大学凝固技术国家重点实验室与北京航空工艺研究所联合研究了镍基高温合金、不锈钢等材料的成型工艺特性，同时结合现代凝固理论，对激光立体成型金属零件的熔凝组织形成规律进行了深入研究，并获得了具有超细定向甚至单晶组织的成型件。

总之，作为RP技术的延伸，3D打印技术独特的成型工艺使其能够制造出外形复杂又具有一定功能的三维实体零件，提供了一种有效的梯度功能零件制造手段。因此，在目前的课题前沿中，基于3D打印技术的梯度功能金属零件直接成型正在成为研究热点。

复习思考题

1-1 简述3D打印技术的定义及原理。

1-2 3D打印技术是哪些先进技术的集成，具有哪些特点和技术优势？

1-3 3D打印技术主要包括的方法有哪些，各方法的英文缩写是什么？

1-4 试述几种市场主流的3D打印技术原理及特点。

1-5 简述SLM的基本原理及应用。

1-6 简述美国DTM公司RapidTool工艺。

第2章 金属零件3D打印设备及原理

随着“中国制造2025”“工业4.0”等新兴工业发展战略的悄然兴起，以3D打印为代表的智能制造模式，进一步加速推动着传统制造业的改变。金属零件直接成型作为3D打印技术由原型制造到快速直接制造的必然趋势，可以大大加快产品的开发速度，具有广阔的发展前景，也是3D打印的研究热点之一。

2.1 选区激光烧结技术

选区激光烧结（Selective Laser Sintering，SLS）是通过激光有选择性地烧结固体粉末，逐层扫描并叠加生成三维实体的成型工艺，其具体工作原理已在1.1.2.2中有所介绍。该技术最初是美国德克萨斯大学奥斯汀分校的C. R. Dechard于1986年在其硕士论文中首次提出，最初只能用于塑料粉和蜡粉的成型。20世纪90年代初，德国EOS公司与芬兰Rapid Product Innovations公司合作，研制出可用于SLS烧结成型的铜粉和不锈钢粉，从而将SLS技术拓展到了金属材料成型领域。直接利用金属粉末烧结成型三维零件是SLS技术发展，同时也是快速成型技术最终发展目标之一。SLS按成型方式可分为直接和间接成型法两种。

(1) 直接成型法

直接成型法使用的金属粉末材料是由高熔点金属粉末和低熔点金属粉末混合而成，其中高熔点金属粉末作为结构金属，低熔点金属粉末作为黏结金属。烧结时，激光将粉末温度上升至两金属熔点之间，使低熔点（黏结相）金属粉末首先熔化，并在表面张力的作用下，填充到未熔化的高熔点（黏构相）金属粉末颗粒间的空隙中，从而将结构金属粉末黏结在一起。目前，由于材料和工艺因素的限制，直接法烧结成的零件机械强度和致密度差别较大。对于致密度较低的烧结件，为提高其机械强度一般需进行后续处理（如液相烧结、热等静压等）才能满足使用要求。

(2) 间接成型法

间接成型法使用的金属粉末是覆膜金属粉末或金属粉末与有机黏结剂的混合物，混合物中结构材料是熔点较高的金属粉末，如不锈钢、铜和镍等金属粉末，低熔点高分子聚合物材料和熔点相对较低的金属粉末作为黏结剂。由于聚合物软化温度较低、热塑性较好及黏度低，将其与金属粉末材料以某种形式混在一起，在用 SLS 系统成型时，激光加热使聚合物转化为熔融态，流入金属粉粒间，将金属粉黏结在一起而成型。因此，在成型的坯件中，既有金属成分又有聚合物成分。对于后者，材料是由高熔点金属粉末和低熔点金属粉末混合而成，如 Ni-Sn、Fe-Sn、Cu-Sn、Fe-Cu、Ni-Cu 的组合。在 SLS 烧结时，先用较小的激光功率将粉末加热到使低熔点金属粉末熔化，而高熔点金属粉末仍保持固体状态。熔化金属在驱动力的作用下，流动到固体金属粉末颗粒之间，润湿固体粉粒表面，液体金属就像黏结剂一样把固体粉末联结在一起，当其冷却、凝固后即把高熔点粉粒联结成一体，最终形成金属烧结件。间接法的优点是烧结速度快、球化现象小；缺点是后处理工艺周期长、成本高，零件收缩造成的尺寸精度较低。

选区激光烧结成型的零件一般致密度和强度都比较低，离实际的应用还有一定差距，成型件通常还需要进行后处理，提高零件的强度和致密度，这也是其工艺的缺陷所在。对于聚合物熔化粘接成型成的金属零件，通常需要经过降解聚合物、二次烧结和渗金属等后续工艺提高零件的强度和致密度；对于低熔点熔化粘接成型的金属零件，成型后相对致密度一般在理论密度的 50%～70%，通常可以通过渗入熔点更低的金属或通过热等静压处理来进一步提高零件致密度和强度。

2.1.1 选区激光烧结工艺特点

(1) 高度柔性

在计算机的控制下可以方便迅速地制作出传统工艺难以加工的复杂形状的零件，尤其对具有复杂内部结构的零件。

(2) 生产周期短

由于该技术是建立在高度集成的基础上，从 CAD 设计到零件加工完成只需几小时到几十小时，特别适合于新产品的开发和单件小批量零件的生产。

SLS 目前已经在众多领域中得到广泛应用。SLS 工艺在模具制造业的应用已比较成熟，例如，制作熔模铸造用蜡模、直接加工铸型和砂芯等，还可以在烧结件的低密度多孔状结构中将低熔点相的金属渗入后直接制成金属模具，另外还可用于直接制造小批量的异形零件。例如，波音公司与美国 3D Systems 公司合作，通过 Sinterstation Pro 系列 3D 打印设备，利用 SLS 工艺制造出了飞机冷却管道的金属零件，大大缩短了开发周期和制造成本。在 SLS 设备和成型材料商品化方面，国际上比较知名的公司有美国 DTM 公司和德国的 EOS 公司。DTM 公司已商业化的金属粉末产品有 Rapid Tool 1.0，主要用来制造注塑模；随后开发的 Rapid Steel 2.0 金属粉末，其烧结成型件完全密实，达到铝合金的强度和硬度，能直接进行机加工、焊接、表面处理及热处理，并可作为塑料件的注塑成型模具；此外该公司还开发有针对 SLS 的 Copper Polyamide 成型材料，其机体成分为铜粉，特点是成型后无需二次烧结，只需渗入低黏度耐高温的高分子材料（如环氧树脂）后，成型件便可用于常用塑料的注塑成型。德国 EOS 公司开发出基于液相烧结原理的 Direct Steel 50V1 和 Direct Steel 20V1 金属粉末材料，均取得了满意的成型效果。

在 SLS 成型工艺研究方面，国外更多的工作是微加工领域，较为领先的是德国和日本。德国米特韦达应用技术大学 Horst Exner 等人将 Nd：YAG 光源光斑聚焦到 20μm 以下，在封闭惰性气体环境下烧结钨粉（300nm）、铝粉（3μm），铜粉（10μm）、银粉（2μm），制作出分辨率小于 30μm、表面粗糙度小于 3.5μm 的复杂三维微结构。德国汉诺威大学 Hans Kurt Tönshoff 等人开发了一套 SLS 系统，可针对不同的应用兼容红外激光（1064～1100nm）和紫外激光（325～355nm），并加工出线宽为 20μm 的微结构。日本 LaserX 公司研究人员利用脉冲式 Nd：YAG 激光分别对单相和多相金属粉末进行烧结研究，通过烧结 Ni 粉末得到了壁厚为 221μm，高度为 2mm 的微结构；同时对 Cu-Sn 混合粉末进行烧结，得到了壁厚为 470μm 的微结构。

2.1.2 选区激光烧结后处理

SLS 直接成型金属粉末一般是烧结单一相金属粉末，如 Sn、Zn、Pb、Fe 等，但直接烧结高熔点金属材料易出现球化现象，因此往往会产生空洞，须进行后续处理加以消除。目前，常用的后处理工艺方法有熔渗法、浸渍法和热等静压法。熔渗和浸渍都是应用毛细管虹吸原理进行的浸入方法，所不同的是熔渗法是将低熔点金属或合金放置于坯体上进行加热，待其熔化后渗入到坯体孔隙中，而浸渍法则是采用同样的方法将液态非金属物质进行浸入。热等静压法是通过气体介质将高温高压同时作用在零件坯体表面，使零件固结并消除内部空隙，以提高零件的密度和强度。

间接法烧结覆膜金属粉是采用低熔点金属或有机粉末作为黏结剂，在激光加热条件下将金属粉末（基体材料）黏结起来。间接法成型的坯体，即“绿件”，必须进行后处理去除黏结剂，才能形成致密的金属功能件。间接法后处理工艺一般分为降解黏结剂、高温焙烧（二次烧结）和熔渗金属三个步骤（见图 2-1）。降解黏结剂是通过加热、保温的方法来去除金属粉粒间起联结作用的聚合物。高温焙烧是在第一步的基础上继续将坯件加热到更高温度，使粉粒间建立新的联结，在加热过程中需保持炉内的温度分布均匀，否则会导致零件的各方向收缩不一致而引发翘曲变形。经高温烧结后零件内部的孔隙率减少，强度增加，并为其后的金属熔渗做好准备。熔渗金属是在熔点较低的金属熔化后，在毛细管虹吸力或重力的作用下，逐渐填满成型件内的所有孔隙，使之成为致密的金属件。

美国学者 Harrisl、Marcus 等人对 60Cu-40PMMA 混合粉末成型件进行后处理，得到制件致密度达到了理论密度的 84%～96%；美国 Austin 大学 Haase 等对铁粉 SLS 制件进行了试验研究，烧结的零件经热等静压处理后相对密度高达理论密度的 90%以上；南京航空航天大学研制出 RAP-I 型激光烧结快速成型系统，并对还原铁粉、环氧树脂及少量固化剂所制备的 SLS 成型件进行后处理，熔渗铜金属后，得到了致密的铁铜二元金属零

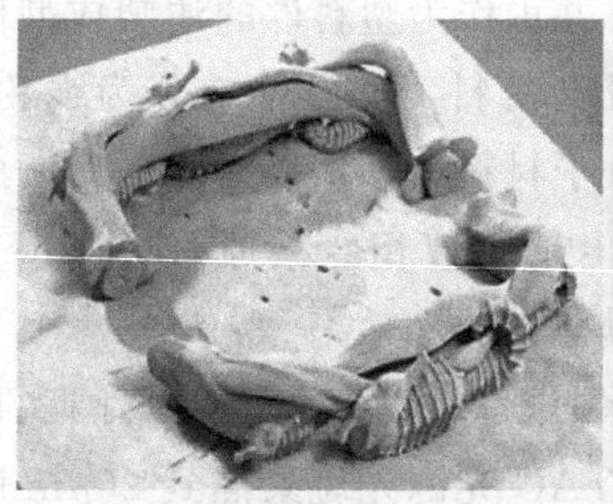
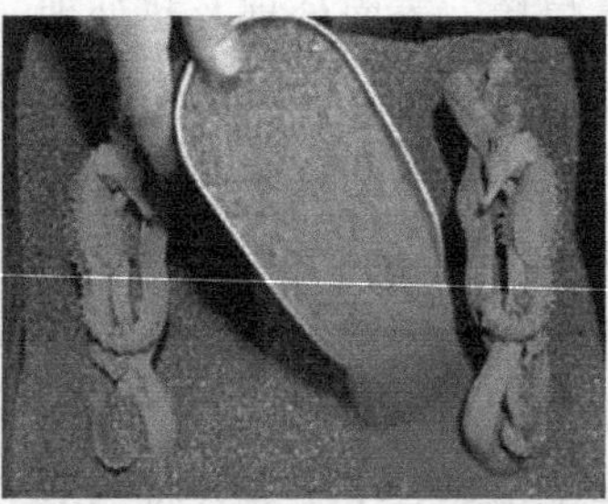

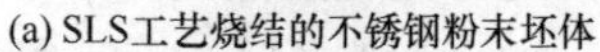

(a) SLS工艺烧结的不锈钢粉末坯体　(b) 用大颗粒的Al_2O_3填满型腔　(c) 填充黄铜粉末作为浸渗材料

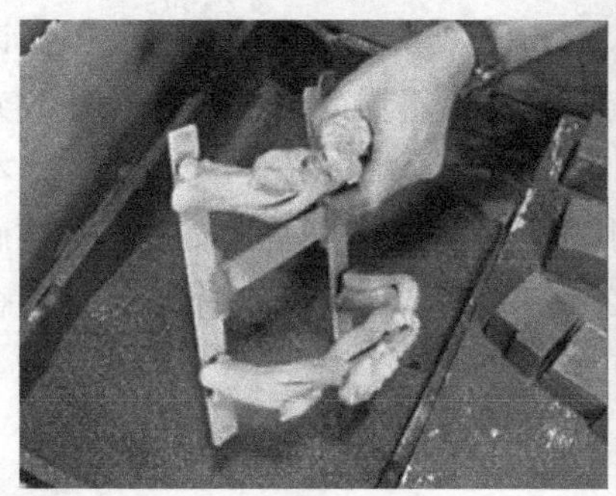
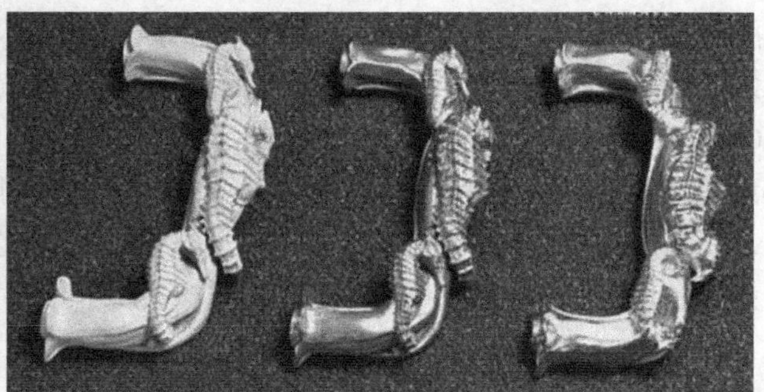

(d) 二次烧结后得到的渗铜制件　(e) 经抛光、镀层等工序得到的最终成品

图 2-1　SLS 直接成型金属制品的后处理工序

件，可作为电火花加工的电极主体。由此可见，SLS成型件通过间接法后处理工艺，其机械性能得到了显著提高。

(1) SLS高分子材料及其复合材料

SLS 高分子原材料分为热塑性和热固性材料。目前，大多作为 SLS 粉料的是热塑性材料。热塑性塑料粉末又可分为晶态和非晶态两类，其中使用较多的烧结原材料为非晶态高分子粉料，典型的有聚碳酸酯、尼龙 12、聚苯乙烯、玻璃微珠填充尼龙 12 等材料。现在已投入使用的结晶类成型粉料一般是尼龙及共聚尼龙粉料，由于结晶性聚合物的烧结件具有较高的强度和韧性，可以直接作为功能件使用，因此具有较大的发展潜力。热固性塑料粉末成型机理是在激光的热作用下使分子间发生交联反应，从而粉体颗粒彼此粘接起来。目前最常用的热固性材料是酚醛树脂和环氧树脂，且一般不作单独使用，主要是作为复合材料粉末中的黏结剂。

根据高分子粉末及其复合材料的烧结件用途不同，可将后处理工艺分为两大类：当其应用于功能测试件时，一般采用渗树脂处理来提高制件的强度；当其应用于制造金属零件的精铸消失模时，主要是使用铸造石蜡进行处理，以提高制件的表面光洁度。

(2) 渗树脂后处理工艺

在树脂涂料中，环氧树脂具有力学性能好、黏结性能优异、固化收缩率小、稳定性好的优点，浸渗后制件的强度高、变形度小，常被选作后处理的基体材料。浸渗树脂时，先将附着在烧结件表面的粉末清理干净，再根据材料的不同，按环氧树脂、稀释剂及固化剂的比例，以手工涂刷的方式浸渗树脂；涂刷完毕后用吸水纸把制件表面多余的树脂吸除干净，将制件置于室温下自然晾干（4～6h），再置于60℃烘箱中进行完全固化（5h）；最后对制件进行打磨、抛光处理，以满足制件的使用功能要求。

（3）渗蜡后处理工艺

铸造石蜡具有硬度高、线收缩率小、稳定性好、可反复使用、能够提高制件表面光洁度的优点。渗蜡时，为防止制件长时间浸泡于蜡液中变软变形，须根据制件特征（如平均壁厚）来合理选择蜡液温度和渗蜡时间。具体渗蜡过程是：首先将原型件放入烘箱（设定60℃）中预热30min，使制件受热均匀；将预热好的原型件放入到一定温度的蜡池中，等到原型件表面无气泡冒出时，将原型件用托盘提出蜡池；将渗蜡后的制件放入30℃的烘箱中预冷却30～60min后，再放置到空气中继续冷却至室温；根据铸件质量要求，对渗蜡制件进行相应的表面处理。

（4）SLS陶瓷粉末材料成型件后处理工艺

目前，SLS工艺所用的陶瓷材料主要有Al_2O_3、SiC、Si_3N_4及其复合材料。由于SLS设备功率相对较低，目前多采用间接成型法进行制备。具体过程如下：首先将陶瓷粉末与适量低熔点黏结剂进行混合，再通过激光按选区进行扫描，黏结剂受热熔化后将陶瓷粉末黏结起来，从而制备出陶瓷坯体；之后进行脱脂（降解黏结剂）、高温烧结和熔渗（或热等静压烧结），最终得到密度和强度较高的陶瓷制件。

韩国东义大学材料工程系Lee. Insup等对SLS成型的氧化铝坯体进行了溶胶、硅胶以及铬酸的熔渗处理，研究表明渗硅胶后的强度、致密度比渗铬酸溶液好，浸渗后通过高温处理可得到高强度、高致密度的成型件；郑州大学物理工程学院胡行等采用以铝作为黏结剂，进行了Al_2O_3陶瓷粉末的SLS烧结实验，同时讨论了高温无压烧结和熔渗烧结对制件的影响，结果表明熔渗烧结可使密度达到$2.2g/cm^3$，抗弯强度达到57.5MPa，已达到商业使用强度；南京航空航天邓琦琳等以Al_2O_3作为成型材料，采用热等静压后处理方式，在温度1150～1370℃、压力70～140MPa条件下，得到零件的相对密度为理论密度的96%～99.8%，但该工艺及设备相对复杂，成本高，且零件收缩很大；上海大学何峰等研究了Al_2O_3与$NH_4H_2PO_3$的烧结过程，在后处理的二次烧结阶段，反应生成了$AlPO_4$，它使Al_2O_3陶瓷零件的强度明显提高。

（5）SLS木塑复合材料成型件后处理工艺

木塑复合材料（Wood-Plastic Composites，WPC）是用塑料和木纤维（稻壳、麦秸、玉米秆等天然纤维）加入少量化学添加剂和填料，经专用配混设备加工而成的一种低成本、绿色环保、可降解、可循环使用的成型材料。热压成型件已在美国、加拿大、澳大利亚、德国、日本等国得到广泛应用。东北林业大学郭艳玲等提出采用WPC材料进行SLS快速原型制造，成型设备采用华中科技大学HRPS-Ⅲ激光粉末烧结系统，完成了杨木/PES（Polyethersulfone，聚醚砜）、桉木/PES、稻壳粉/PES的SLS成型实验（见图2-2）。所获得的成型件力学强度较低，通过打磨、烘干、渗蜡等后处理，使其表面密实，孔隙率降低（$<7\%$），拉伸强度、弯曲强度及冲击强度均有明显提高，该WPC成型件主要用作模型测试、工艺品以及铸造用消失模。

（6）SLS后处理工艺小结

与其他几种RP技术相比，SLS工艺可选择的成型材料范围更广，包括金属粉末、高分子粉末、陶瓷粉末、木塑复合粉末及复合粉末等，不同成型材料的后处理工艺也不尽相

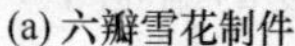
(a) 六瓣雪花制件

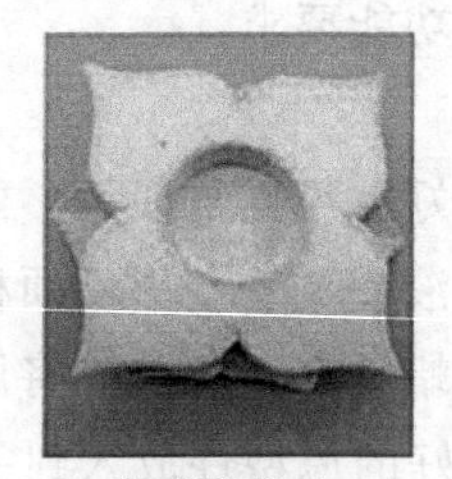
(b) 制件背面

(c) 渗蜡后的六瓣雪花制件

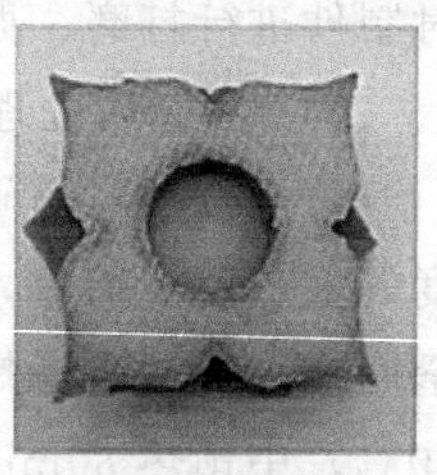
(d) 渗蜡制件背面

图 2-2　SLS 桉木/PES 成型件及渗蜡件

同。通过对比不同材料 SLS 成型件的后处理工艺，可得出以下结论：

① 间接烧结法获得的金属材料成型件和陶瓷材料烧结件采用的后处理工艺较相似，高分子粉末与木塑复合粉末的 SLS 烧结件后处理工艺相同，通过后处理之后的制件密度、强度得到显著提高，可以达到使用强度要求，使制件得到更广泛的应用，这也进一步扩展了 RP 技术的应用领域。

② 高分子和木塑复合材料 SLS 成型虽具有成本低、可降解、可循环使用等优点，但其强度较低，经过后处理工艺后力学性能和制件表面质量显著提高，使得 SLS 技术有许多突破。其中渗蜡之后成型件可应用于模型测试件、工艺品以及制造金属零件的铸造用消失模。

③ 金属、陶瓷及其复合粉末 SLS 成型件后处理工艺相对复杂，但与传统金属与陶瓷零件的制造工艺更为省时省力。

2.2 选区激光熔化技术

选区激光熔化技术（Selected Laser Melting，SLM）是 20 世纪 90 年代中期、在选区激光烧结技术（SLS）的基础上发展起来的，它利用高功率密度激光束直接熔化金属粉末，获得接近金属材料理论密度的金属实体（见图 2-3）。

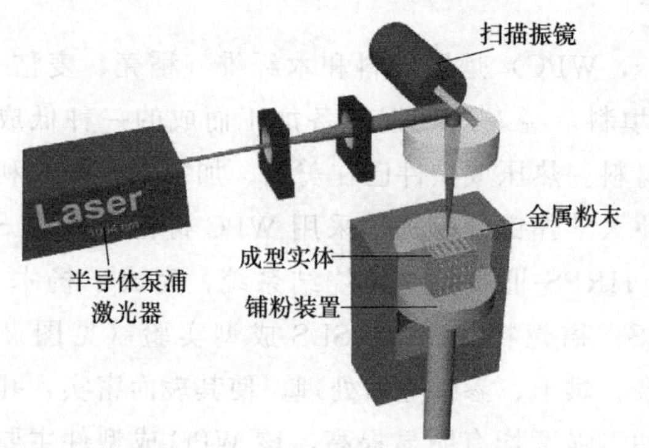

图 2-3　选区激光熔化成型系统示意图

2.2.1 选区激光熔化工艺特点

① SLM 金属制件相对密度接近 100%，甚至是具有冶金特性的完全实体结合，因此相对 SLS 制件来说，零件性能大大改善；此外，由于可以直接制成最终金属产品，节省了 SLS 工艺的后处理环节，因此 SLM 工艺的成型周期大大缩短。

② 由于激光光斑直径小（几十微米）、能量集中，因此能够以较低的功率熔化高熔点金属，使得采用单一成分的金属粉末制造零件成为可能，且可供选用的金属粉末种类也随

之拓展了。

③ 由于 SLM 系统采用高功率密度、小光斑激光束来进行加工，因此加工出的金属零件具有很高的尺寸精度（±0.05mm）以及较好的表面质量（*Ra* 30～50μm）。

由于金属材料对 CO_2 激光吸收率很差，不能满足选区激光熔化的成型精度要求，而 Nd：YAG 激光由于光束模式差也很难同时满足高的激光功率密度及细微聚焦光斑的要求，因此，为成型高致密性金属零件，SLM 系统通常采用半导体泵浦的 Nd：YAG 激光器或光纤激光器，可在保证成型精度的前提下，实现以较快的扫描速度熔化大部分金属材料，且不会因为热变形影响成型零件的精度。

2.2.2 选区激光熔化应用现状

SLM 是 RP 技术的重要组成部分和研究热点，也是 3D 打印工程应用的终极目标。当前对该技术研究较多的国家主要集中在德国、英国、日本和比利时等。其中，德国是从事 SLM 技术研究最早且最深入的国家。该技术由德国 Fraunhofer 研究所于 1995 年首次提出，并于 2002 年研究成功。在商品化方面主要有德国 MCP 公司的 MCP Realizer _ med 快速成型设备、EOS 公司的 EOS-NT M270 快速成型设备以及 Concept Lasers 公司的 M3 快速成型设备，此外还有法国 Phenix-systems 公司的 PM250 快速成型设备等。

在 SLM 成型工艺研究领域，德国鲁尔大学的 M. Wehmolle 等利用 MCP Realize 系列快速成型设备，用 SLM 工艺对 316L 不锈钢合金粉和钛粉进行了成型实验，经过熔化成型、吹净表面残余金属颗粒和喷砂三个步骤加工出了人体额骨模型；Edgar Hansjosten 等利用 MCP 公司的快速成型设备对金属粉末和陶瓷粉末分别进行了 SLM 实验研究，利用不锈钢金属粉末加工出了圆柱形、锥形薄壁零件以及复杂薄壁金属结构，成型壁厚 80μm，相邻两金属薄壁的间距为 220μm、铺粉厚度为 50μm，制造层间基本致密连接，同时进行的 Al_2O_3 陶瓷粉末 SLM 实验，成型线宽为 120μm；J. P. Krutha 等对金属粉末在熔化过程中的受热变形和球化问题进行了分析，用 50%Fe、20%Ni、15%Cu 和 15% Fe_3P 的混合物粉末进行试验，并对采用不同扫描策略的加工效果进行了研究和分析。研究结果表明，采用合适的扫描策略可减小金属熔化时的受热变形和球化问题。

法国的 L. Yadroitsev 等利用 Phenix-PM100 快速成型设备，对不锈钢合金粉末 Inox 904L 进行了 SLM 实验研究，获得了加工出连续金属线和平整金属面的优化加工参数，并对加工过程中产生的球化现象进行了分析，同时在不锈钢基底上加工出了 20mm×20mm×5mm 的连续壁状结构，所用激光功率 50W、扫描速度 0.14m/s、铺粉厚度 50μm、壁厚最薄处为 140μm。英国利兹大学的 M. Badrossamay 等对不锈钢和工具钢合金粉末（M2、H13、316L 和 314S-HC）进行了 SLM 研究，分析了扫描速度、激光功率和扫描间隔对加工结果的影响。

新加坡的 Manlong SUN 等对铁基合金粉末进行了 SLM 实验研究。所用激光器为 3kW CO_2 激光器，光斑大小为 3mm。为改善熔化成型特性，在铁粉中增加了 15%的 Cr 和 1.5%的 B，加工出的实体相对致密度达到理论密度的 96%，硬度达到 40HRC。

日本大阪大学的 Kozo Osakada 等利用脉冲式 Nd：YAG 激光器对多种金属粉末进行

了选区激光熔化实验，激光平均功率50W，峰值功率1000W，激光脉冲频率50Hz，脉冲持续时间1ms，光斑大小0.75mm，在Ar气氛下，对铝粉、铜粉、铁粉、SUS316L不锈钢粉、铬粉、钛粉和镍基合金粉末进行了熔烧实验。实验结果发现，铜粉、铁粉和镍基合金粉末成型结果较好，适于采用选区熔化的方法进行加工；并在此基础上利用镍基合金粉末烧结成尺寸为45mm×35mm×10.6mm的金属样件，相对致密度达到理论密度的88%，硬度达到740HV，并对样件的残余应力分布进行了测量；同时还利用商品化的纯钛粉末TILOP 45加工出了人体骨骼模型和牙冠模型，样件的致密度达到了理论密度的92%，经过进一步的热静压处理，样件达到了全密度并提高了疲劳强度。

日本大阪大学工程科学院的E.C.Santos等利用Nd：YAG激光器对钛合金粉末进行了SLM实验，激光平均功率50W，峰值功率1000W，脉冲频率50Hz，脉冲持续时间1ms，激光光斑大小0.75mm，扫描速度6mm/s，铺粉厚度100μm，加工出了钛合金义齿，制件高度21mm；该团队M.Matsumoto等对SLM金属粉末的单层成型过程进行了有限元分析，并对加工过程中温度场变化引起的热变形和残余应力进行了数值模拟。

国内华中科技大学和华南理工大学在该领域的研究较为领先。华南理工大学与北京隆源及武汉楚天公司合作，在选区激光烧结设备的基础上开发出了国内第一台选区激光熔化快速制造设备DiMetal-240，采用了额定功率200W，平均输出功率为100W的半导体泵浦的Nd：YAG激光器，通过透镜组将在工作台表面上的激光束光斑直径聚焦到100μm左右。采用高精度丝杆控制铺粉的厚度，铺粉精度能达到±0.01mm，粉末铺设机构全自动化控制。针对金属粉末在熔化过程中的氧化，采用整体和局部惰性气体保护。该设备成型尺寸精度达到±0.1mm，表面粗糙度*Ra*30～50μm，相对密度接近100%。华中科技大学推出了选区激光熔化加工系统HRPM系列设备，但设备性能、成型材料开发及加工成型质量和精度与国外相比尚存在一定差距。

 激光近形制造技术

激光近形制造技术（Laser Engineered Net Shaping，LENS）是1995年由美国Sandia国家实验室的David Keicher发明的一种金属零件快速成型技术，并由美国Optomec Design公司于1997年实现商业化运行。LENS技术的工作原理和选区激光熔化技术相似（见图2-4），首先由CAD软件或反求技术生成零件CAD模型，利用切片软件进行切片处理，获得一系列薄层并生成逐层的扫描轨迹。激光束在指令控制下扫描基板，并将在惰性气体条件下送料器（送粉器或送丝机）输送的金属原料用激光熔覆的方法沉积出与切片厚度一致的一层薄片，一层制作完成后，聚焦组合镜、粉末喷嘴等整体上升一个分层高度，不断重复以上过程以逐层沉积下一层材料，直至形成具有所需形状的三维实体金属零件。

由于LENS是将金属粉末送入激光照射形成的熔池中，通过激光热作用将金属粉末熔化并与基体形成冶金结合，因此可以获得高致密的金属零件，制件机械性能较高。

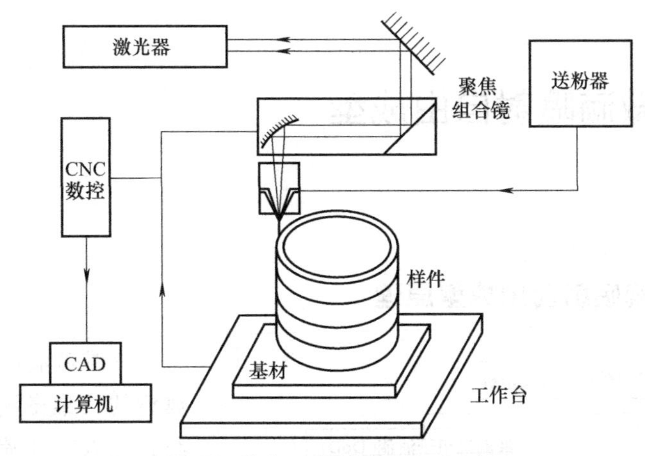

图 2-4 激光近形制造系统示意图

LENS将SLM技术和激光熔覆技术相结合，既保持了SLM技术成型零件的优点，又克服了其成型零件密度低、性能差的缺点。

LENS技术的最大优点是制作的零件密度高、性能好，可直接作为结构零件和工具零件使用。在直接制造较高强度金属实体结构件、大型零件修复以及功能梯度材料的制备等方面有着广泛的应用和研究前景。但也存在成型尺寸精度低、零件表面质量粗糙、残余应力不易控制等问题。

由于LENS技术的独特优势，国外很多机构已经建立起了相应的加工系统，除美国Sandia实验室的LENS外系统，还有美国Los Alamos国家实验室的DirectLight Fabrication（DLF）系统、美国Stanford大学的Shape Deposition Manufacturing（SDM）系统、美国Areo Met公司的Laser Additive Manufacturing（LAM）系统等，这些系统有些面向各种复杂金属零件的成型，有些则针对某一类金属，如LAM系统主要进行钛合金的激光快速成型研究，其钛合金薄壁零件已经在飞机上得到应用。

国内上海交通大学机械与动力工程学院邓琦林等利用LENS技术，选取镍基高温合金粉末作为熔覆材料在Q235钢基体材料上进行三维熔覆成型研究，研究了激光参数、扫描速度对熔覆线宽和厚度的影响以及对熔覆层夹角的影响，并制成了三维毛坯件；北京有色金属研究院章萍芝等人利用LENS技术，选取合金粉末锡青铜，在45钢基体上接制备出的扭曲形状的铜合金零件；燕山大学高士友等人利用气雾化TC4钛合金粉末，在热轧TC4钛合金材料基板上进行钛合金粉末的激光三维直接成型研究，并对成型结构进行了测试，发现成型结构的力学性能高于铸态组织的力学性能，达到了锻态组织的力学性能；华南理工大学杨永强等人对316L不锈钢粉末的直接成型进行了研究，得到的316L不锈钢薄壁件组织为枝晶组织，且组织均匀、致密；天津工业大学激光技术研究所针对激光熔覆表面处理技术对合金粉末材料性能的要求，分别研究了合金粉末的B含量、Si含量以及B、Si含量配比对激光熔覆的工艺性能、粉末形貌及涂层性能的影响，研制出具有良好的工艺性能和使用性能的激光熔覆用镍基自熔性合金粉末；第四军医大学高勃等采用与烤瓷合金成分类似的Rene95镍基合金粉末为原料，利用LENS技术制作出口腔修复体，并测定其抗拉强度、屈服强度、伸长率及显微硬度和电镜分析，发现制件力学性能优于常规齿科镍基合金。

2.4 三维微滴喷射自由成型

2.4.1 三维微滴喷射自由成型原理

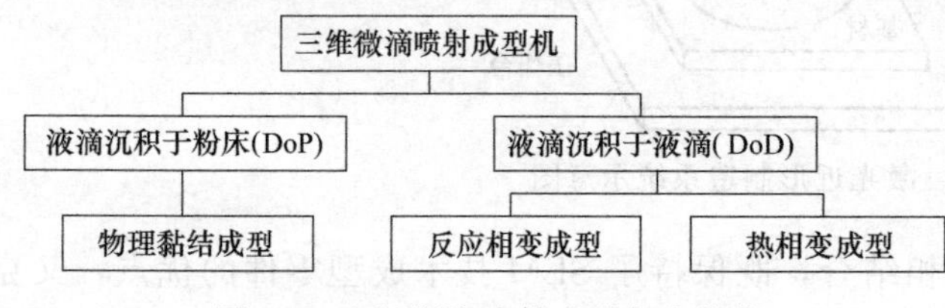

图 2-5　上网微滴喷射成型方式分类

三维微滴喷射成型机是一种典型的三维微滴喷射自由成型系统，它以某种喷头做成型头。该喷头与普通的二维打印机打印头结构类似，不同之处在于除喷头能作 X-Y 平面运动外，工作台还能做 Z 向的垂直运动；而且喷涂材料不是墨水，而是黏结剂、光敏树脂、熔融塑料、蜡等流态材料。

三维微滴喷射自由成型的理论基础是添加成型，它是利用各种机械的、物理的或化学的方法，通过有序地添加材料来成型工件。按成型时沉积方式的不同，可分为以下几类（见图 2-5）：

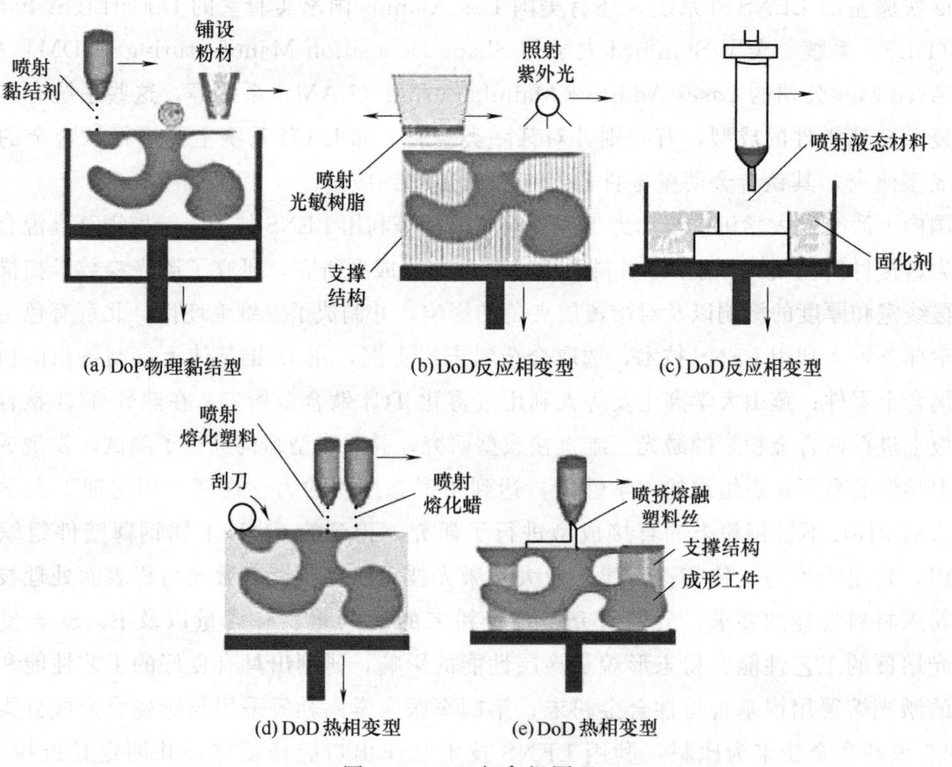

图 2-6　三 D 打印机原理

(1) 液滴沉积于粉床型

液滴沉积于粉床（Drop-on-Powder bed deposition，DoP）工艺属于物理黏结成型[见图 2-6（a)]。

(2) 液滴沉积于液滴型

液滴沉积于液滴（Drop-on-Drop deposition，DoD）工艺是基于喷射材料本身相互沉积而成型，不需黏结剂，又称为直接喷射沉积（Direct Jetting Deposition，DJD），它有反应相变（如光敏相变）成型[图 2-6（b)、(c)]与热相变[如喷射熔融塑料、喷射熔化金属等，见图 2-6（d)、(e)]两种成型工艺。

微滴喷射 3D 打印技术，依据喷射液滴的形态，喷射系统可分为两种：一种是连续式；一种是按需式。当驱动器发出驱动信号后，在连续喷射系统的运转下，喷头不断地喷射出连续的微小液滴串。每次喷嘴喷出一滴液滴之后，通常会伴随着卫星滴、流涎、尾液等现象发生。比较常见的微滴喷射 3D 打印系统有：热气泡式、静电式、压电式、微注射式、电场偏转式和针阀式等，各微滴喷射方法的优缺点如表 2-1 所示。

表 2-1 各微滴喷射方法的优点和缺点

驱动方式	优 点	缺 点
压电式	可实现连续和按需喷射，也能喷射低温熔化金属	不耐高温、驱动电路较复杂、成本较高
热气泡式	适用于低黏度且能产生气泡的水性溶液喷射	不适合无法产生气泡的液体喷射，喷嘴易堵塞
电流体动力式	可以实现 DoD 喷射，液滴可小至纳米级，且不受喷嘴尺寸限制	对液体的导电性有严格限制，需要有强电场
磁流体动力式	适合导电材料的喷射	不适合非导电材料喷射，需要大电流和强磁场
聚焦超声波式	液滴极小，不受喷嘴尺寸限制	需要有大功率超声波能量
惯性式	适合高黏度流体喷射	液滴尺寸不均匀，冲击大，工作频率不高
气压式	可在极高温度下工作，适合各种低黏度流体	不适合高黏度流体，工作频率较低
机械阀式	适合高黏度流体喷射	系统中有运动部件，喷射液体冲击大，工作频率低

2.4.2 DoP 物理黏结型 3D 打印

(1) DoP 物理黏结型 3D 打印原理

DoP 物理黏结型 3D 打印过程如图 2-7 所示。首先铺粉机构在成型活塞上方铺设一层粉材[见图 2-7（a)]，喷头按照所需成型工件的截面轮廓信息，在水平面上沿 x、y 方向运动，并在铺好的粉材上有选择性地喷射黏结剂[见图 2-7（b)]，黏结剂渗入粉材中并将其黏结，从而形成工件的截面轮廓；一层成型完成后，成型活塞下降一个分层高度[见图 2-7（c)]，再进行下一层的铺粉与黏结[见图 2-7（d)]，如此循环，直到完成最后一层的铺粉与黏结并形成三维工件[见图 2-7（e)、(f)]。在这种快速成型机中，未黏结的粉材自然构成支撑，因此不必另外添加支撑结构，也可省去成型后剥离支撑结构的过程。此外，喷头可喷射多种颜色的黏结剂，以成型彩色工件。

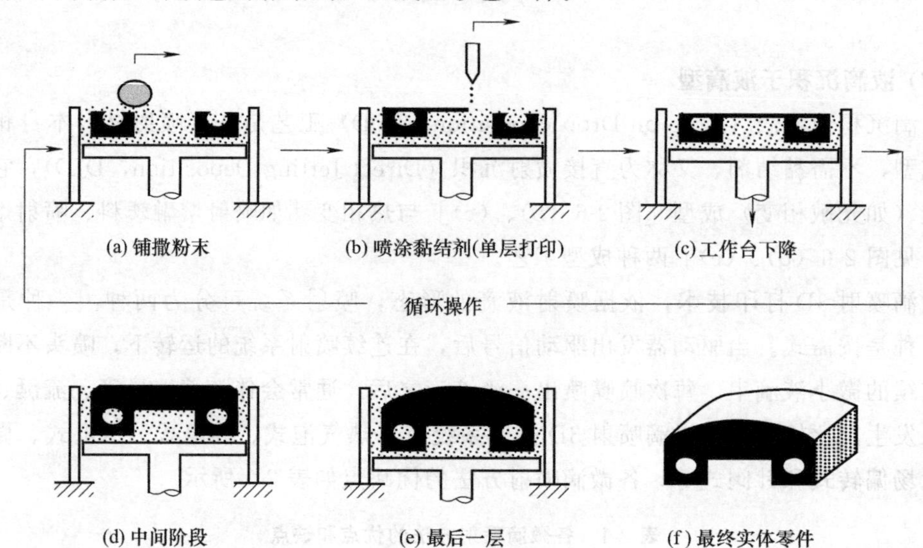

图 2-7 DoP 物理黏结型 3D 打印机的工作过程

图 2-8 所示为黏结剂液滴自形成至黏结粉材的过程：①液滴形成；②液滴撞击粉材表面；③液滴在粉材中润湿；④黏结固化粉粒。图 2-9 所示为在 DoP 物理黏结型 3D 打印机上制作的成型件。通过使用多喷头结构，可以将浆料和黏结剂通过不同的喷头喷射出来，其成型过程如图 2-10 所示。

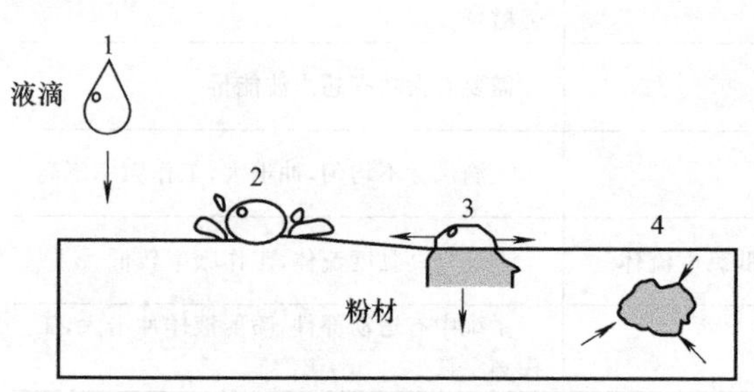

图 2-8 黏结剂液滴黏结粉材过程

图 2-9 DoP 物理黏结型 3D 打印机

(2) 典型的 DoP 物理黏结型 3D 打印机

典型的 DoP 物理黏结型 3D 打印机有美国 Z Corp 公司生产的 Z 系列 3D 打印机，其喷头上有 128 个喷嘴，打印速度可达 2 层/min，层厚为 0.089～0.203mm，分辨率可达 600×540dpi，在粉层中喷射的液体约占模型体积的 10%（见图 2-11）。

在 DoP 物理黏结型 3D 打印制作过程中，微滴以一定速度撞击粉材平面，与粉材颗粒作用并固化，形成所需的层截面形状。在此过程中，微滴与粉材的交互作用对打印材料选择及工艺参数的确定具有重要意义。其中微滴对粉材的撞击可分为 5 种形式（见图 2-12），两者的作用结果主要取决于微滴的流体动力特性和粉材平面的性能，尤其是液体的韦伯数（Weber number，符号为 *We*）。

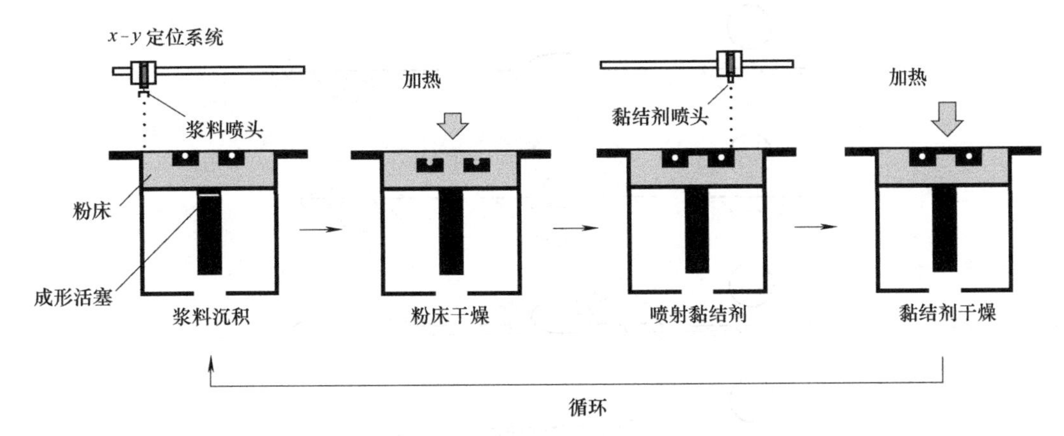

图 2-10　同时喷射浆料和黏结剂的成型过程

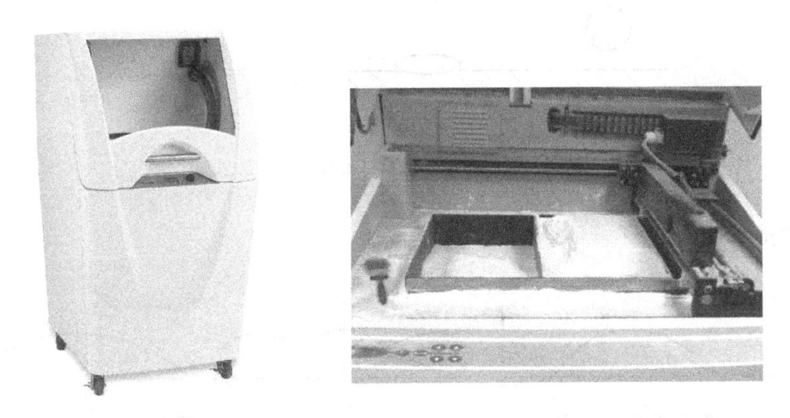

图 2-11　Z 系列多喷头三 D 打印机

研究表明，当 $We>1000$ 时，粉材在微滴的作用下会出现飞溅/破裂状况［见图 2-12 (e)］，从而破坏粉材表面，影响微滴的形状，这在 3D 打印中是需要避免的。当 $We<300$ 时，粉材在微滴的作用下会主要表现为下沉状况［见图 2-12 (a)］，即不产生粉材溅射和微滴破裂，此时微滴对粉材平面的撞击类似于微滴对多孔介质表面的撞击。可以用系数 K 来衡量微滴是否会产生溅射：

$$K=We^{\frac{1}{2}}Re^{\frac{1}{4}} \tag{2-1}$$

式中　Re——液体的雷诺数。

当 $K<K_C$（判别系数）时不易产生溅射现象，其中 K_C 受表面粗糙度的影响，介质表面越粗糙，K_C 值越小，越易产生微滴溅射。当微滴直径为 60～150μm，表面粗糙度为 0.0019～1.3 时，$K_C=57.7$。当系统选用 $We=12\sim100$，$Re=58\sim350$ 时，$K=9.56\sim43.25$，微滴对粉材的冲击较小，不会产生微滴溅射现象。因此，微滴对粉材平面的撞击过程可以简化为图 2-13 所示过程。

2.4.3　DoD 反应相变型 3D 打印

DoD 反应相变型 3D 打印机中，典型的有光敏相变型三 D 打印机，例如，3D Systems 公司

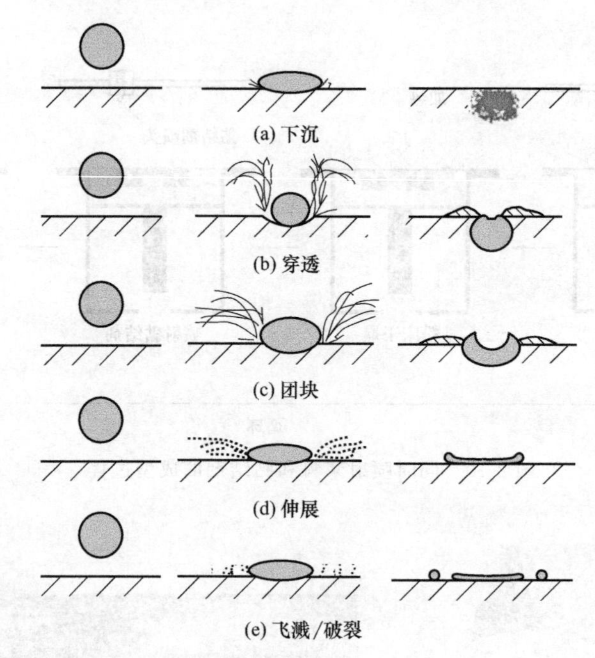

图 2-12 微滴与粉材平面的作用形式

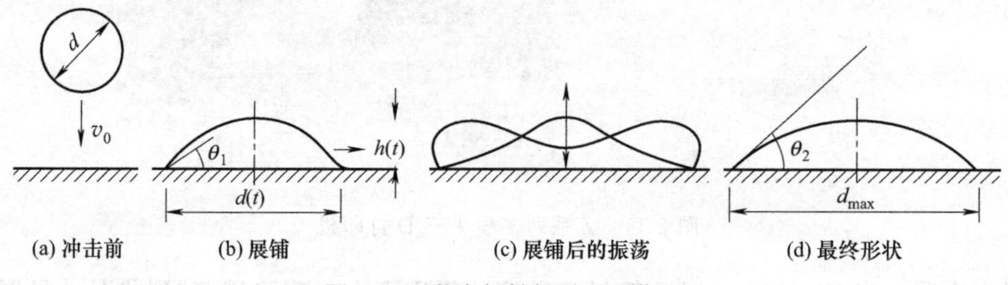

图 2-13 微滴与粉材平面的作用

的 InVision 成型机（见图 2-14）和以色列 Objet 公司的 EDEN 系列成型机（见图 2-15）。

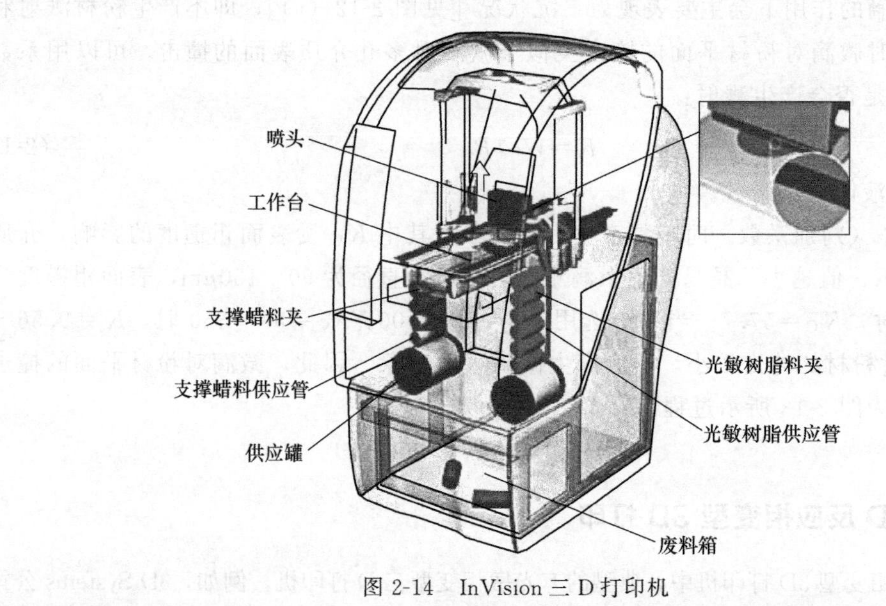

图 2-14 InVision 三 D 打印机

图 2-15 EDEN 系列三 D 打印机

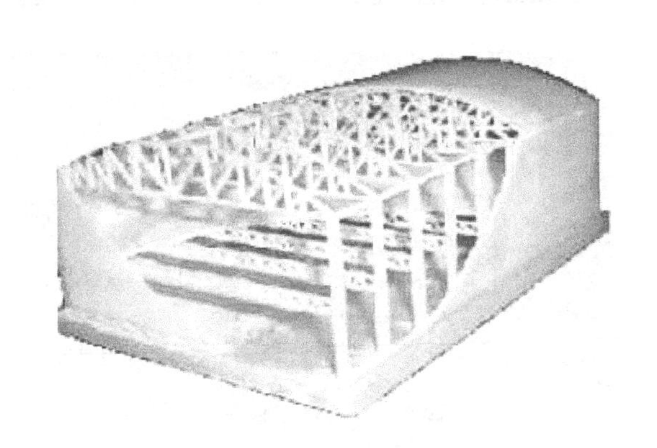

图 2-16 蜡支撑结构

InVision 成型机采用有 448 个喷嘴的压电式喷头，成型时首先在工作台上基底的上表面喷射蜡支撑（见图 2-16），再喷射液态丙烯酸光敏树脂，然后用紫外灯照射，使光敏树脂发生聚合反应而固化成型。成型完成后将制件放入烘箱以去除蜡支撑，最终得到成型件。该成型机打印分辨率为 328×328×606dpi。

EDEN 系列成型机采用 PolyJet 技术（以色列 Objet 公司在 2000 年初推出的聚合物喷射专利技术）的 8 个喷头，共 1536 个喷嘴。成型时，首先喷射支撑用胶状光敏树脂，再喷射工件轮廓用光敏树脂，然后用紫外灯照射使光敏树脂固化。成型完成后用手工或水喷射的方法去除支撑结构，最终得到成型件。

喷射光敏树脂的三 D 打印机具有以下优点：①利用紫外灯来固化光敏树脂，不必用激光器，成本较低；②采用多喷嘴的喷头，成型效率高；③成型件精度高。在一般 SL 激光固化式快速成型机上，采用的激光光斑为 0.06～0.28mm；在喷射光敏树脂的三 D 打印机上，喷头打印分辨率为 0.02～0.08mm。缺点是喷射光敏树脂的喷头会发生堵塞现象，需要特殊维护。

在 DoD 反应相变型 3D 打印机还可以采用微注射器式喷头，从而能使用选择范围更广泛的流态材料。当喷射的流态材料为水溶液或溶剂溶液时，材料会因其中的水或溶剂挥发而固化成型。如果喷射的流态材料不能由于挥发和降温而固化时，可以采用两个微注射器式喷头，并在工作台上设置一个液箱，其中一个喷头逐层向液箱喷射流态成型材料，另一个喷头逐层向液箱喷射固化剂，使流态成型材料迅速发生固化反应进行成型。

2.4.4 DoD 热相变型 3D 打印

下面以美国 Solidscape 公司生产的 ModelMaker Ⅱ 三 D 打印机为例，来介绍 DoD 热相变型 3D 打印原理（见图 2-17）。

ModelMaker Ⅱ 成型机的喷头上有 2 个喷嘴（见图 2-18），其中一个喷射熔融热塑性塑料（熔点为 90～113℃），用于成型工件的轮廓；另一个喷射熔融合成蜡（熔点为 54～76℃），用于支撑正在成型的工件。两种材料喷射沉积后能迅速固化，从而形成工件的轮廓层，之后用铣刀铣去该层过高处材料，以保证每层轮廓的精确高度（0.013～

0.13mm)。成型完成后可用溶液使工件、支撑结构和基底相分离。

图 2-17 ModelMaker Ⅱ 三 D 打印机双喷头装置

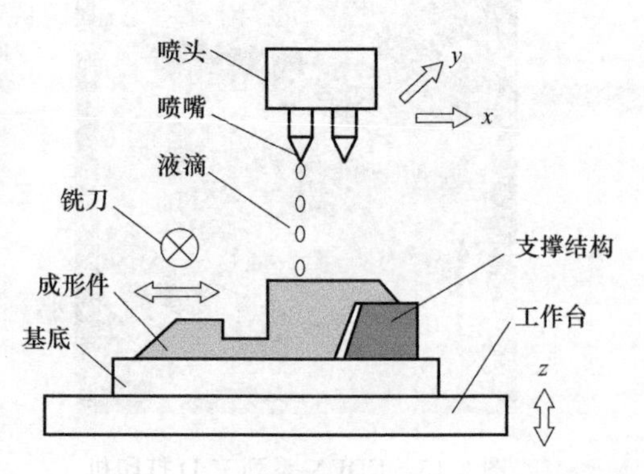

图 2-18 ModelMaker Ⅱ 成型机原理图

2.4.5 三维微滴喷射自由成型系统结构

2.4.5.1 DoP 物理黏结型 3D 打印机系统结构

DoP 物理黏结型 3D 打印机最早由美国麻省理工学院提出，后来由美国 Z Corp 公司于 1999 年获得了授权专利。在驱动系统的作用下，打印机架及其上的字车和铺粉辊可沿 x 方向运动，字车可相对打印机架沿 y 方向运动（见图 2-19）。字车上有 4 个喷头与外置储液罐相连。工作时，在计算机的控制下，打印机架、字车及铺粉辊沿 x 方向自左向右运动，铺粉辊将供粉室中供粉活塞上方的一薄层粉材均匀铺至成型室中成型活塞上方；然后，打印机架及其上的字车和铺粉辊沿 x 方向自右向左运动，喷头按照工件三维模型经分层软件处理所得的截面图形，向成型室中成型活塞上方已铺设的粉层有选择性地喷射黏结剂，构成工件的一层截面实体。一层截面成型后，供粉活塞上升一层高度，成型活塞下降一层高度，打印机架、铺粉辊和喷头重复以上工作循环过程，直到工件成型完成（见图 2-20）。

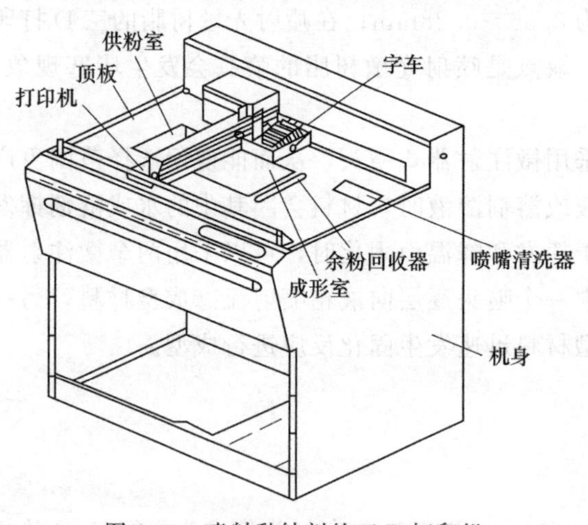

图 2-19 喷射黏结剂的三 D 打印机

在打印机顶板一端有一个开口，其下方设置了喷嘴清洗器。当喷头运动至清洗器上方时，清洗器电机旋转，并通过齿轮、传动轴和凸轮使中间件向上移动，从而使与其相连的橡胶辊贴近喷嘴，擦除喷嘴表面的污物。此外，清洗器中还有可喷射清洁剂的喷嘴，以得到更好的清洗效果。清洗完成后，电机反转，使橡胶辊向下移动复位。凸轮和橡胶辊的位置状态由转轮和与其相连的传感器来识别。

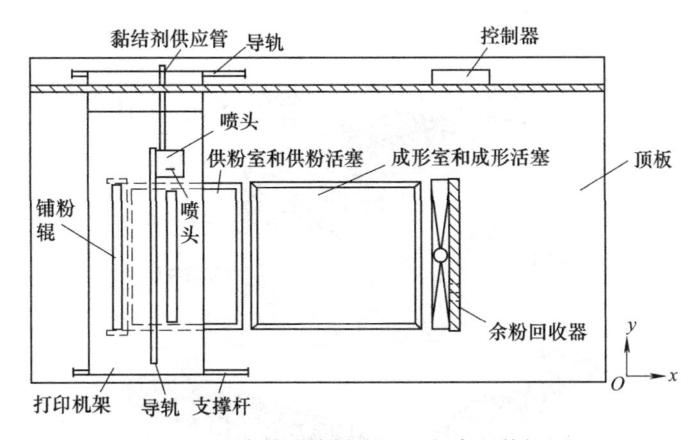

图 2-20 喷射黏结剂的三D打印机俯视图

该成型机能采用有色黏结剂和无色黏结剂，改变黏结剂供应系统中电磁阀的状态，可实现喷射有色和无色黏结剂之间的切换。为提高喷射成型的效率，可以采用多喷头排列［见图 2-21（a）］，每个相邻的喷头在 x 方向有小重叠值 W_o，以保证各喷头能同步喷射，喷头间不会产生喷射空隙，也可以采用图 2-21（b）所示的排列方式。

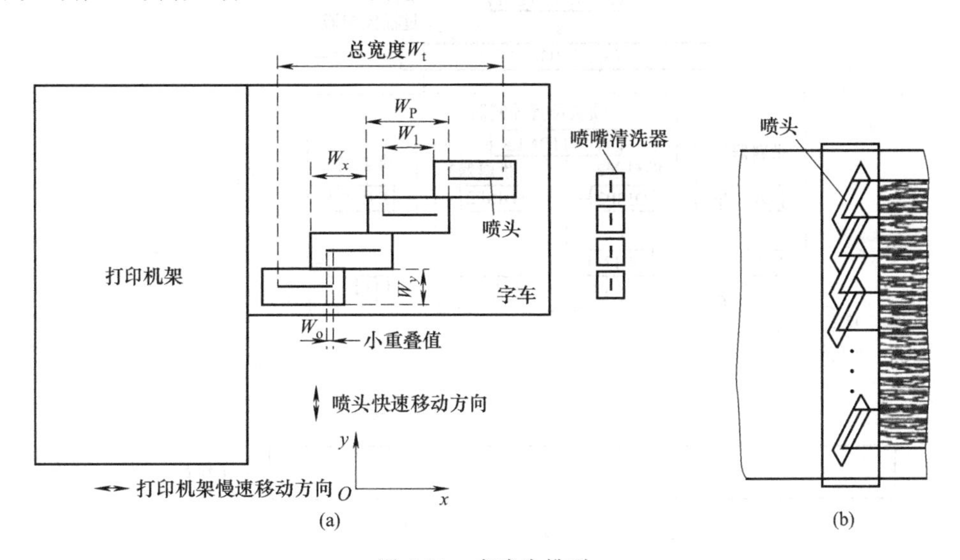

图 2-21 多喷头排列

Z Corp 公司还设计了另外一种 DoP 三 D 打印机，这种打印机有左、右两个供粉缸和两个供粉活塞，在左、右两个运动方向都能铺粉，因此效率较高。喷头的 x 和 y 方向运动由电机通过同步齿形带驱动，成型活塞和供粉活塞的 z 向运动由电机通过丝杠驱动。

2.4.5.2 DoD 光敏相变型三 D 打印机系统结构

以色列 Objet 公司设计的 DoD 光敏相变型三 D 打印机如图 2-22、图 2-23 所示。

该快速成型机有多个喷头，每个喷头有相应的供料器、供应成型材料（如全硬化丙烯酸树脂）或支撑材料（如凝胶状聚合物），每个喷头上有许多喷嘴（总 1563 个），分辨率为 600×300×1270dpi，一次可喷射出 65mm 宽的微滴组，且不会由于个别喷嘴堵塞而影响成型质量（见图 2-24）。

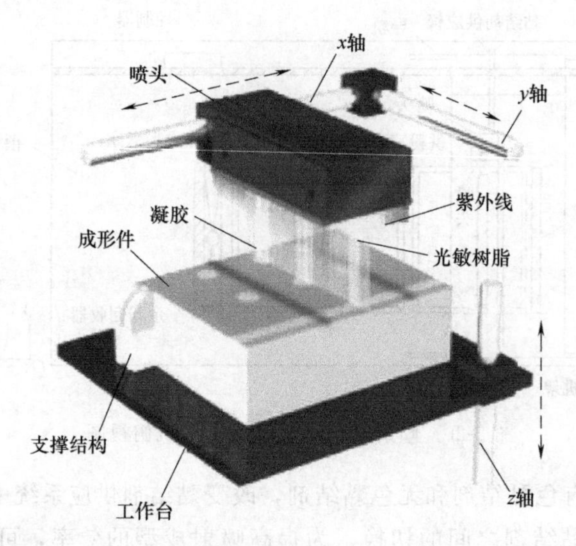

图 2-22 Objet 公司 DoD 光敏相变型三 D 打印机示意图

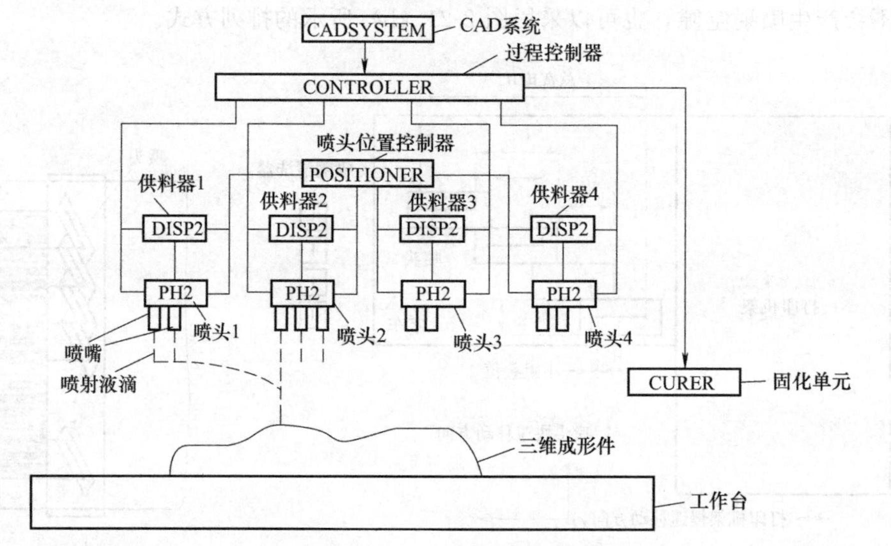

图 2-23 喷头与供料器的对应关系图

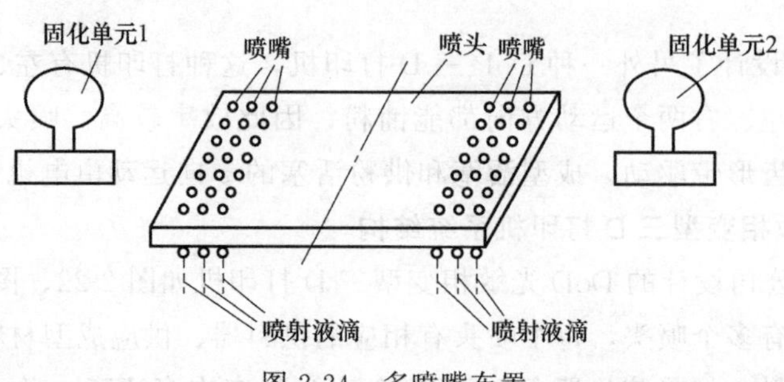

图 2-24 多喷嘴布置

喷头喷射的光敏树脂在固化单元中紫外光照射下立即固化，形成工件的一层截面片，成型的凝胶状支撑结构可在零件制作完成后被方便地去除。考虑到沉积层厚度（T_d）不可能非常精确，为此设置了平整辊，在随喷头向图 2-25 所示右方移动的同时又绕其自身轴线旋转，以便去除多余的沉积层厚度（T_d-T_1），并使其表面平整，以利于下一层沉积（见图 2-25）。

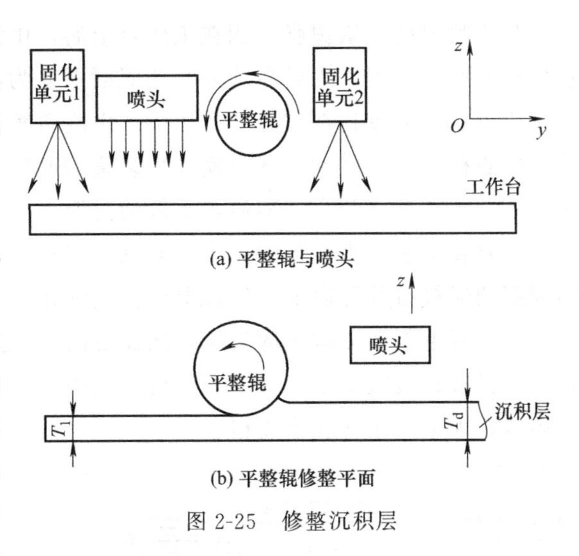

图 2-25 修整沉积层

图 2-26、图 2-27 为美国 3D Systems 公司设计的两款喷射光敏树脂的三 D 打印机。图 2-26 所示的打印机，其成型材料（如液态光敏树脂）和支撑材料（如固态蜡）分别存于储料罐 1、2 中，材料在储料罐中由加热器加热后具有良好的流动状态，再通过加热软管输送至字车上的喷头。当喷头采用美国施乐公司的 Z850 打印头时，由于这种压电式打印头能够喷射的流体黏度为 13～14mPa·s，允许工作温度为 60～90℃（温度过高会损坏压电器件），因此一般将打印机的喷射温度设置为 80℃。

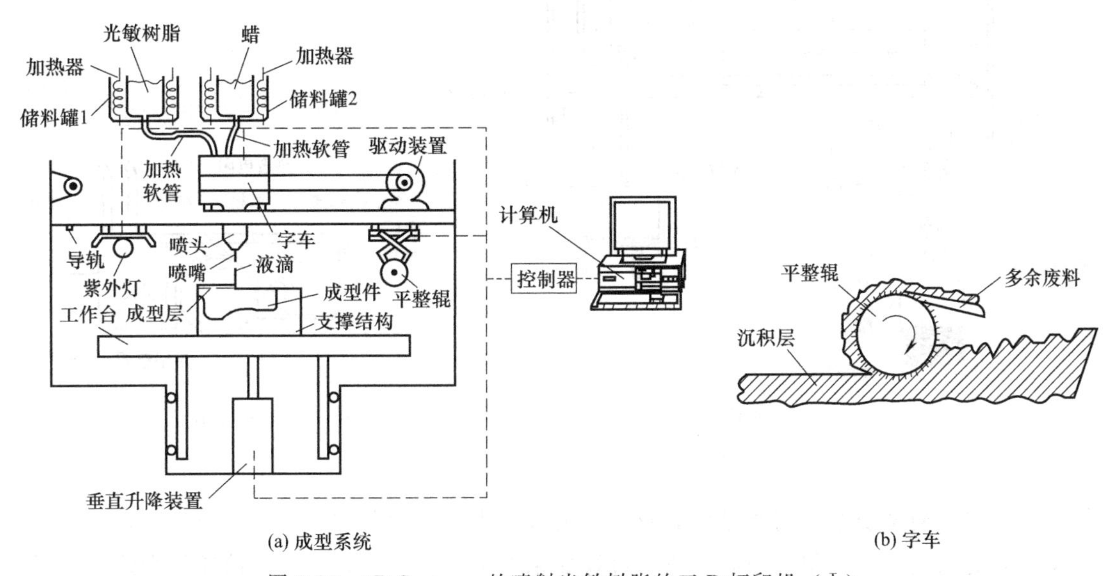

图 2-26 3D Systems 的喷射光敏树脂的三 D 打印机（Ⅰ）

图 2-27 所示的打印机，其垂直方向的层高变化由伺服电机驱动的丝杠带动喷头实现。成型材料和支撑材料分别由储料罐 1、2，在挤料杆 1、2 的作用下，经除气器 1、2 和加热软管输送至喷头。字车由喷头、热平整辊、砂轮、加热器、热敏电阻、光电传感器和废料箱等组成。其中热平整辊能去除沉积层上多余的材料，并将材料由非流态加热为流态。与热平整辊相接触的砂轮能剥离和破碎热平整辊表面黏附的废料，并使这些呈流态的废料流入废料箱。加热器与热敏电阻用于使废料箱保持恰当的温度，以使其中的废料始终处于流态。光电传感器用于检测废料箱中废料的液位，并将检测信号传送至计算机，当液位过高时，控制器使系统停止工作，以免废料从废料箱内溢出。

喷头喷射的光敏树脂沉积在工作台上后，由流态变为非流态，并在热平整辊的作用下被修整至所需高度，之后在紫外光的照射下变为固态截面层。

废料箱中的废料在重力的作用下，由废料管流入下方的废料收集装置。其中的执行器能使中心杆上、下移动，从而使收集装置的通口开启或关闭。当中心杆向上移动时，收集装置顶部的通气口与大气相通，下部的排泄口关闭，以便收集装置吸入废料。液位探测器用于检测收集装置中废料的高度，当液位超过预定高度后，执行器使中心杆向下移动，关闭顶部的通气口并开启下部的排泄口，废料在重力作用下迅速向下排至废料罐中，并在废料收集装置上部造成微小的负压，从而使废料收集装置可由废料管中有效地吸取剩余的废料。废料收集装置排空废料后，执行器使中心杆向上移动，关闭下部的排泄口，以便废料收集装置为下一循环收集废料。

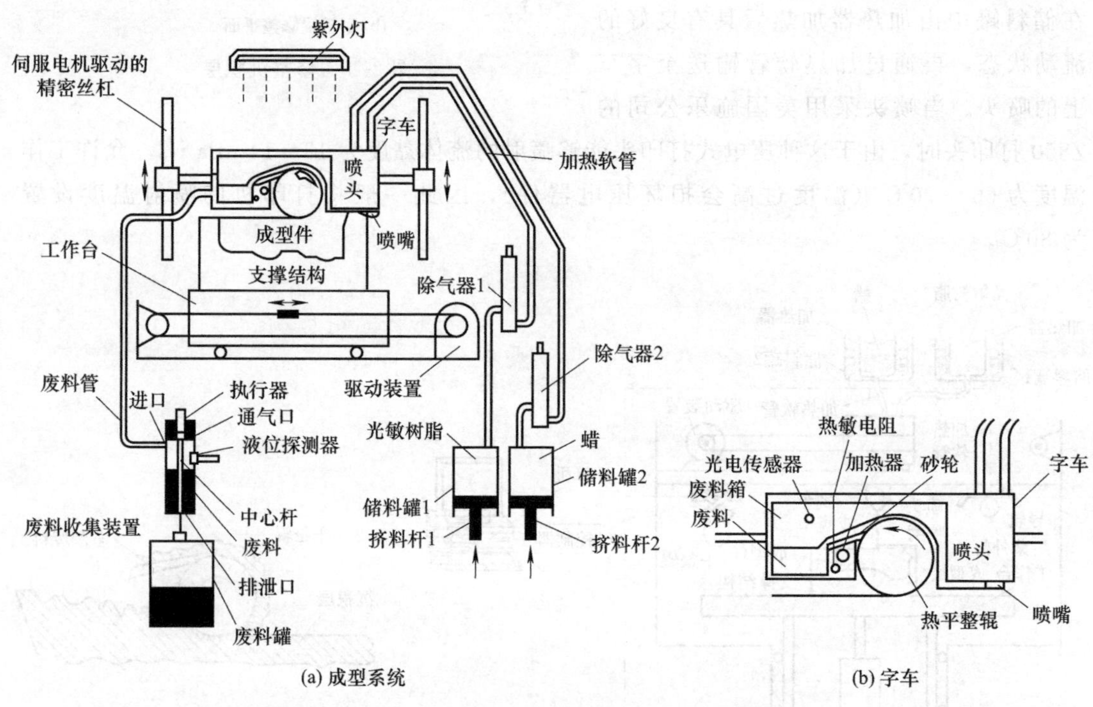

图 2-27 3D Systems 的喷射光敏树脂的三 D 打印机（Ⅱ）

在上述成型系统中，树脂是依靠游离基聚合产生的光固化作用而凝固成型的，这种聚合反应会受到氧气的抑制，因此，成型过程如果在空气中进行，会增加消耗的光能，降低成型效率。为此，可将工作台、喷头等置于真空或惰性气体成型室内，并用真空泵抽出腔室中空气或充入惰性气体。为使喷出的液态微滴不立即固化而导致喷嘴堵塞，在喷头上装设了环形遮光板，这样紫外光就不会直接照射到喷嘴，并且只有当喷头离开已喷射部位一定距离后，紫外光才能投射到已喷射出的液态珠滴上，从而使其快速固化。

为避免喷嘴堵塞，一般喷头只能喷射黏度较低的光敏树脂，但黏度过低的光敏树脂会在已完成光固化层叠之后出现滴落的现象，或发生不同类型及颜色的材料在边界处彼此掺杂而降低品量。为克服该问题，可采用辅助曝光装置（见图 2-28），该装置由一束光纤组成，每根光纤的一端正对材料从喷头射向工作台的通道，因此在材料喷射的过程中，让从光纤发出的紫外光照射到喷射出的低黏度光敏树脂上，使其预先发生部分固化，在材料于工作台上完成逐层叠加之后，再用紫外灯使树脂完全固化。

此外，也可采用具有触变特性的材料来解决上述问题（见图 2-29）。将光敏树脂放置在装有水或有机溶剂的储料罐内，并使其分散成细颗粒状，或在其中加入具有较大极性的添加剂（如胶化剂、胶体颗粒等），使之呈凝胶状。为增强材料流动性，通过搅拌器及利用压电器件构成的振荡器对喷头与储料罐中的材料进行振荡，以便切断材料分子间的微弱键合力，使其液化并能顺畅喷出。材料喷出并叠加于工作台上便迅速呈凝胶状，之后在紫外光的照射下发生固化，从而得到所需成型件。因此，在这种成型机上不必采用低黏度树脂，也不会出现材料滴落及边界掺杂现象。

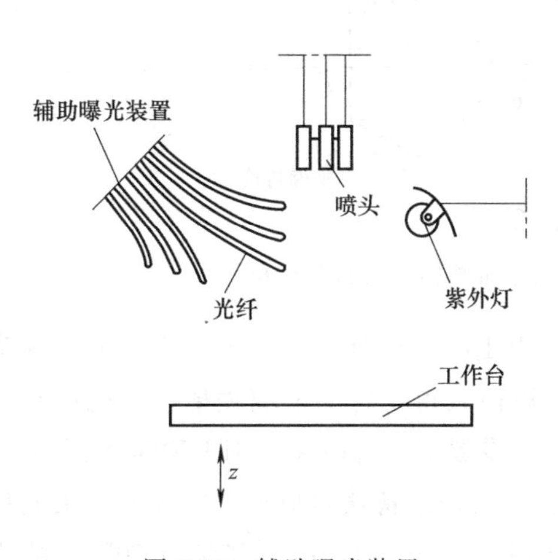

图 2-28 辅助曝光装置

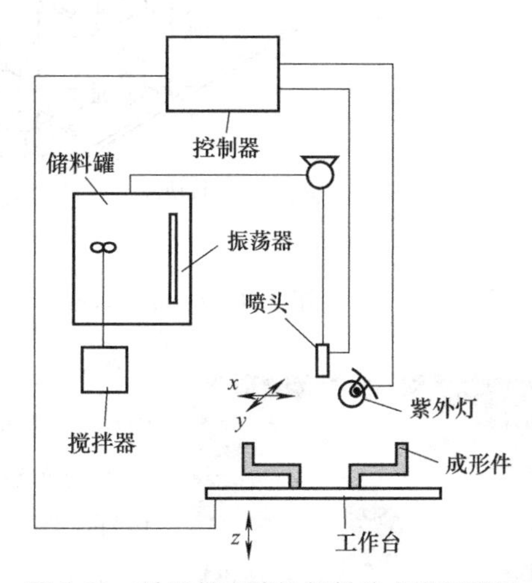

图 2-29 采用触变特性材料的成型原理图

2.4.5.3 DoD 热相变型 3D 打印机系统结构

(1) 美国 Cubic Technologies 公司的 DoD 热相变型 3D 打印机

图 2-30 所示为美国 Cubic Technologies 公司（原 Sanders Prototypes 公司）设计的一种喷射熔融塑料的三 D 打印机，其字车上有三个能在 x-y 平面上移动的喷嘴，其中第一个用于喷射成型工件壁部的材料，第二个用于喷射工件的体积填充材料，第三个用于喷射支撑材料。喷射用的原材料存储在加热的主储料箱中，材料被熔化成液态后，由泵抽至上部的储料箱，并经此箱送至喷头。设备左侧安装有由电机驱动的铣刀，当电磁铁吸合时，铣刀能驱动机构的作用下沿 x 方向移动，以铣平成型层的上平面，切屑由连接进口的真空系统吸除。设备右侧安装有喷嘴清洗系统。储料箱中设置了由热敏电阻构成的液位探测器，当储料箱中液态材料的液位超过所需高度时，电磁铁控制阀门开启，多余的材料经过通道由排液管向外排出。

(2) 新加坡国立大学的 DoD 热相变型 3D 打印机

新加坡国立大学研发出 DoD 热相变型 3D 打印机，并将其称为三维微喷射系统（3D Micro dispensing System）。该系统采用两个美国 MicroFab 公司的压电式喷头，这种喷头可在 250℃的高温下进行工作。为降低喷射材料黏度，使其能顺利喷射，系统设有由加热器件和热电偶组成的加热装置，从而可使喷射材料的温度最高达到 240℃。系统 x-y-z 三维

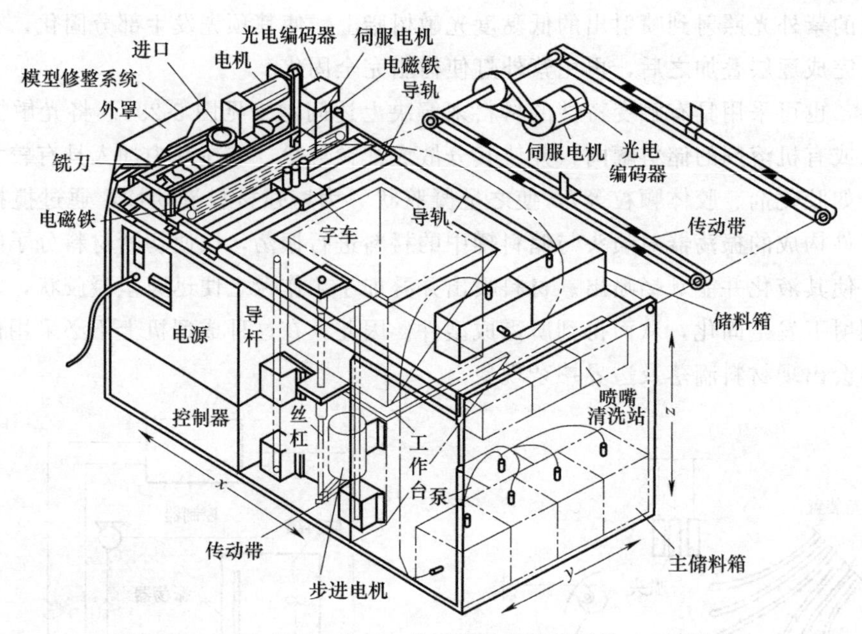

图 2-30 Cubic Technologies 公司喷射熔融塑料的三 D 打印机

图 2-31 喷射成型的蜡齿轮

工作台的移动分辨率为 1μm。此外，系统还设有可调节喷头内压力的真空装置，以便获得稳定的液滴喷射。为能固化喷射出的光敏树脂，系统设置了经过改装的 ILUX250 型牙科固化灯。图 2-31 所示为利用该设备喷射成型的蜡齿轮，沿其齿开口方向的平均表面粗糙度 Ra 为 2μm [蜡熔点 70℃，喷头加热至高于蜡熔点 10℃并保持在 (80±2)℃范围内]。

(3) Stratasys 公司的 DoD 热相变型 3D 打印机

该公司的 DoD 热相变型 3D 打印机采用辊轮式熔融挤压系统（见图 2-32），所用成型材料为直径为 1.27～1.78mm 的 ABS 丝材，丝材缠绕在供丝辊上，由主驱动电机和附加送丝电机共同驱动。其中，主驱动电机是微型步进电机，通过带或链传动带动 3 对驱动辊中的 3 个主动辊。在弹簧和压板作用下，3 对驱动辊夹紧从主、从动辊中穿过的丝材；在驱动辊与丝材间摩擦力的作用下，丝材向挤压头的喷嘴送进。供丝辊与挤压头之间是由低摩擦因数材料（如特氟隆）制成的导向套，以便将丝材顺利、准确地由供丝辊送至挤压头内腔（供丝速度为 5～18mm/s)。挤压头前端有电阻丝式加热器，能够将丝材加热熔融，然后通过小喷嘴（内径为 0.25～1.32mm）沉积至工作台上，并在冷却后形成工件的截面轮廓。

(4) 上海富奇凡公司的 DoD 热相变型 3D 打印机

上海富奇凡公司的熔融挤压 3D 打印机采用辊轮螺杆式熔融挤压系统（见图 2-33)。在计算机控制下，根据工件的截面轮廓信息，挤压头（喷头）可做沿水平面 X 方向和高度 Z 方向的运动，工作台可做沿水平 Y 方向的运动。丝材（ABS 塑料、尼龙、蜡等）由送丝机构送至挤压头并受热转变为熔融状态，然后在螺杆的作用下，熔融材料通过喷嘴被挤出并沉积在工作台上，快速冷却后形成截面轮廓薄片和支撑结构。工件的一层截面薄片

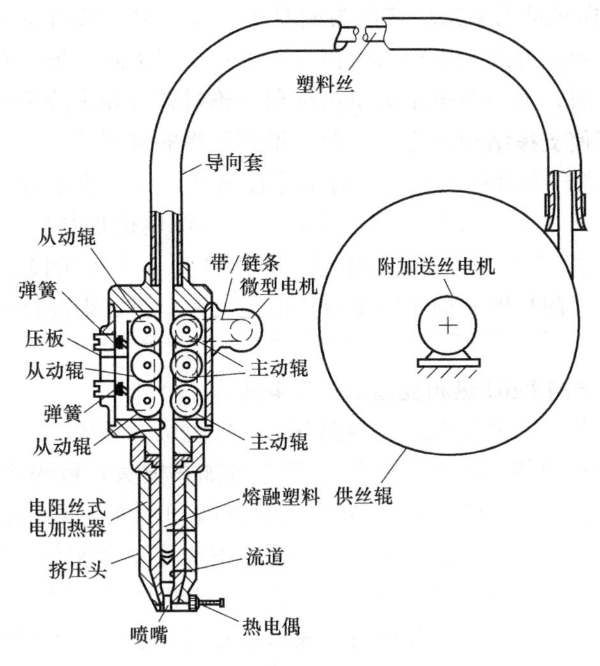

图 2-32　辊轮式熔融挤压系统

成型完成后，挤压头上升一个截面层的高度（0.1～0.2mm），再进行下一层截面薄片的沉积，如此循环最终形成三维工件。

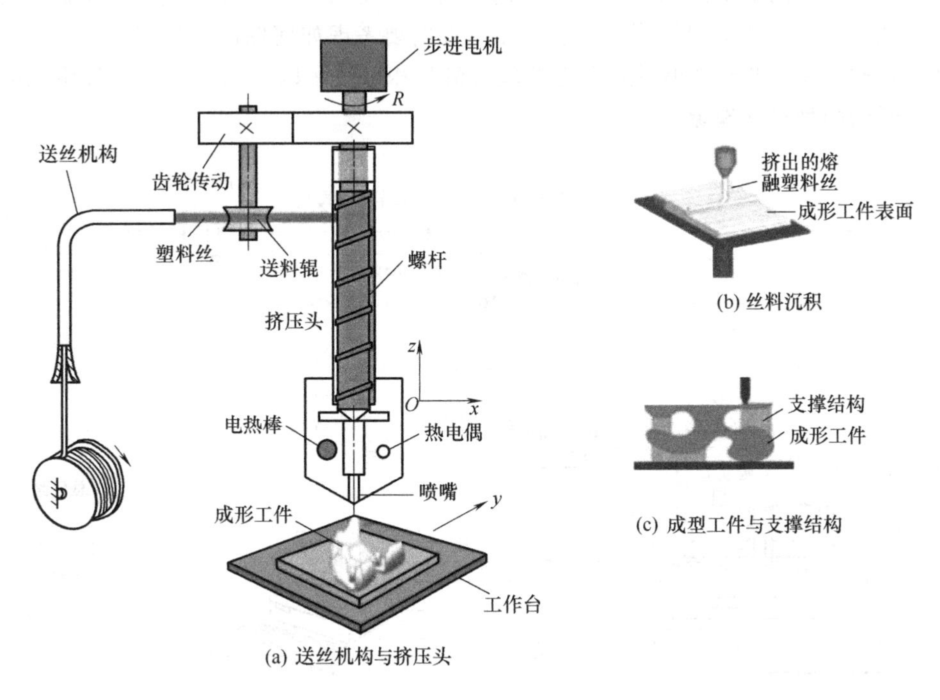

图 2-33　辊轮螺杆式熔融挤压系统

该 3D 打印机可以看成是螺杆式无模注射成型机，驱动步进电机的功率大，能产生很大的挤压力，因此成型工件的截面结构密实、表面质量高。

熔融挤压3D打印机可以采用单挤压头或双挤压头结构。采用单挤压头时，成型材料和支撑材料为同种材料，可改变沉积参数使支撑结构易于去除。采用双挤压头时，一个挤压头挤压沉积成型材料，另一个挤压头挤压沉积支撑材料（如水溶性材料），成型完成后，将工件浸在水中即可使支撑结构软化、溶解，得到最终的成型件。

该3D打印机的螺杆为直径不断增大的不等径螺杆，其全长分为3段：①进料段。此段为螺杆全长的20%～30%。②压缩段。此段是螺槽深度由加料段槽深变至计量段槽深的一段，为螺杆全长的45%～50%，其作用是增加压力。③计量段。此段为螺杆全长的25%～35%，增加此段的长度有助于减少流体的逆流和漏流、提高挤出效率和改善挤出均匀性。

(5) 西安交通大学的DoD热相变型3D打印机

西安交通大学研制了一种气压式熔融挤压3D打印机（见图2-34），它利用压缩空气作为动力源来实现材料的挤压成型。系统有两个可加热喷头，可先将材料装入两个喷头中，通过温控系统控制材料的塑性及流动性，使材料处于良好的熔融状态，然后进行挤压沉积成型。其中喷头Ⅰ用来成型制件的轮廓外形，喷头Ⅱ用来制作制件内部的空间结构。系统喷头固定不动，工作台可通过导轨、滚珠丝杠及电机驱动，沿 X-Y-Z 三个方向运动。

成型过程中双喷头协同工作，各喷头的成型温度分别在一个经验值范围内进行选取，可以认为在单位时间内，各喷头的丝材流量基本保持恒定，成型精度主要取决于喷嘴距成型表面的高度 h 和扫描速度 V_S。对于利用喷头Ⅰ进行轮廓外形的制作而言，制作工艺的关键是在一定的 V_S 下进行 h 的合理调整，以使丝材之间粘接牢稳，整体表面光整；对于利用喷头Ⅱ来制作内部空间结构而言，工艺的关键则是通过进一步提高 V_S 来制作出更细的丝材，从而实现网状框架结构的顺利成型，此时要考虑如何保证材料在拉伸过程中得到充分延展，避免 V_S 和 h 过小时所引起的丝材流量相对过多以及相反情况的发生，即出现积瘤、拉断的两种极端现象。

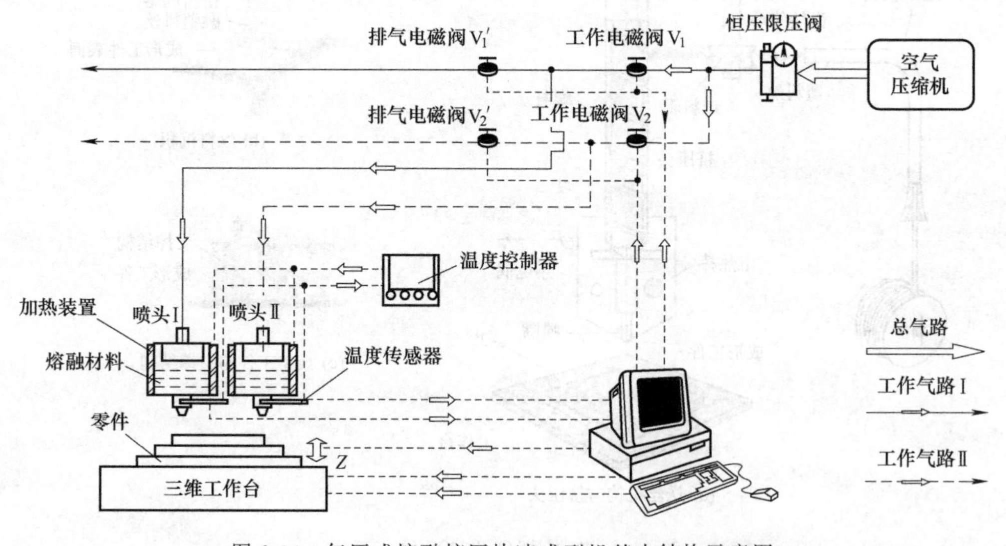

图2-34 气压式熔融挤压快速成型机基本结构示意图

图2-35所示是美国Aeroquip公司设计的一种喷射熔化金属的DoD热相变型3D打印机，其喷头、工作台、移动装置等主要部件都处于充满惰性气体的密闭成型室内，以免正

在成型的金属氧化。在喷头装置的坩埚中，熔化金属的压力由增压器调节，喷射系统采用的是振动杆操纵的阀控式喷射系统。

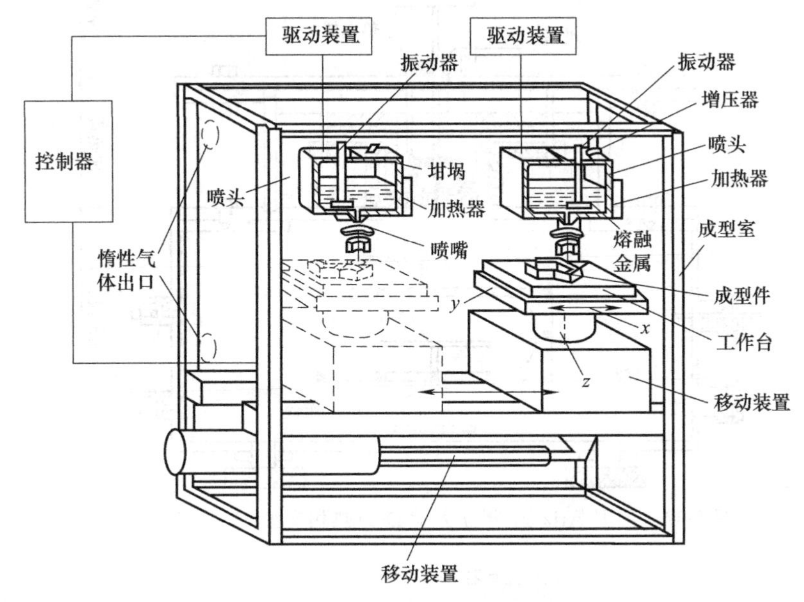

图 2-35 Aeroquip 公司喷射熔化金属的 DoD 热相变型 3D 打印机

图 2-36 和图 2-37 分别为美国 Arizona 州立大学设计的一种用于喷射熔化金属的 DoD 热相变型 3D 打印喷嘴及 3D 打印机。这种喷嘴由圆锥形加热芯轴和与其相匹配的圆锥形喷孔构成，在芯轴位置控制器的控制下，芯轴可相对喷孔做垂直方向运动，因此，可通过调节芯轴与喷孔间的环形截面积和流经喷嘴的液化材料量，获得可变的挤出丝径和沉积层厚，即根据工件沉积处的材料需求来调节芯轴的位置，实现适应性的调整操作。

上述圆锥形喷孔的斜度为 10°，出口直径为 1.5mm，芯轴位置控制器的控制精度为 25μm。液化材料可以是蜡和低熔点合金，其中蜡用做支撑结构。

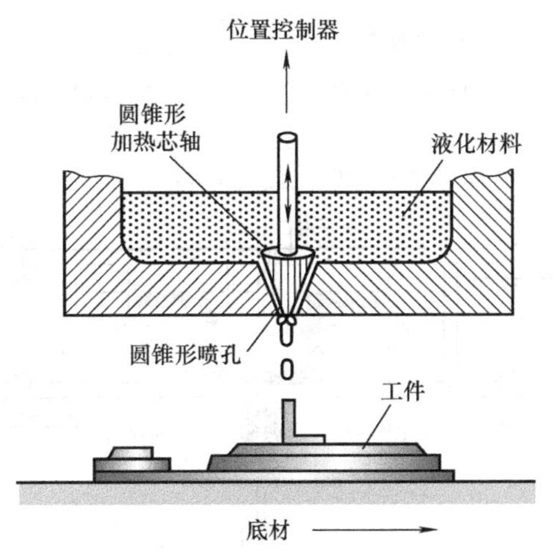

图 2-36 美国 Arizona 州立大学可调节圆环形喷嘴

图 2-38 和图 2-39 分别为美国 Arizona 州立大学设计的另一种用于喷射熔融金属的 DoD 热相变型 3D 打印机及具有可调平面形喷嘴的喷头。

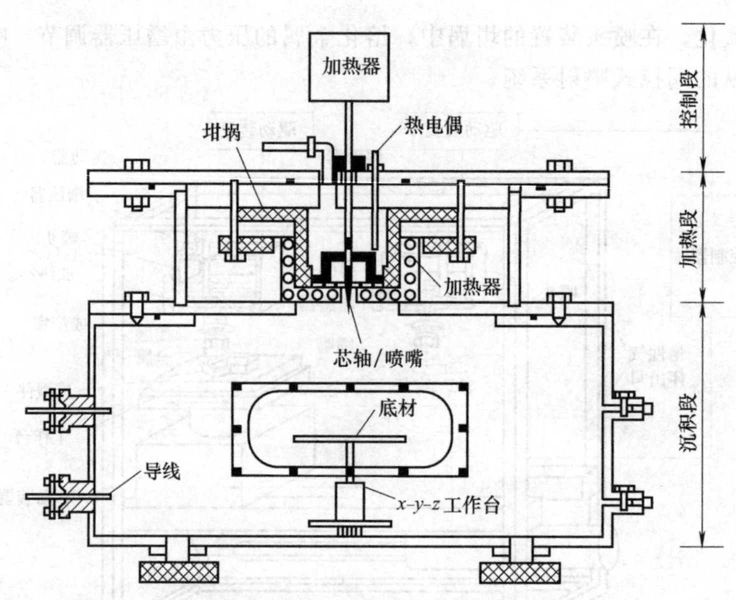

图 2-37 美国 Arizona 州立大学 DoD 热相变型 3D 打印机（Ⅰ）

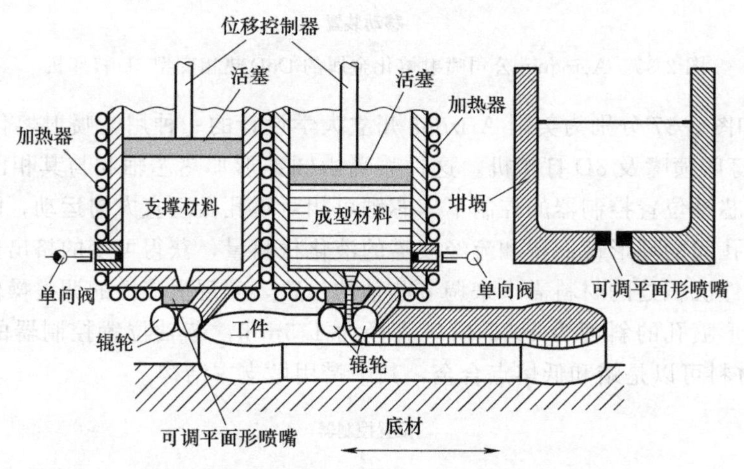

图 2-38 美国 Arizona 州立大学 DoD 热相变型 3D 打印机（Ⅱ）

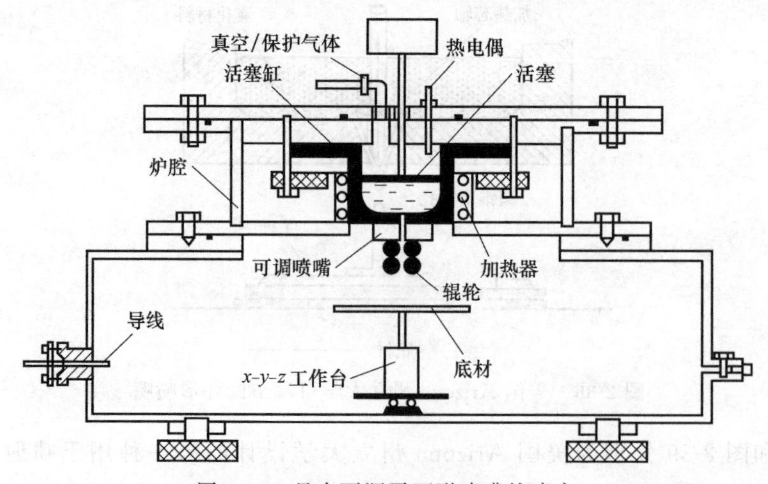

图 2-39 具有可调平面形喷嘴的喷头

系统工作时，由活塞和通入的保护气体向活塞缸中的熔融材料加压，将熔融材料从可调平面形喷嘴中挤出，然后通过反向旋转的一对或多对辊轮沉积在底材上。辊轮采用耐高温、耐磨合金制成，用于材料的冷却、挤压和平整。可调平面形喷嘴由左、右两块带有直槽的板材组成（见图 2-40 中 A、B），两板由电机驱动可做相对移动，从而获得大小可调的开口。此开口的高度为 0.5mm，宽度可在 0～50mm 范围内调节。

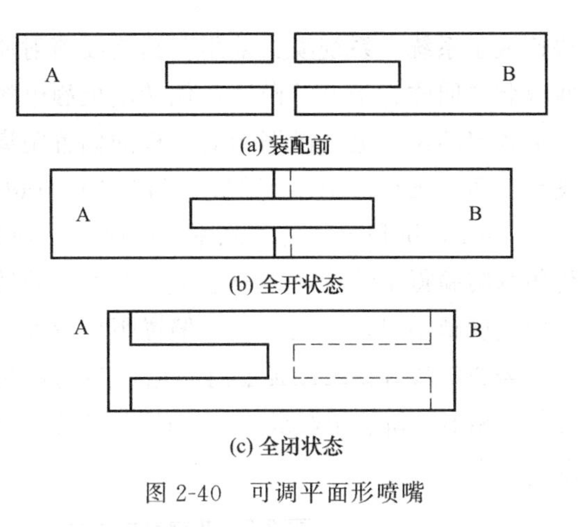

图 2-40 可调平面形喷嘴

图 2-41 所示为西北工业大学在均匀液滴喷射技术（Uniform Droplet Spray，UDS）基础上，研制出用于喷射熔融金属的 DoD 热相变型快速成型系统，系统有两套电场偏转式喷头装置，一套用于喷射熔融的金属成型材料，一套用于喷射熔融的支撑材料（低熔点合金或非金属材料）。

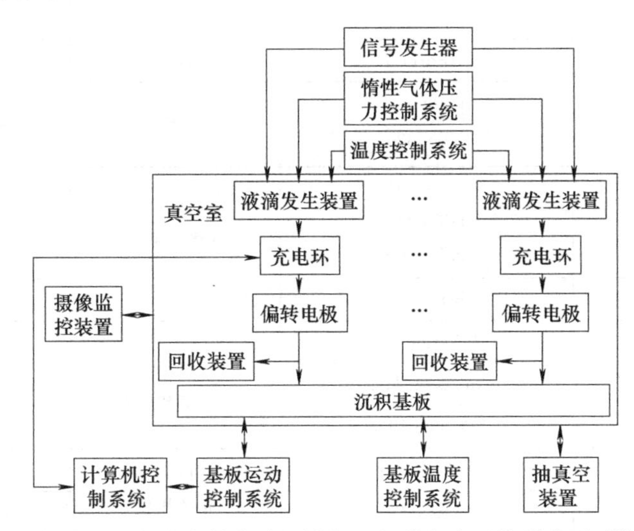

图 2-41 西北工业大学喷射熔融金属的 DoD 热相变型快速成型系统原理图

喷头采用单路连续喷射原理进行喷射，主要由液滴发生装置、充电环、偏转电极板和回收装置等部分组成。液滴发生装置内的坩埚可使其中材料的最高加热温度达到 800℃，同时，在压电陶瓷振荡器的作用下，可使熔融材料产生频率为 5～30kHz 的振动，从而使射流断裂成均匀的微滴；这些微滴从直径为 300～500μm 的喷嘴射入充电环中。根据工件沉积成型的需要，可利用控制系统使微滴不带电或带电，即当充电环内壁电势为 0 时，断裂的微滴不带电荷；当充电环的内壁充满正电荷时，由于静电感应作用，断裂的微滴带负电荷。微滴射入电压为 200～400V 的偏转电极之间后，不带电的微滴不受偏转电极的影响，只要沉积基板有足够高的移动精度，这些微滴就能按要求准确地沉积到基板上的预定位置（基板温度保持在 250～450℃）；而带电的多余微滴在偏转电极静电场的作用下将产生横向位移，由回收装置回收。

哈尔滨工业大学也根据均匀液滴喷射技术研制了用于喷射熔融金属的 DoD 热相变型

快速成型系统。系统喷头采用多路连续喷射原理，不带电的微滴不受偏转电极的影响，由回收装置回收；带电的微滴在偏转电极静电场的作用下，产生横向位移（偏置）并沉积在基板预定的位置上。微滴相对基板的偏置距离取决于所带电荷量、偏转电场的强度和微滴飞行时间。飞行液滴角度偏差＜1×10^{-6} rad，在300mm左右的距离上沉积位置偏差为±12.5μm，沉积工件的孔隙率＜0.03%。研究人员通过液滴受力分析、飞行轨迹和数字化仿真实验得出结论：当充电电压越大、偏转电压越大、偏转电极长度越大、液滴的初始喷射速度越小时，液滴的横向偏置距离越大。

表2-2总结了几种典型商品化三D打印机的主要技术参数。与激光固化（SL）、激光烧结（SLS）和激光切纸（LOM）等成型机相比，基于流态材料喷射的三D打印机具有以下特点：

表2-2 几种典型的商品化三D打印机的主要技术参数 mm

制造公司	型号	类型	最大成型范围
Z Corporation	Z310	DoP	203×254×203
	Z510		254×356×203
	Z810		500×600×400
Therics	TheriForm 3200	DoP	
Fochif（上海富奇凡机电科技有限公司）	LTY 200	DoP	250×200×200
	LTY 300		450×310×300
	HTS 200	DoD（热相变）	280×250×200
	HTS 300		280×250×300
	HTS 400		360×320×400
ProMetal	RTS-300	DoP	300×300×250
3D Systems	InVision SR	DoD（光敏相变）	298×185×203
	InVision HR		127×178×105
	InVision LDR		160×210×135
Objet	EDEN 260	DoD（光敏相变）	258×252×205
	EDEN 330		340×330×200
Solidscape	Model Maker Ⅱ	DoD（热相变）	305×152×216
	Pattern Master		305×152×216
Sanders Design International	Rapid ToolMaker	DoD（热相变）	460×300×300
Stratasys	FDM Dimension	DoD（热相变）	203×203×305
	FDM Prodigy Plus		203×203×305
	FDM Vantage i		355×254×254
	FDM Vantage S		355×254×254
	FDM Vantage SE		406×355×406
	FDM Titan		406×355×406
	FDM Maxum		600×500×600

① 成本低。SL、SLS和LOM成型机都需要使用激光器，而三D打印机采用的是喷

头装置，因此大大降低了成本，特别是采用大批量生产的打印头作为喷头时，设备成本更低。

② 成型分辨率高。三D打印机的成型分辨率取决于喷头的分辨率和粉材粒度。当其采用热发泡式喷头或压电式喷头时，喷头的分辨率都大于600dpi，即相邻液滴间距 $<40\mu m$。喷射的液滴直径可达微米级，液滴体积可达皮升（$1\times10^{-12}L$），甚至飞升级（$1\times10^{-15}L$）。粉材粒度一般小于 $50\mu m$，甚至还可采用纳米材料（$1\times10^{-9}m$）。此外，由于粉层自身可用做支撑，因此不必成型支撑结构，减少了成型后分离支撑的工序。因此，三D打印机具有很高的成型分辨率，可以成型特征精细的工件，特别是能成型具有微细复杂小孔的三维结构。SL、SLS和LOM成型机采用聚焦的激光束成型工件，其成型分辨率主要取决于激光光斑尺寸，由于光学系统结构及成本的限制，光斑尺寸一般为 $60\sim100\mu m$，所以成型分辨率往往不及三D打印机。

③ 成型材料范围宽。三D打印机原材料类型广泛，这些材料包括有机和无机材料，其形态可以是溶液（水溶液、溶剂溶液）、胶体、悬浮液、浆料、熔融体等，并且无需将材料预制成特定的形式和规格，可以由用户根据自身的需要配制原材料。

SL、SLS和LOM成型机目前能采用的原材料大多具有局限性，商品化的成型材料种类较少，难以由用户根据自身的需要配制原材料。

④ 成型效率高。三D打印机普遍采用微滴喷射技术成型工件，而且可以有多个喷头，喷头上又有许多能同时喷射的喷嘴（几百至上千个喷嘴），喷射的频率可达几百至上千赫兹，因此成型效率高。

⑤ 能成型彩色工件。通过微滴的色彩调整及混色工艺，可实现彩色工件的制备。彩色能增强工件的美感和立体感，这往往是工艺品、建筑模型以及生物医学模型所必备的条件。

⑥ 适合办公环境。三D打印机一般具有外形尺寸小、重量轻、无振动、噪声小等特点，机器的购置费和维护费都比较低，因此适合在办公环境中使用。

2.5 三维微滴喷射自由成型材料

2.5.1 DoP物理黏结型3D打印机成型材料

2.5.1.1 底材类型及其性状对成型的影响

DoP物理黏结型3D打印机的底材为粉料，常用的粉料有以下两种。

(1) 石膏基复合粉

石膏基复合粉具有成型速度快、成型精度和强度好、价格低廉、无毒、无污染等优点，是一种常用的三维打印粉料，一般包括以下成分。

① 石膏。石膏粉末由天然的石膏矿经破碎、加热、脱水制成，因加热条件不同可得

到两种不同的变体，即α半水石膏和β半水石膏。其中α半水石膏是在水蒸气条件下加热脱水制得的，外观为针状晶体，晶形较完整，折射率高，晶体很少有裂纹和孔隙，密度较大，与水调和时需水量较少，水化后得到的制件强度较高。

石膏粉末的细度对制件性能也有较大影响，粗颗粒会使制件孔隙率提高、强度降低，且会使制件表面粗糙。当石膏粉末细度增加、颗粒尺寸减小时，其比表面积会增加，制件强度提高，但吸水率将降低；当细度增加使其比表面积过高时，会产生较大的结晶应力，反而会使强度下降，且粉末容易出现团聚现象，不利于铺覆。石膏粉末的细度对其线膨胀率也有显著影响，粗颗粒的石膏线膨胀率比细颗粒石膏线膨胀率小，但随着细度降低，石膏的强度会逐渐降低，一般石膏细度应控制在110～325目（粒径150～47μm）之间。

② 聚乙烯醇和羟乙基纤维素。聚乙烯醇（Polyvinyl Alcohol，PVA）为白色粉末，是一种用途广泛的水溶性高分子聚合物，它有良好的黏结性和成膜特性，采用聚乙烯醇可以显著提高三维打印制件的分辨率和成型精度。

羟乙基纤维素（Hydroxyethyl Celulose，HEC）是一种无臭、无味、无毒的白色粉末，常温下溶于水后形成透明的黏稠溶液，也可溶于水和有机物的混合溶剂。在粉料中加入少量的羟乙基纤维素，可以同时起到黏结剂、保水剂和增强剂的作用。

③ 白炭黑。白炭黑可在粉末中形成含有大量微孔的网络，能吸附并固定喷射入的液滴，既能保证液滴的渗透和黏结，又能缩短干燥时间。白炭黑与聚乙烯醇共同作用可以起到更好的效果，此时聚乙烯醇既能起到吸附作用，又可以作为白炭黑微粒的载体，保证其具有良好的分散特性，起到提高制件分辨率和尺寸精度的作用。此外，白炭黑的微滚珠效应，可使颗粒间的摩擦减小，从而改善粉末流动性。

与石膏粉相匹配的黏结剂溶液是水基溶液，溶液以蒸馏水为主，当加入以下几种成分后其性能有不同程度的表现：a. 加入少量聚乙烯吡咯烷酮（Polyvinyl Pyrrolidone，PVP）作为黏结剂和增流剂，用以提高石膏的黏结强度，降低溶液与喷嘴间摩擦力，提高溶液的流动性，从而能够成型并黏结出更厚的粉层；b. 加入少量乙二醇或甘油作为湿润剂，用以延迟溶液干涸、防止堵塞喷头；c. 加入少量硫酸钾作为促凝剂，用以加速石膏的水化；d. 加入少量增溶剂、增流剂和表面活性剂，用以增加黏结，提高喷头的使用寿命，调节溶液表面张力。

（2）陶瓷粉

陶瓷粉末的黏结方式大致可分为以下几种。

① 采用喷头分别喷射引发剂（如过硫酸铵）和催化剂（如四甲基乙二胺），使陶瓷粉末固化成型，这种方法精度和稳定性较差。

② 在陶瓷粉末中直接混入能与水作用的黏结剂粉末，如石膏、聚合物、水玻璃等，然后选择性地喷射水溶性黏结剂溶液，使其成型。该方法制备简单，但黏结剂粉末和陶瓷粉末很难充分混合，成型精度、制件分辨率和成型强度都较低。

③ 将陶瓷粉末与黏结剂溶液充分混合，待干燥形成块状体后用球磨机充分研磨，形成陶瓷包覆粉末。这种方法成型品质好、可靠性好，但成本较高，且需要根据陶瓷粉末的类型选择不同的黏结剂材料。此外，由于需要加入较大量黏结剂成分，会影响陶瓷的致密度，因而烧结后制件的强度大大降低。

④ 以主要成分是胶体二氧化硅的溶液作为黏结剂，使陶瓷粉末黏结成型。胶体二氧化硅是非晶态二氧化硅球状颗粒的水化弥散体，又称为硅溶胶，颗粒尺寸为 5～100nm，用蒸馏水作为分散介质。此时需要在陶瓷粉末中加入粉末质量分数为 0.2%～0.5%的柠檬酸，以触发黏结剂溶液的凝固反应。

2.5.1.2 材料性状对打印成型的影响

对于 DoP 物理黏结型 3D 打印机，其所使用粉料的粉末形状、粉末粒度及其分布、粉末密度和粉末的结合方式等因素，对成型质量均有重要的影响。

(1) 粉末形状

粉末中的颗粒由原级颗粒、聚集体颗粒、凝聚体颗粒和絮凝颗粒等四种组成。其中，原级颗粒是最先形成粉末物料的颗粒，又称为一次颗粒或基本颗粒，它是构成粉末的最小单元。粉末的许多性能都与原级颗粒的分散状态，即原级颗粒单独存在的颗粒大小和形状有关，而真正能反映出粉末固有性能的也恰恰是它的原级颗粒。原级颗粒的形状有球状、立方体状、多面体状、片状、圆柱状、针状、纤维状、不规则状等。聚集体颗粒是由许多原级颗粒靠某种化学力连接而堆积起来的，又称为二次颗粒。聚集体颗粒主要是在粉末的加工和制造过程中形成的。聚集体颗粒中各原级颗粒之间有很强的结合力，彼此结合得十分牢固，并且聚集体颗粒本身就很小，很难再分散成原级颗粒，必须再用粉碎的方法使其解体。凝聚体颗粒是原级颗粒或聚集体颗粒或两者的混合物，是通过比较弱的附着力结合在一起的疏松颗粒群，颗粒之间以棱角接触，依靠摩擦力相互结合。凝聚体比聚集体颗粒要大得多，也是在粉末的制造和加工处理中产生的。原级颗粒和聚集体颗粒越小，比表面积越大，单位表面上的表面张力越大，越容易凝聚，形成的凝聚体颗粒越牢固。

具体 DoP 物理黏结型 3D 打印应尽可能地选择球状的原级颗粒，且颗粒无明显团聚现象，即无絮凝和凝聚体，同时应对粉末进行干燥。采用添加分散剂等措施可以显著改善粉末的流变特性及其与液滴的相互作用。

(2) 粉末粒度及其分布

粉末的粒度直接影响逐层成型的精度。每层粉材的厚度应大于粉末颗粒直径的 2 倍，否则难以得到均匀密实的粉末平面。粉末粒度还影响液滴的润湿和毛细渗透，尺寸较大的粉末颗粒比表面积较小，在液滴的润湿过程中不易与其他颗粒黏结；反之，粉末粒度越细越容易黏结成型，但若粒度过细，则容易形成絮凝颗粒，即产生粉末团聚现象，致使粉末不易铺成薄层，且粉末容易黏结于铺粉辊表面，影响成型精度。通常粉末颗粒尺寸为 30～100μm。

(3) 粉末密度

粉末的密度直接影响制件的密度。粉末层中存在着大量空隙，在黏结固化过程中，随着粉末的黏结固化，制件的密度会发生变化。要想增加制件密度，必须提高粉末层的密度或提高单位面积内液滴喷射的总量。提高粉末密度的措施有：改善粉末的粒度分布，例如，在大粒度粉末中加入较小粒度的粉末，改善铺粉过程，选择合适的铺粉参数等。

(4) 粉末的结合方式

在三维打印中，用液体将粉末润湿，随着液体的渗透，在粉末颗粒间通过物理、化学反应形成固体桥，由此达到使粉末黏结的目的，因此液滴的加入量对粉末层的固化成型具有十分重要的影响。液滴加入粉末层的量可由饱和度 S，即粉末间隙中溶液所占体积与孔隙体积之比来表示。溶液在粉末中的填充方式由溶液加入量来决定，分为图 2-42 所示的 4 种。

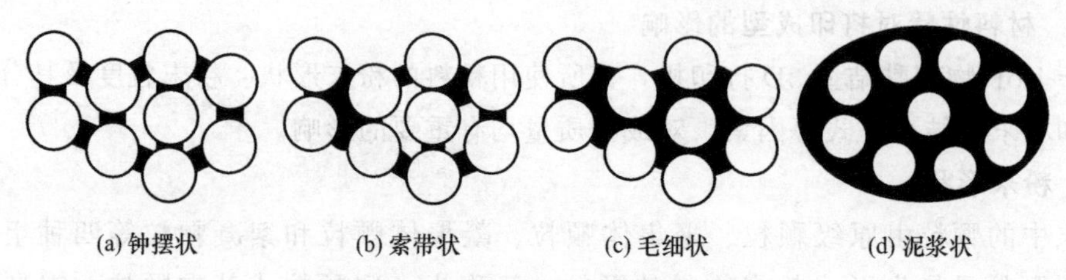

图 2-42 溶液在粉末中的填充方式

① 钟摆状，$S<0.3$，溶液含量较少，以分散的液桥连接粉末，空隙为连续相；

② 索带状，$0.3\leqslant S<0.8$，以液体桥相连，溶液成连续相，空隙为分散相；

③ 毛细状，$0.8\leqslant S<1$，溶液充满粉末内部孔隙；

④ 泥浆状，$S\geqslant 1$，溶液充满粉末的内部和表面。

3D 打印中，粉末在溶液中的填充方式应该介于索带状和毛细状之间，即 $0.3\leqslant S<1$，这样既能保证粉末被充分润湿，又能保证不至于产生泥浆状的黏结物，使液滴在粉末表面散开，从而影响叠层成型的精度。

粉料还应满足以下几点基本要求：①能很好地吸收所喷射的黏结剂，以形成工件截面；②低吸湿性，以免从空气中吸收过量的湿气而导致结块，影响成型品质；③易于分散，性能稳定，可长期存储。

2.5.1.3 三 D 打印机的黏结剂

(1) 黏结剂的要求

三 D 打印机使用的喷射液是黏结剂，对黏结剂溶液有以下基本要求：

① 较高的黏结能力。

② 较低的黏度（一般为 1～10mPa・s，最佳值为 2～4mPa・s）和较高的表面张力（一般为 $30\times10^{-3}\sim50\times10^{-3}$N/m），不能含有大颗粒杂质，悬浮颗粒直径一般必须控制在 1μm 以下，以便能顺利地从喷嘴中流出。

③ pH 值一般应在 4～8 之间。

④ 能快速、均匀地渗透粉层并使其黏结，因此，黏结剂应具有浸渗剂的性能。

⑤ 采用电场偏转式喷头时，还要求黏结剂有较小的电导率，这是因为当黏结剂从喷嘴射出并通过充电器时，必须有足够的导电性，以便在黏结剂液滴上产生电荷。然而，某些有机溶剂不可能产生导电性，在此情况下可采用按需式喷头。黏结剂溶液最好是水溶性混合物，例如，水溶性聚合物、碳水化合物、糖和糖醇。

采用的黏结剂溶液应与粉料相匹配，例如，陶瓷粉最好采用有机黏结剂（如聚合树脂）或胶体状二氧化硅。在陶瓷粉中还可混入粒状柠檬酸，使得喷射胶体状二氧化硅后，陶瓷粉能迅速胶合。石膏和淀粉可用水基黏结剂，价格低廉且不易堵塞喷头。

(2) 黏结剂的组成

为改善粉料与黏结剂溶液的性能，还可在其中添加下列物质：

① 填充物。填充物为被固结物提供机械构架，其颗粒尺寸为20～200μm，大尺寸颗粒能在粉层中形成大的孔隙，从而使黏结剂能快速渗透，成型件的性能更均匀；较小尺寸的颗粒能增强成型件的强度。最常用的填充物是淀粉（如麦芽糊精）。

② 增强纤维。增强纤维用于提高成型件的机械强度，且又不会使粉料难于铺设。纤维的长度应大致等于层厚，过长的纤维会损害成型件的表面粗糙度。采用太多的纤维会使铺粉格外困难。最常用的增强纤维有纤维素纤维、碳化硅纤维、石墨纤维、铝硅酸盐纤维、聚丙烯纤维、玻璃纤维等。

③ 打印助剂。通常采用卵磷脂作为打印助剂，它是一种略溶于水的液体。在粉料中加入少量的卵磷脂后，可以在喷射黏结剂之前使粉粒间轻微黏结，从而减少尘埃的形成。喷洒黏结剂之后，在短时间内卵磷脂继续使未溶解的颗粒相黏结，直到颗粒溶解为止。这种效应能减少打印层的短时变形，打印层发生变形的时间正是使黏结剂在粉层中溶解和再分布所需的时间。

④ 活化液。活化液中含有溶剂，能使黏结剂在其中活化、良好地溶解。常用的活化液有水、甲醇、乙醇、异丙醇、丙酮、二氯甲烷、醋酸、乙酰乙酸乙酯。

⑤ 润湿剂。润湿剂用于延迟黏结剂中的溶剂蒸发，防止供应黏结剂的系统干涸、堵塞。对于含水溶剂，一般采用甘油做润湿剂，也可采用多元醇，如乙二醇与丙二醇。润湿剂的用量一般为溶液质量的1%～10%。

⑥ 增流剂。增流剂是借助降低流体与喷嘴壁之间的摩擦力或降低流体黏度来提高流体的流动性，以便黏结更厚的粉层，提高成型速度。常用的增流剂有硫酸铝钾、异丙醇等。

⑦ 染料。染料用于增加色彩、提高对比度。适用的染料有萘酚蓝黑与原生红。

采用上述添加物时，应先将黏结剂、填充物、增强纤维、打印助剂、润湿剂、增流剂、染料与成型材料（如陶瓷粉）构成的混合物层层铺设在工作台上，然后再用喷头选择性地喷射活化液，使黏结剂在其中活化、溶解而产生黏结作用。显然，由于黏结剂已预先混合在成型材料中，不必另外使用喷头喷射，因此，与喷洒黏结剂的三维打印相比，喷嘴与供料系统不易堵塞，可靠性更高。

（3）黏结剂的应用场合

针对不同的制作需求，黏结剂可采用不同的成分，其中主要有以下几种应用场合：

① 高韧性工件。成型高韧性工件的粉材是具有很多微孔的石膏基粉材，黏结剂是Z-Snap环氧树脂。这种石膏粉材可大量吸收环氧树脂，使成型件具有高韧性。

② 高弹性工件。成型高韧性工件的粉材是纤维素、特殊纤维和一些添加剂的混合物，黏结剂是人造橡胶。这种混合物能大量吸收人造橡胶，成型出如同橡胶的高弹性工件。

③ 精密铸造用蜡模。成型蜡模的粉材是纤维素、特殊纤维和一些添加剂的混合物，黏结剂是合成蜡。这种混合物能大量吸收蜡，加热脱蜡时的残留物很少，因此能用做蜡模。

2.5.2 DoD三D打印机成型材料

（1）聚合物

聚合物是DoD三D打印机通常采用的成型材料，如液态丙烯酸基光敏树脂、熔化聚合蜡和石蜡。美国佛罗里达大学原校长 Lombardi John 教授研究发现，光敏树脂中的液态成分至少由一种多功能单体与（或）低聚体组成，它们应有足够的量，以便聚合化后所得中间体有足够的形状保持能力，单体或低聚体中至少有两种官能团（如乙烯基或烯丙基团）。一般而言，光敏树脂中所含单体、低聚体的类型与量决定了所得固态成型件的硬度，如果选用的类型合适且在质量分数约为75%时，能成型硬度足够的半成品。在液态成分中，如果含质量分数为30%～60%（最佳值为55%）的尿烷丙烯酸酯低聚体，能使成型件有良好的强度与韧度，可在较低的温度下快速聚合化；如果含质量分数为15%～40%（最佳值为23%）的乙烯基单体，能使成型件有更好的柔性；如果含质量分数为10%～30%（最佳值为23%）的双官能团交联单体，也能提高成型件的强度与韧度。

液态成分中可含质量分数为15%～30%（最佳值为20%）的有机溶剂，它能溶解多功能单体、低聚体，使得在其聚合化与交联温度下有低的蒸汽压力和黏度。适合的溶剂有酞酸酯、二元酯、高蒸发点的石油溶剂、长链醇与吡咯烷酮。

为增加工件的强度，还可在液体中加入体积分数为3%～15%（最佳值为7%）、直径为5～30μm、长度为2～5mm的纤维（如玻璃纤维与碳纤维），以便获得定向排列纤维增强的工件。

为在成型中提供恰当黏度的液态成分，使沉积层有良好的轮廓边缘保持性，有必要在液态成分内添加质量分数为0.05%～3%（最佳值为2%）的增黏剂，其中非强化硅土材料作为增黏剂较为适合。此外，加入体积分数为20%～40%（最佳值为30%）的强化陶瓷颗粒，也可以使液态成分的黏度增加。

在三维喷射成型系统中，还可以通过采用改进型相变合成材料来提高喷射率和沉积率，以加速沉积后工件的固化。该材料在环境温度（20～25℃）下为固态，温度升高后变为液态，凝固温度约为68℃，熔点约为88℃，135℃下的黏度约为13mPa·s，主要是包含有四氨基、单氨基和单酰胺蜡等成分的混合物，具有较小的收缩率、高韧性、硬度以及伸长率，不会产生翘曲、应力和脱层。

(2) 陶瓷悬浮液

陶瓷悬浮液可由以下材料构成：①氧化锆粉、溶剂与其他添加剂的混合物；②氧化铝；③锆钛酸铅压电陶瓷。悬浮液沉积成型后经烧结便可得到工件。图2-43所示为喷射成型的氧化铝叶轮，图2-44所示为喷射成型并经烧结的氧化锆直壁件。

图2-43 喷射成型的氧化铝叶轮

图2-44 喷射成型并经烧结的氧化锆直壁件

（3）金属

目前，用于直接喷射沉积成型的金属有焊锡、铜、铝、巴氏合金、水银等，其形态可为熔融金属和金属悬浮液，这种工艺着重于电子器件制造上的应用，例如，形成迹线、连线和锡焊接等。图 2-45 所示为以色列 3D 打印制造商 Nano Dimension 于 2016 年推出的电路板三 D 打印机 DragonFly 2020，该打印机使用喷墨沉积与固化系统和自主开发的 AgCite 纳米颗粒导电银墨水，能够在数小时内完成多层电路板的打印，并可以在打印过程中直接嵌入电子元件。

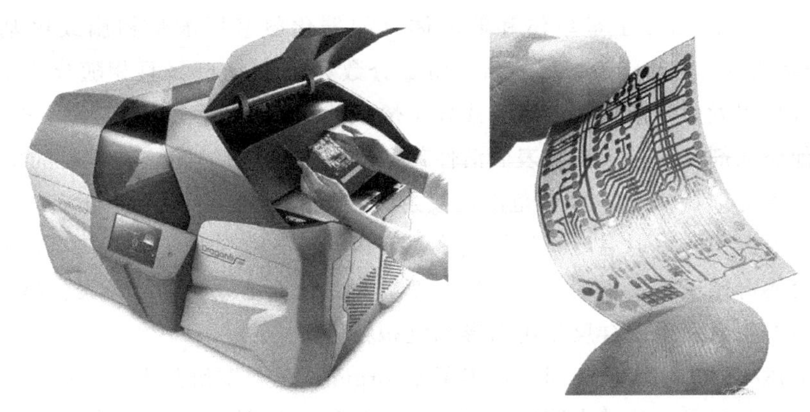

图 2-45　以色列多层电路板 3D 打印机 DragonFly 2020

为使喷射液的黏度处于 DoD 喷头的可喷射范围，可用下述方法改进喷射沉积工艺。

① 加热喷射沉积。例如，美国 3D Systems 公司研制了多种不同的混合物，其组成物及质量分数分别为：低收缩率聚合树脂 20%～60%、低黏度材料（如石蜡）10%～40%、微晶蜡 10%～30%、韧化聚合物 2%～25%、可塑剂 1%～5%，以及附加的抗氧化剂、着色剂或热分散填料。此类混合物在 130℃的喷射温度下，黏度为 18～25mPa·s，表面张力为 24×10^{-3}～29×10^{-3}N/m，符合 DoD 喷头的要求。再如，用低熔点蜡作为陶瓷微粒载体的材料，在 100℃的喷射温度下，黏度为 2.9～38mPa·s，也符合 DoD 喷头的要求。

② 基于溶剂或分散剂的喷射沉积。采用基于溶剂或分散剂的喷射沉积可以使固体微粒、相对分子质量大的聚合物转移至黏度足够低的载液中，以便能成功地进行喷射。例如，为喷射成型光发射聚合物二极管显示器，可采取以下做法：a. 在有机溶剂中加入质量分数为 1%～2%的场致发光聚合物；b. 配制乙烯聚合咔唑浓度为 10g/L 的氯仿溶液，配制 PPV 聚合物（聚对苯乙炔，p-phenylenevinylene）质量分数为 2%的水溶液；c. 在苯甲醚和二甲苯中加入配制的 PPV 聚合物。

为喷射沉积陶瓷材料，通常也采用低黏度载液。例如，将氧化锆等陶瓷粉材分散于含有分散剂、黏结剂和可塑剂等的工业甲基化酒精中，配制成氧化锆体积分数为 4.5%的材料，其 20℃下的黏度为 3.0mPa·s，剪切速率为 $1000s^{-1}$；将氧化锆和蜡置于辛烷与异丙醇载体中，并加入分散剂，以便减少沉淀，配制成氧化锆体积分数为 14.2%的材料，其 25℃下的黏度为 0.6～2.9mPa·s。

基于溶剂或分散剂的喷射沉积工艺，其缺点有：a. 低浓度的聚合物和固体微粒会使能沉积材料的总量受到限制。有关研究表明，喷射沉积聚合物时，可喷射聚合物在溶剂中的最大容积率会随聚合物分子量的增加而降低，因此会进一步使沉积受到限制。b. 由于溶剂和分散剂中含有的有用材料非常少，所以难于在液滴撞击的区域内有效地控制沉积材料形成的图形，特别是图形的边缘。c. 溶剂或分散剂（特别是挥发性溶剂）会在喷嘴处形成沉淀物，从而在很短的时间内使喷嘴阻塞，使喷射过程不稳定。

③ 预聚物喷射沉积。用聚合物进行喷射成型时，可以用预聚物来解决黏度问题，例如，美国 3D Systems 公司研制的紫外固化喷射材料系列，它由以下材料混合而成：质量分数为 20%～40%的高分子量单体和低聚体（如催化氨基甲酸酯树脂或甲基丙烯酸树脂）、质量分数为 5%～25%的聚氨酯蜡、质量分数为 10%～60%且相随分子质量小的单体和低聚体（如用做稀释液的丙烯酸酯或异丁烯酸盐酯）、质量分数为 1%～6%的光引发剂，以及其他添加剂（如稳定剂、表面活性剂、颜料或填充料）。这些材料的熔点为 45～65℃、喷射温度为 75～95℃，在该范围的喷射温度下的黏度为 10～16mPa・s。

预聚物喷射沉积时喷射温度不如加热喷射沉积的高，这是为了避免在喷射前保持较长加热状态，会使得预聚物发生聚合而导致黏度增大，从而堵塞喷嘴。预聚物喷射沉积的另一个问题是喷射后会发生聚合反作用而影响沉积精度。

为解决上述喷射沉积成型的问题，美国 Georgia 理工学院研制出一种超声波型压电喷头，它利用声波谐振和在喷嘴容腔中聚焦来实现喷射（见图 2-46）。该超声波型压电喷头的喷嘴是在硅晶片上蚀刻而成的，上面有一薄层氮化物隔膜，隔膜的中心有一小圆孔。为使容腔中的流体产生扰动，对喷头施加呈正弦变化的驱动信号，当其处于容腔固有谐振频率或更高模态驱动下时，将伴随结构干涉产生持续声波。在每个循环的峰值状态下，靠近喷嘴处会形成陡变的压力梯度。由于容腔的形状原因，声波压力场还会围绕喷孔处形成弯曲的压力场，伴随压力场对喷嘴内流体的循环推-拉作用，对应压电转换器的每个脉冲将产生一个液滴。

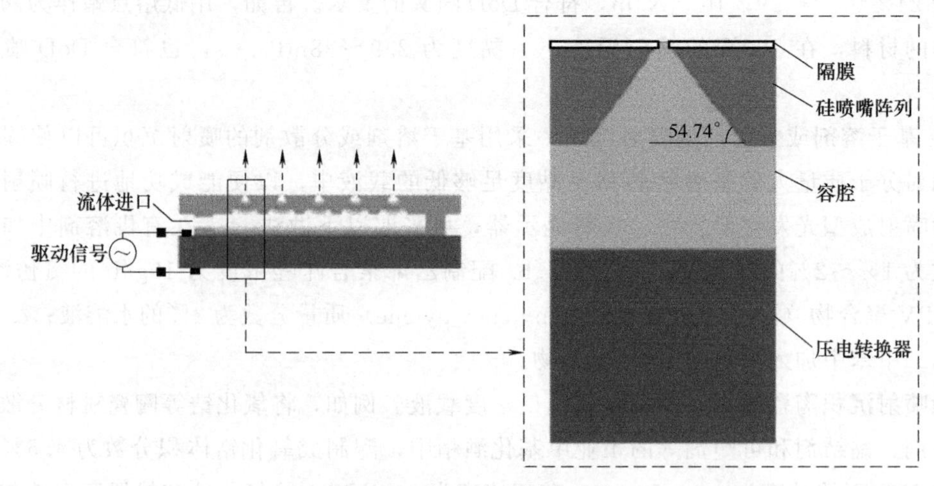

图 2-46　超声波型压电喷头

从超声波型压电喷头的工作原理可知，其与 DoD 喷头相同的是该类型喷头也依赖于瞬时压力场，但 DoD 喷头的喷射利用的是单个压力脉冲，而超声波型喷头利用的是连续波的谐振，其驱动频率是 0.5～2.5MHz，当采用非黏滞性流体时喷射液滴的尺寸可达7～30μm。美国 Georgia 理工学院采用了多种喷射液体对该喷头的成型性能进行了研究，得出以下结论：喷头喷射性能不仅取决于容腔固有频率，还跟压电转换器固有频率有关，当喷射频率远离压电转换器固有频率时，喷射过程变得极其微弱，特别是驱动频率大于压电转换器固有频率时更是如此。所以应使容腔固有频率接近压电转换器固有频率，以获得良好的喷射性能。

复习思考题

2-1 简述选区激光烧结的工艺特点。

2-2 简述选区激光烧结中直接和间接成型工艺的具体内容。

2-3 简述选区激光熔化工艺的具体内容。

2-4 简述三维微滴喷射自由成型的原理。

2-5 以美国 Z Corp 公司生产的 Z 系列 3D 打印机为例，简述 DoP 物理黏结型 3D 打印原理。

2-6 以美国 Solidscape 公司 ModelMaker Ⅱ 三 D 打印机为例，简述 DoD 热相变型 3D 打印原理。

2-7 列举出几种三维微滴喷射自由成型材料的异同。

第3章

3D打印金属粉末制备与检测

3D 打印直接金属成型对金属材料的要求比较苛刻，满足激光工艺的适用性要求所选的材料需要以粉末或丝材形态提供。材料融化后在 3D 打印机程序驱动下，自动按设计工艺完成各切片的凝固，使材料重新结合起来并完成成型。由于整个过程涉及材料的快速融化和凝固等物态变化，对适用的材料性能要求极高，从而材料成本居高不下。有专家指出，从某种意义上说，3D 打印的核心是对传统制造模式的颠覆，最关键的不是机械制造，而是材料研发，尤其是金属基 3D 打印粉体材料。

根据全球市场研究咨询公司 Marketsand Markets 于 2015 年年底发表的报告，在全球金属粉末供应 5 大公司（瑞典 Sandvik、美国 Carpenter、英国 GKN、瑞典 Arcam 和英国 LPW Technology）的销量中，用于 3D 打印的金属粉末市场达到了 2.5 亿美金，并保持高增长态势；而专注于智能科技市场研究的调研公司 IDTechEx 也公布了 2016 年预测，3D 打印金属粉末到 2025 年将会达到 50 亿美金的市场规模，年复合增长率 39.5%。

3.1 3D 打印金属粉末介绍

金属粉末 3DP 工艺材料的研制起步于 20 世纪 90 年代初，工艺难度较大，高性能金属构件直接制造所用材料主要是钛及钛合金粉末和镍基或钴基的高温合金类粉末材料。工艺过程主要采用高功率能量束（如激光或电子束）作为热源，使粉末材料进行选区熔化，冷却结晶后形成堆积层，堆积层连续成型形成最终产品。到目前为止，工业上的小型金属构件直接制造相对容易，而体积较大金属构件的直接制造难度非常大，对材料和工艺控制的要求也很高，这将是增材制造产业推动相关工业发展的重点方向，也将是一项关键技术。以钛合金材料成型为例，激光熔化后的材料凝固会造成钛合金体积收缩，造成巨大的材料热应力，内应力对小型构件影响不大，但随着零件尺寸的增加，成型变得非常困难，即使能够成型也会由于大的内应力严重影响材料强度。第二个难题是材料冷却结晶过程复杂，材料结晶过程很难定量控制，一旦出现晶体粗大、枝晶等情况，必将影响到材料成型后的力学性能，最终导致关键构件无法获得实际应用。

从全球3D打印发展的历程来看，欧美等发达国家无论在技术上还是在产业上均处于绝对的优势地位。而在我国，对3D打印技术的需求并非集中在3D打印设备上，而是体现在对3D打印用粉体材料种类多样性，特别是金属基3D打印粉体材料的需求上。要突破3D打印技术在金属领域的应用和推广，研制符合3D打印技术要求的各类金属基粉末，制粉技术与成套制粉设备是核心。图3-1所示为德国某厂家不锈钢粉末的微观结构，可以看出，粉末颗粒球形度好，颗粒尺寸分布在11.2～63.6μm范围内。利用该粉末及选区激光熔化工艺（SLM）制备出的制品，表面光泽、收缩率小、不易变形、力学性能稳定。因此，为得到性能优异的3D打印产品，就必须寻求一种高效的金属粉末制备方法。

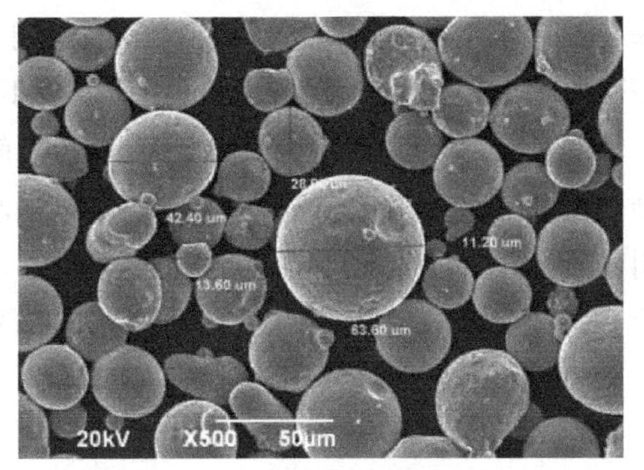

图3-1 德国某厂家3D打印不锈粉末的微观结构

3.2 3D打印金属粉末制备方法

3D打印金属粉末作为金属零件3D打印产业链重要的一环，也是其价值所在。3D打印金属粉末要求粒径小、粒度分布窄、球形度高、流动性好和松装密度高。一般认为直径小于0.2mm的粉体材料适用于3D打印，粒径在50μm左右的粉体具有较好的成型性能。根据打印设备的类型及操作条件不同，3D打印对材料的一般要求应为：粉末材料粒径为1～100μm，高球形度，杂质含量低、粒度均匀可控、致密性好、结合强度高等。目前，国内外金属3D打印机采用的金属粉末一般有工具钢、马氏体钢、不锈钢、纯钛及钛合金、铝合金、钴铬合金、镍基合金、铜基合金、钴铬合金等。

粉末制备按照工艺可分为：还原法、电解法、羰基分解法、研磨法、雾化法等。其中以还原法、电解法和雾化法生产的粉末作为原料应用于粉末冶金工业较为普遍。但还原法和电解法仅限于单质金属粉末的生产，而对于合金粉末这些方法均不适用。

雾化法是指通过机械的方法使金属熔液粉碎成尺寸小于150μm左右的颗粒的方法，它可以进行合金粉末的生产，且能够满足3D打印耗材金属粉末的特殊要求。此外，现代雾化工艺对粉末的形状能够进行控制，不断发展的雾化腔结构也大幅提高了雾化效率，这使得雾化法逐渐发展成为主要的粉末生产方法。

按照粉碎金属熔液的方式可以分为几种雾化法，包括水气二流雾化、离心雾化、超声雾化、真空雾化等。这些雾化方法具有各自特点，且都已成功应用于工业生产。其中雾化法具有生产设备及工艺简单、能耗低、批量大等优点，已成为金属粉末的主要工业化生产方法。

3.2.1 水雾化法

在雾化制粉生产中，水雾化法是廉价的生产方法之一。因为作为雾化介质的水，不但成本低廉容易获取，而且在雾化效率方面表现出色，其原理如图 3-2 所示。目前，国内水雾化法主要用来生产钢铁粉末、金刚石工具用胎体粉末、含油轴承用铝合金粉末、硬面技术用粉末以及铁基、镍基磁性粉末等。然而，由于水的比热容远大于气体，所以在雾化过程中，被破碎的金属熔滴易发生因凝固过快而变成不规则状，使粉末的球形度受到一定影响。

另外，由于高活性金属或合金与水接触会发生反应，同时雾化过程中粉体与水的接触会提高粉末的氧含量，这些问题都限制了水雾化法制备低氧含量金属粉末的应用。甘肃金川集团发明了一种水雾化制备球形金属粉末的方法，采用在水雾化喷嘴下方处再设置一个冷水雾化喷嘴来进行二次雾化（见图 3-3），使制得的粉末不仅球形度接近气雾化效果，且粉末粒度比一次水雾化更细。

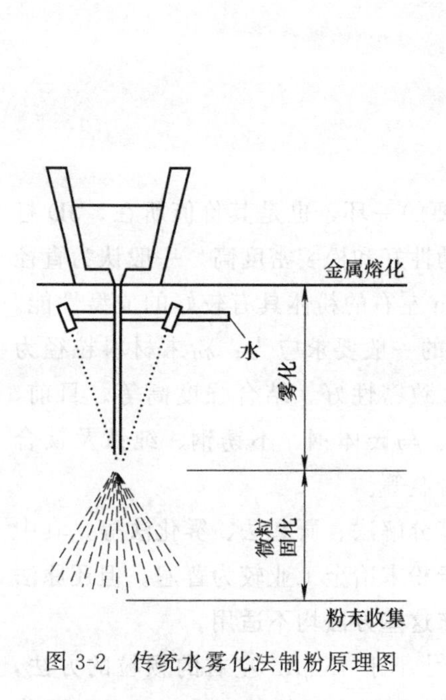

图 3-2 传统水雾化法制粉原理图

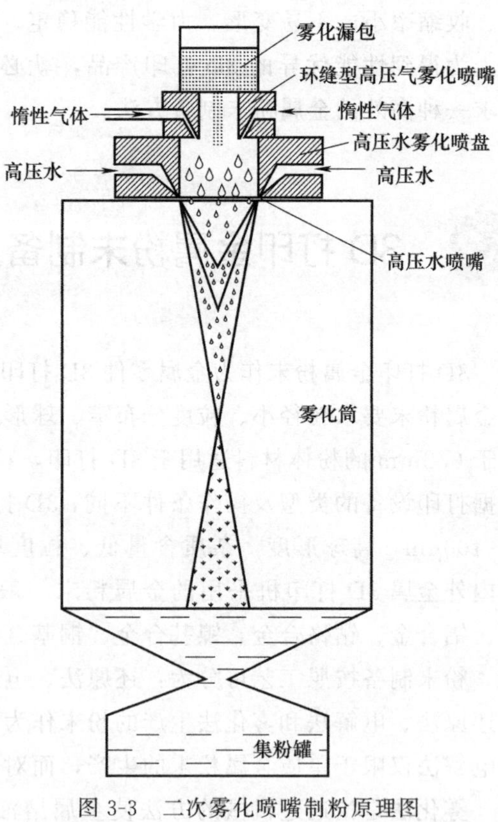

图 3-3 二次雾化喷嘴制粉原理图

3.2.2 气雾化法

气雾化法是生产金属及合金粉末的主要方法之一。其基本原理是用高速气流将液态金属流破碎成小液滴并凝固成粉末。由于制备的粉末具有纯度高、氧含量低、粒度可控、生产成本低以及球形度高等优点，已成为高性能及特种合金粉末制备技术的主要发展方向。但高压气流能量远小于高压水流能量，气雾化对金属熔体的破碎效率低于水雾化，使得气雾化制粉效率较低。

3.2.2.1 气雾化法分类

目前，具有代表性的气雾化制粉技术有如下几种：

(1) 紧耦合气雾化技术

紧耦合气雾化技术是目前国内外研究最多、工业生产应用最成熟的一种气雾化制粉技术。20 世纪 80 年代中期，瑞士的研究人员对传统限制型喷嘴进行了改进和完善，提出通过增加气体动能传输效率来提高雾化效率的思路，紧耦合气雾化技术由此产生。该设计使得气流出口到金属液流的距离最短，高速气体在最短的距离处冲击金属液流，减少了高速气流的动能损失，提高了雾化效率。随后，美国麻省理工学院的研究人员在此基础上进一步发展了紧耦合气雾化技术，并在英国 PSI 公司实现生产。紧耦合气雾化制备的金属粉末平均粒径小于 50μm，且粒度分布窄，冷却速度高达 10^5K/s，可以生产快速冷凝和非晶合金粉末。美国宾夕法尼亚州美铝技术中心的 Ting J 和 Anderson I E 等人对在仅有雾化气流（无金属液流）条件下紧耦合喷嘴下方的气体流场进行了数值模拟，发现喷嘴下存在一个倒锥形的回流区，随着对紧耦合气雾化破碎机理的进一步研究，脉动雾化模型被提出，该模型探明了开涡和闭涡的流动状况、雾化机制、金属熔滴的过冷形核以及凝固规律。

(2) 超声紧耦合雾化技术

超声紧耦合雾化技术是由英国 PSI 公司首次提出。该技术对紧耦合环缝式喷嘴进行了结构优化，使气流的出口速度超过一倍音速，并且增加了金属的质量流率（见图 3-4）。在雾化高表面能的金属，如不锈钢时，粉末平均粒度可达 20μm，粉末标准偏差最低可降至 1.5μm。该技术的另一大优点是大大提高了粉末的冷却速度，可以生产快冷或非晶粉末。从当前的发展来看，该项技术设备代表了紧耦合雾化技术的新的发展方向，具有工业化实用意义，可广泛应用于微细不锈钢、铁合金、镍合金、铜合金、磁性材料、储氢材料等合金粉末的生产。

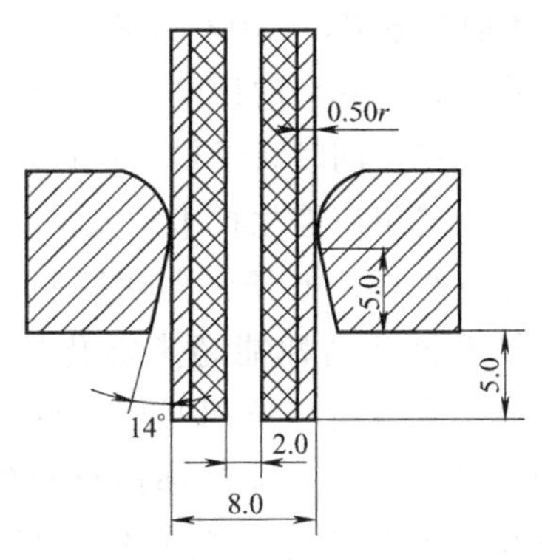

图 3-4 典型的紧耦合雾化喷嘴结构图

瑞典率先开展了超声雾化制取金属粉末的尝试，研究人员利用特殊喷嘴产生的脉冲超声气流冲击金属液流，成功制备了铝合金、铜合金等材料，这就是后来被称为超声气雾化的金属粉末制备技术。超声气雾化即是利用超声振动能量和气流冲击动能使金属液流破碎，使制粉效率显著提高，但工艺过程仍需消耗大量惰性气体，因此随后业内又提出单纯利用高频超声振动直接雾化液态金属的设想并进行了尝试。

金属超声雾化的基本原理是利用功率源发生器将工频交流电转变为高频电磁振荡提供给超声换能器，换能器借助于压电晶体的伸缩效应将高频电磁振荡转化为微弱的机械振动，超声聚能器再将机械振动的质点位移或速度放大并传至超声工具头。当金属熔体从导液管流至超声工具头表面上时，在超声振动作用下铺展成液膜，当振动面的振幅达到一定值时，金属液膜在超声振动的作用下被击碎，激起的液滴即从振动面上飞离出来形成雾滴。

在实际雾化过程中，当超声强度超过液体的空化域值时往往会在振动表面液体介质中产生强烈的空化作用，空化效应造成的大量气泡在振动过程中不断生长和溃灭，对周期性表面张力波规律造成非周期性的扰动，如果考虑超声空化效应，雾化机制将比较复杂。目前，关于超声雾化机制的解释仍存在不同观点，一般认为是超声空化与张力波效应共同发挥作用，其中以张力波激发形成的液滴为主，而超声空化作为一种随机现象，构成对周期性表面张力波的干扰，随机产生不同粒度的液滴（见图 3-5）。

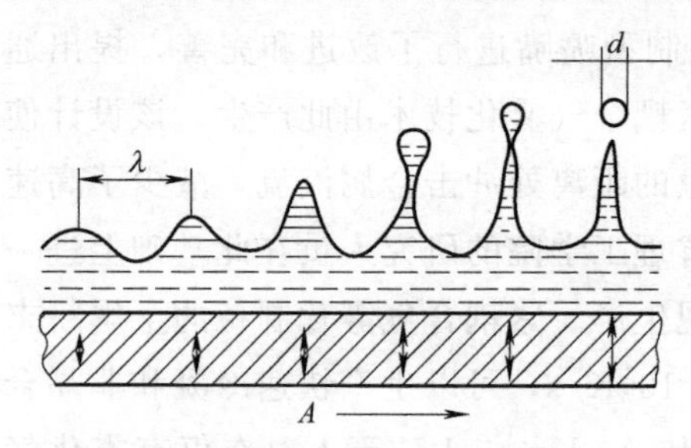

图 3-5 张力波震动液滴形成示意图

金属超声雾化制备装置一般由熔炼炉、雾化罐、超声雾化器、粉末收集罐、真空充气系统、馈液系统、控制系统构成。在雾化室中部安装有超声振动系统，由大功率压电换能器、变幅杆、工具头、陶瓷堆气体冷却罩组成（见图 3-6），超声波发生器信号从雾化室外部引入，雾化室底部设置有粉末收集罐，通过改变流嘴孔径和调节熔化炉与雾化室之间压差来控制雾化金属流量，正常雾化所需的功率输出是通过调节电流值使振幅达到雾化所需要的最佳临界状态。超声变幅杆选用声阻抗率小、抗机械疲劳性能优良、易于加工的合金材料，长度选择为 $\lambda/2$ 与 $\lambda/4$ 的整数倍，λ 为对应频率声波在该材料传播的纵波波长。为利于振动表面均匀薄液膜的形成，工具头的顶端设计成利于熔体铺展的形状。通过熔体温度和流量控制可实现雾化状态稳定，同时赋予粉末颗粒以低污染、球形度好和粒度分布较窄的优点。

金属超声雾化技术涉及应用声学、材料、冶金、物理、电子、自动控制等学科，其关键技术包括高性能超声雾化器的结构设计、金属熔体与超声波相互作用的理论机制和实验规律的获取和关键部件材料的选择。具体研究内容包括建立功率超声场（超声频率、功率、振幅）与金属粉末特性（形貌、颗粒平均直径、粒度分布等）之间的关系；熔体性质、质量流量、围压、介质种类等因素对粉体特性的影响规律；精确金属熔体输送与流量控制装置的开发、超声换能器强制冷却系统的优化设计和自动检测与自制控制系统的功能完善等。因此，如何通过数值模拟和物理模拟方法对超声雾化过程进行研究，揭示超声雾化的内在机制，是推进超声雾化制粉技术发展的关键。超声雾化器的材料在温升条件下连续工作时，既要具有较高的拉伸强度以及抗疲劳强度，又要保持良好的声学性能，特别是超声工具头与金属熔体相接触时空化腐蚀很严重，这些使用条件对关键部件材料的选取提出了苛刻的要求。此外超声信号发生

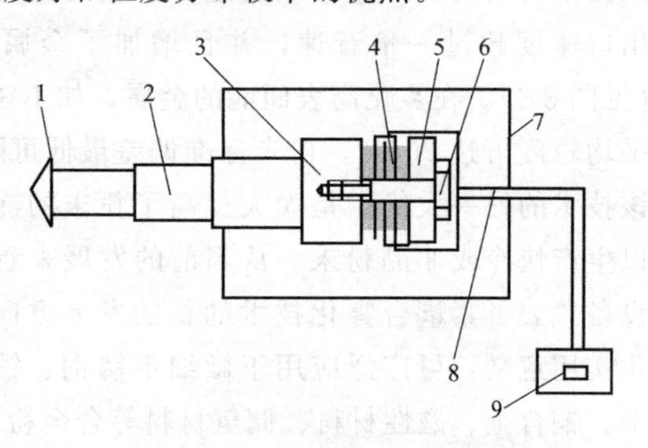

图 3-6 金属超声雾化器结构示意图

1—工具头；2—变幅杆；3—换能器前盖；4—压电陶瓷；5—换能器后盖；6—预应力螺栓；7—冷却装置；8—电极引线；9—信号发生器

器的频率自动跟踪能力对于提高功率源的功率输出、提高换能器的能量转换效率、发挥振动系统的功效也至关重要。

近年来，通过采取频率锁相控制技术和差动变量器桥式电路跟踪技术在改善超声波发生器频率跟踪方面取得了明显的效果，推动了超声雾化技术水平的提高。目前已有采用微机控制的超声波发生器，能够在调谐不当、功率过高或换能器存在故障或失灵时，自动停止超声波的输出。同时，随着压电陶瓷材料、换能器制作技术、超声功率电源及其信号跟踪技术的发展，尤其是各种新型金属粉末材料的涌现，使得超声雾化技术在工艺装置和关键技术方面发生了深刻的变革，从最初仅适用于制备低熔点金属发展到目前不同熔点的金属与合金粉末的制备，并逐渐形成了与传统雾化技术相融合的复合高效雾化制粉技术。

(3) 层流雾化技术

层流雾化技术是由德国 Nanoval 公司提出，该技术对常规喷嘴进行了重大改进（见图 3-7）：气流和金属液流在喷嘴中均呈层流状态，且两者平行流动。金属液流依靠气流在液流表面产生的剪切力和挤压力而变形，液流直径不断减少，直至发生层流纤维化。当雾化压力（p_1）与环境压力（p_2）之比达到某一临界值时，气流在喷嘴最小处达到一倍音速（1 马赫，即 $Ma=1$）；在喷嘴最小处下方，气流维持稳定的超音速状态并不出现激波（$Ma>1$），此时金属液流得到加速，其表面张力打破金属液流内压力和雾化气流压力之间的平衡，并破裂为多束纤维状细丝，而后进一步破碎成粉末。

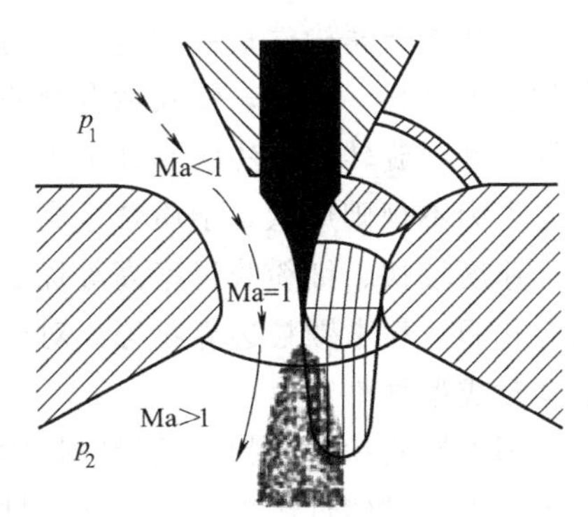

图 3-7 层流雾化喷嘴结构图

改进后的层流雾化喷嘴雾化效率高，粉末粒度分布窄，冷却速度高达 $10^6 \sim 10^7$K/s，而且气体消耗量相对传统气雾化大大降低。在 2.0MPa 的雾化压力下，以惰性气体 Ar 或 N_2 作为介质雾化铜、铝、316L 不锈钢等，粉末平均粒度可达到 10μm。该工艺的另一个优点是气体消耗量低，经济效益显著，且适用于大多数金属粉末的生产。缺点是技术控制难度大，雾化过程稳定性差，且产量小，不利于大规模工业化生产。

(4) 热气体雾化法

英国 PSI 公司和美国 HJF 公司分别对热气体雾化的作用及机理进行了大量研究。HJF 公司在 1.72MPa 压力下，将气体加热至 200～400℃ 雾化银合金和金合金，得出粉末的平均粒径和标准偏差均随温度升高而降低。与传统的雾化技术相比，热气体雾化技术可以提高雾化效率，降低气体消耗量，易于在传统的雾化设备上实现该工艺，是一项具有应用前景的技术。但该技术也受到气体加热系统和喷嘴的限制。

(5) 真空雾化制粉

真空雾化制粉是指在真空条件下熔炼金属或金属合金，在气体保护的条件下，高压气流将金属液体雾化破碎成大量细小液滴，液滴在飞行中凝固成球形或亚球形颗粒。真空雾化制粉可以制备大多数不能采用在空气中和水雾化法制造的金属及其合金粉末。此外由于凝固迅速，克服了偏析现象，因此能够制取许多特殊合金粉末。

(6) 超高压雾化法

超高压雾化法是采用超高压雾化喷嘴制备金属粉末的一种方法。图 3-8 所示为超高压雾化喷嘴。其特点是可以在较低的气压下产生超音速气流和均匀、稳定的气体速度场，有效抑制激波的产生，从而提高雾化效率，使制得的粉末粒径小、分布窄。

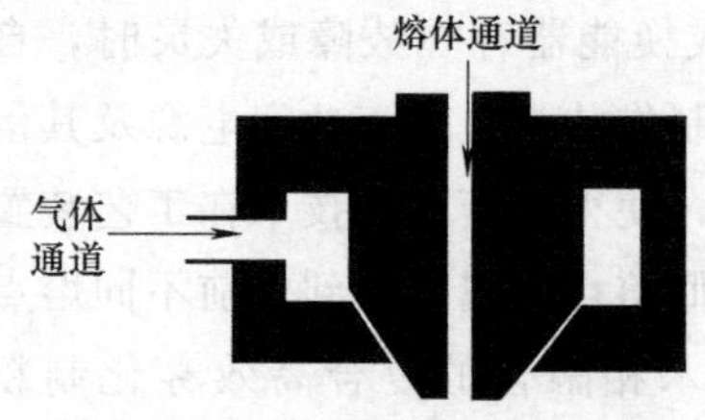

图 3-8 超高压雾化喷嘴结构图

常规金属粉末雾化喷嘴中，金属粉末的形成是依靠气流对金属液流的扰动和冲击使其破碎成粉末，由于气流的扰动具有统计特征，因此粉末的粒度分布较宽。同时，在所有的雾化技术中，不管喷嘴结构如何，均会出现气流在作用于液流前的飞行中不断膨胀，速度减小，导致雾化气体能量损失较大，从而影响雾化效率。

高性能金属构件直接制造所用材料主要是钛及钛合金粉末材料和镍基或钴基的高温合金类粉末材料。目前，钛及钛合金粉末制备方法主要有等离子旋转电极、单辊快淬、雾化法等，其中旋转电极法因其动平衡问题，主要制备 20 目左右的粗粉；单辊快淬法制备的粉末多为不规则形状，杂质含量高；气体雾化法制备的粉末具有球形度较好、粒度可控、冷却速度较快、细粉收得率高等优点，但雾化合金粉末也易出现一些缺陷，如夹杂物、热诱导孔洞、粉末颗粒边界物等。对于 3D 打印技术来说，粉体材料中夹杂物和热诱导孔洞都会对成型部件产生影响。

国外钛及钛合金粉末的研究技术相对成熟，国内在雾化设备及制粉工艺上还是以技术移植为主，虽然近年来也涌现出一批如北京中航迈特、河南黄河旋风 3D 打印事业部、湖南顶立科技等知名 3D 打印粉末研发企业，但从整体来看，高端的合金粉末和制造设备还主要依靠进口。同时，国外厂商常凭借技术优势，将原材料与设备进行捆绑销售，赚取大量利润。以镍基粉末为例，原材料成本约 200 元/kg，国产产品售价一般为 300～400 元/kg，而进口粉末售价常在 800 元/kg 以上。国内针对 3D 打印技术用钛及钛合金粉末成分设计、细粒径粉末气雾化制粉技术、粉末特性及适应性的研究相对不足。

总之，国内细粒径粉末的制备工艺起步相对较晚，粉末收得率低、粉体中氢、氧及其他杂质含量高，在使用过程中易出现粉末熔化状态不均匀，导致制品中氧化物夹杂含量高、致密性差、强度低、结构不均匀等问题。国内合金粉末存在的问题主要集中在产品质量和批次稳定性等方面，其中包括：①粉末成分的稳定性（夹杂数量、成分均匀性）；②粉末物理性能的稳定性（粒度分布、粉末形貌、流动性、松装比等）；③成品率问题（窄粒度段粉末成品率低）。

3.2.2.2 气雾化法影响因素

影响气雾化粉末性能的因素很多，主要包括气雾化介质、气雾化压力、过热度以及其他工艺参数。

气雾化介质在气雾化过程中与金属熔液主要发生能量交换和热量交换。气雾化介质主要包括空气、氮气以及惰性气体。气雾化介质会影响到制得金属粉末的成分、形状、粒径和结构。若采用空气作为雾化介质，空气中的氧气会与金属熔液发生氧化反应，使得制得的金属粉末的氧含量增加。一般来说，采用空气作为气雾化介质主要适用于雾化过程中与氧气反应不严重或虽发生氧化但可以通过后续脱氧处理的金属粉末制备；以氮气作为气雾化介质主要用于制备易于氧化的不锈钢粉末和合金粉末。由于气雾化介质在气雾化过程中与金属熔液发生热量交换，不同的气体的冷却速率不同，因此，气雾化介质的冷却速率对制得金属粉末的性质也会产生相应的影响。同时，气雾化的介质温度会影响到其对金属熔滴的冷却速率，进而影响制得金属粉末的形貌。不仅如此，雾化介质的温度还会影响到雾化气流的速度，提高雾化气体的温度，会使得雾化气流速度增大，增加破碎金属液流的冲击力。

气雾化压力是影响制得金属粉末性质的主要影响因素。气雾化压力是雾化介质与金属熔液发生能量交换的能量之源，气雾化压力的大小直接影响到金属粉末粒径及表面形貌。实践证明，随着气雾化压力的增大，制得金属粉末的平均粒径越小。但并非是雾化压力越大越好，气雾化压力增大会影响到气雾化喷嘴处的压力场，压力过大会导致气雾化喷嘴堵塞，进而降低气雾化的稳定性，不仅影响制得金属粉末性能，还会降低雾化效率。同时，气雾化压力过大，也会提高了对雾化设备耐压性能的要求，从而增加了生产成本。此外气雾化压力还会影响粉末粒度组成及制得金属粉末的成分。如早在20世纪50年代，美国工程师Gerhard Naeser采用空气雾化高碳生铁制备铁粉时，就发现随着空气压力的增大，制得的雾化铁粉中氧含量增加而碳含量相应减少，其主要原因是在空气雾化过程中，随着气压增大，空气中氧气与铁粉的氧化反应增强，碳与氧气反应的量也相应增加。

过热度是另一个影响雾化制粉性能的因素，它是指熔融金属的温度与其熔点温度的差值。过热度主要影响金属熔液的表面张力和黏度。金属熔液表面张力和黏度都随温度的升高而减小（铜、镉除外），从而影响粉末粒度和形状。在其他条件不变情况下，随着金属熔液表面张力的增大，粉末的球形度越高，粉末的平均粒径也越大；反之，金属熔液的表面张力越小，液滴越易变形，制得的金属粉末形状越不规则，平均粒径也越小。金属熔液黏度越小，制得的金属粉末的平均粒径越小。过热度越大，金属熔滴的冷却过程越长，表面张力的作用时间越长，越易获得球形度高的金属粉末。

其他工艺参数包括金属液流直径、雾化角度以及雾化设备参数等。在相同条件下，随着金属液流直径的减小，单位时间内冲击金属液流的高速气流量增大，使得破碎更加充分，细粉收得率提高。但对于某些合金（如铁铝合金），当金属液流直径减小到一定尺寸时，细粉率反而出现下降，主要原因是随着金属液流直径的减小，在雾化过程中铝的氧化变得严重，使金属液流黏度增大，粗粉增多。雾化角度大小会影响高速气流的动能利用率，进而影响制得金属粉末粒径及形貌。雾化角度越小，雾化焦点到漏嘴口和喷嘴口的距离越长，高速气流的动能利用率越低，越不易制得细粉；相反，雾化角度越大，雾化焦点到漏嘴口和喷嘴口的距离越短，高速气流的动能利用率越高，制得的金属粉末越细。但雾化角度过大会造成喷嘴堵塞，直接影响到气雾化过程的稳定性。

金属粉末的检测

3.3.1 球形2A14铝合金粉末结构与粒径分析

球形2A14铝合金粉末的制备采用氩气作为雾化介质，过热度为200℃，雾化角度为

41°，雾化压力为6.0MPa。球形2A14铝合金粉末的物相、金相组织、表面凝固组织及粒度分析如下。

(1) 物相分析

图3-9所示为雾化压力6.0MPa时所制备2A14铝合金粉末的XRD衍射图。对照标准晶态铝PDF卡片（美国材料实验协会推出的X射线衍射标准卡片），立方晶系单质铝的衍射晶面分别为（111）、（200）、（220）、（311）、（222）和（400）。图中各Bragg峰值与PDF卡片中立方晶铝的衍射峰完全吻合，而XRD衍射对于质量分数小于5%的物相无法准确表征，所以图谱中衍射峰只有立方晶系纯相单质铝，表明气雾化制备的2A14铝合金粉末的主要的物相是单质铝。

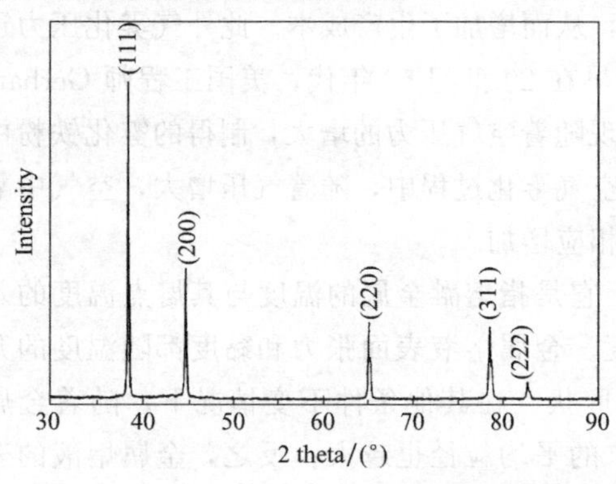

图3-9 球形2A14铝合金粉末XRD衍射图

(2) 金相组织分析

气雾化金属粉末的内部组织不仅反映了金属粉末的最终凝固状态，也反映了金属粉末在其凝固过程中的形核和长大状况。图3-10所示为雾化压力6.0MPa时所制备2A14铝合金粉末的金相图片。可以看出，粉末内部组织主要有两种，一种是枝状晶与胞状晶的混合组织（见图3-10a处），另一种是胞状晶（见图3-10b、c处）。胞状组织是在成分过冷度不大的情况下，原固-液平界面受到随机扰动造成界面凸起，凸起部分进入过冷度更大的液相区域成为胞状界面，胞状界面凝固后得到的组织即为胞状组织。胞状晶往往不是相互分离的晶粒，在一个晶粒的界面上可以形成许多胞状晶，而这些胞状晶源于一个晶粒。图3-10b处即为粉末内部细小胞状组织、c处即为粉末内部出现的狭长胞状晶。

(3) 表面凝固组织分析

图3-11～图3-13分别为雾化压力6.0MPa时制得粒径约100μm、50μm和20μm2A14铝合金粉末SEM照片。由图3-11和图3-12可以看出，粉末表面的凝固组织主要由胞状晶和枝状晶组织组成，其中两图a处为局部枝晶组织，b处为胞状组织。图3-13中粉末表面呈胞状组织，无枝状晶存在。由此可见，随着2A14铝合金粉末粒径的减小，表面组织由胞状晶和枝状晶的混合组织逐渐过渡为细小的胞状组织。

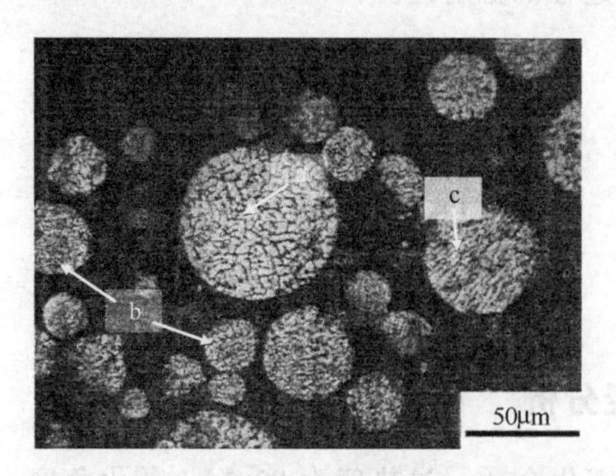

图3-10 球形2A14铝合金粉末金相照片

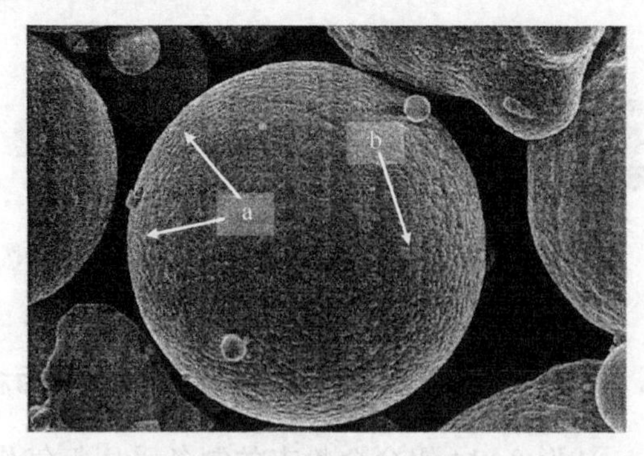

图3-11 100μm球形2A14铝合金粉末SEM照片

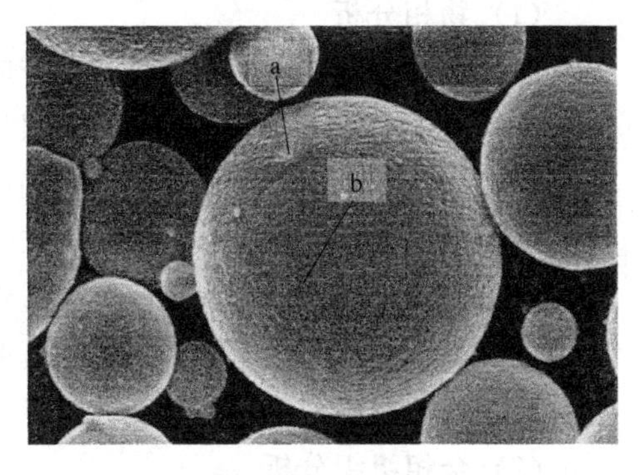

图 3-12 50μm 球形 2A14 铝合金粉末 SEM 照片

图 3-13 20μm 球形 2A14 铝合金粉末 SEM 照片

(4) 平均粒径及粒度分布分析

图 3-14 所示为雾化压力 6.0MPa 时所制备 2A14 铝合金粉末的粒度分布图，由区间粒度分布曲线可以看出，粉末粒度为单峰分布，且为近似正态分布；由累积粒度分布曲线可以看出，粒径<78μm 的粉末占所得粉末的 85%，其中 40μm 的粉末约占 55.51%。若以累积质量分数为 50%所对应的铝合金粉末粒径 d_{50}（以下均简写为中位径 d_{50}）作为平均粒径，其平均粒径约为 40.62μm。

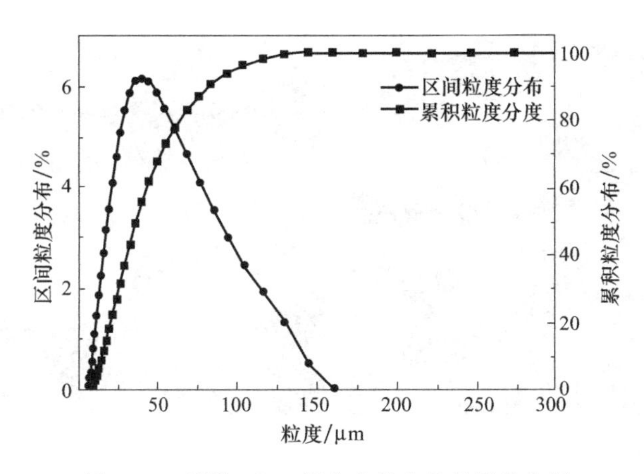

图 3-14 球形 2A14 铝合金粉末的粒度分布图

传统气雾化制得的粉末的粒度分布通常为双峰或多峰分布，而本实验所制得的粉末为单峰分布，这主要与气雾化过程中金属熔滴的破碎机理有关。2A14 铝合金熔液被高速气流冲击后，初次破碎为粒径较大的 2A14 铝合金熔滴，随后熔液与初次破碎粒径较大的 2A14 铝合金熔滴相互碰撞发生二次破碎，形成粒径更小的熔滴并冷却凝固为最终的 2A14 粉末。

3.3.2 球形铜粉结构与性能分析

球形铜粉的制备采用氨气作为雾化介质，过热度为 200℃，雾化角度为 41°，雾化压力为 6.0MPa。球形铜粉的物相、金相组织、表面凝固组织及粒度分析如下。

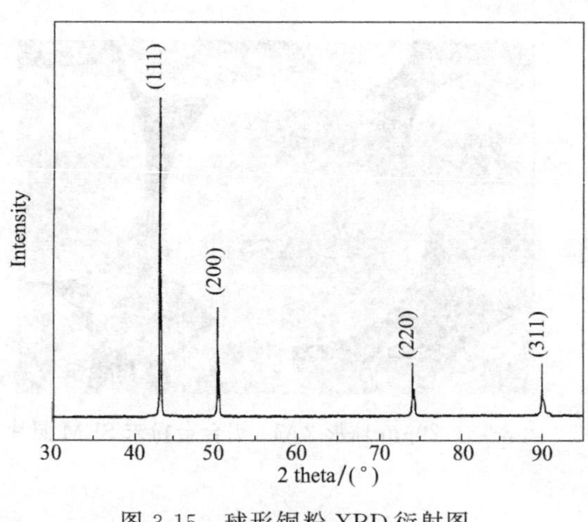

图 3-15 球形铜粉 XRD 衍射图

(1) 物相分析

图 3-15 所示为雾化压力 6.0MPa 时所制备球形铜粉的 XRD 衍射图。对照标准晶态铜 PDF 卡片，立方晶系单质铜的衍射晶面分别为（111）、（200）、（220）和（311）。图中各 Bragg 峰值与 PDF 卡片中立方晶铜的衍射峰完全吻合，表明制备的铜粉主要物相是单质铜。

(2) 金相组织分析

气雾化金属粉末的内部组织不仅反映了金属粉末的最终凝固状态，也反映了金属粉末在其凝固过程中的形核生长状况。通过对相应金相照片的观察，可以发现铜粉晶粒为等轴晶，尺寸范围为 2～4μm，此结论与纯铜微观组织晶粒形貌相符。

(3) 表面凝固组织分析

图 3-16 所示为所制备铜粉的 SEM 照片，可以看出铜粉表面的凝固组织主要由胞状晶

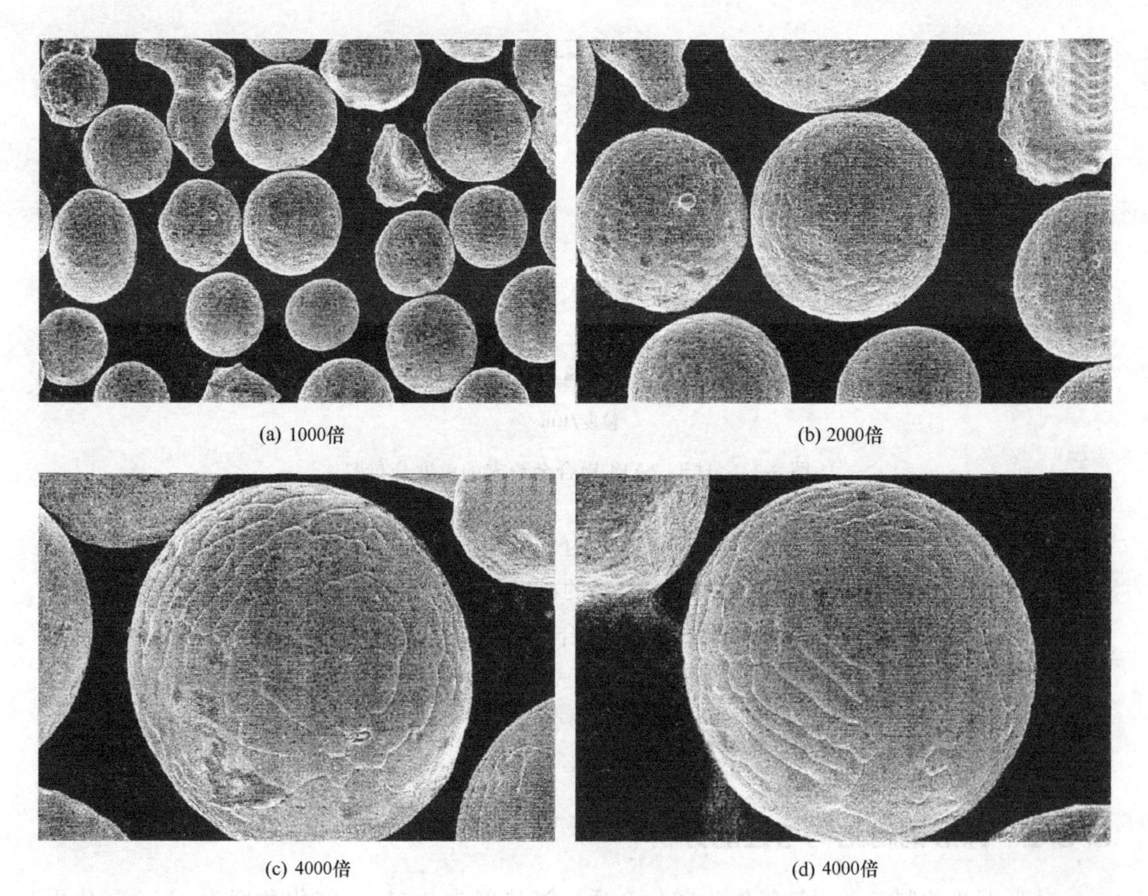

(a) 1000倍　(b) 2000倍

(c) 4000倍　(d) 4000倍

图 3-16 球形铜粉的 SEM 照片

组织组成。凝固组织主要由冷却速率、液相内温度梯度 G 和凝固速度 R 共同决定。随着冷却速率的增加，G/R 值减小，晶面形貌开始由平面晶向胞状晶转变。

（4）平均粒径及粒度分布分析

图 3-17 所示为所制备铜粉的粒度分布图，由区间粒度分布曲线可以看出，粉末粒度为近似正态分布；由累积粒度分布可以看出，粒径≤130μm 的粉末占所得粉末的 80%，其中≤80μm 的粉末约占 48.97%，中位径 d_{50} 为 82.32μm。此外，区间粒度分布曲线呈偏态分布，说明铜熔液被高速气流冲击后发生初次破碎，随后初次破碎的铜熔滴与铜熔液相互碰撞发生二次破碎，形成粒径细小的铜熔滴，再经过冷却凝固成为最终粉末。由于部分初次破碎的铜熔滴未被二次破碎，冷却凝固便成为粒径较大的铜粉，因此使得区间粒度分布曲线右侧变宽变缓。

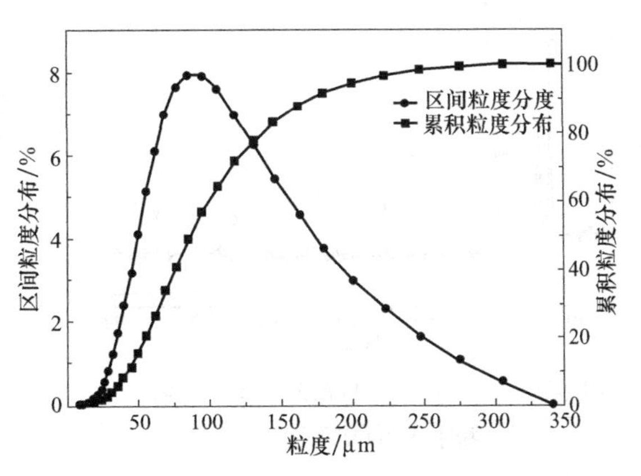

图 3-17　球形铜粉的粒度分布图

3.3.3 球形 304 不锈钢粉末结构与性能分析

球形 304 不锈钢粉末的制备采用氩气作为雾化介质，过热度为 250℃，雾化角度为 41°，雾化压力为 6.2MPa。球形 304 不锈钢粉末的物相、金相组织、表面凝固组织及粒度分析如下。

（1）物相分析

图 3-18～图 3-20 分别为雾化压力 6.2MPa 时制备的－100＋200 目、－200＋325 目、－325 目的 304 不锈钢粉末 XRD 衍射图。通过与标准卡片的对比可知，制得的 304 不锈钢粉末主要由面心立方结构（fcc）的奥氏体相和体心立方结构（bcc）的铁素体组成。对比三图可以看出，随着不锈钢粉末粒径减小，bcc 铁素体相的衍射峰强度增强，而粒径较大的 fcc 奥氏体相衍射峰强度更强。

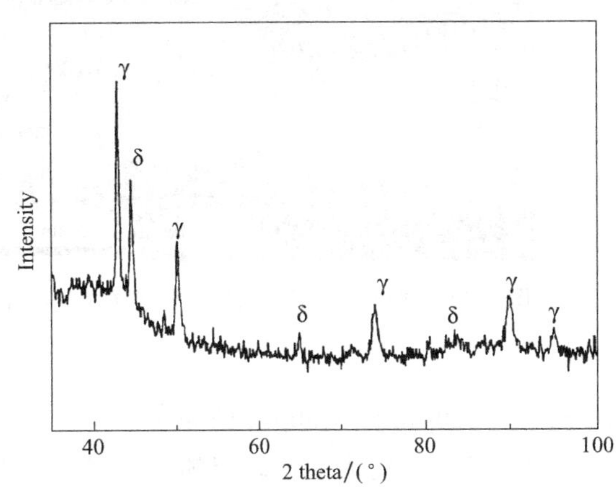

图 3-18　－100＋200 目球形 304 不锈钢粉末 XRD 衍射图

304 不锈钢是奥氏体不锈钢，而气雾化制得的 304 不锈钢粉末为 δ/γ（铁素体相/奥氏体相）两相，造成该现象的主要原因是超音速脉冲气雾化制粉过程较传统不锈钢生产工艺具有较大的冷却速率。图 3-21 所示为 Fe-Cr-Ni 三元合金平衡相图，可以看出当粒径较小的金属熔滴过冷至 γ＋δ 相区后，γ 相与 δ 相同时析出，伴随其形核长大会产生再辉现象，使得

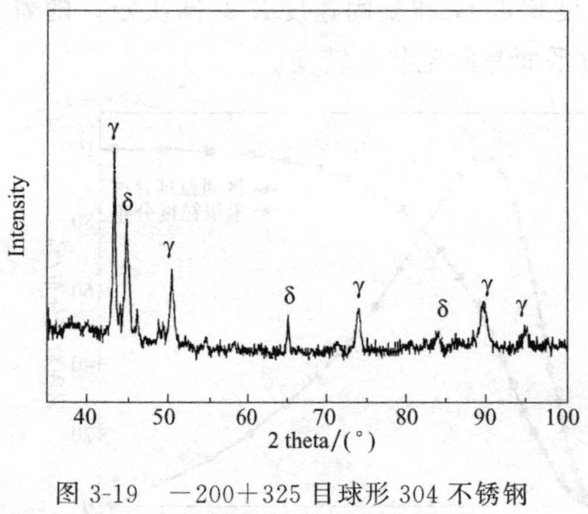

图 3-19 －200＋325 目球形 304 不锈钢粉末 XRD 衍射图

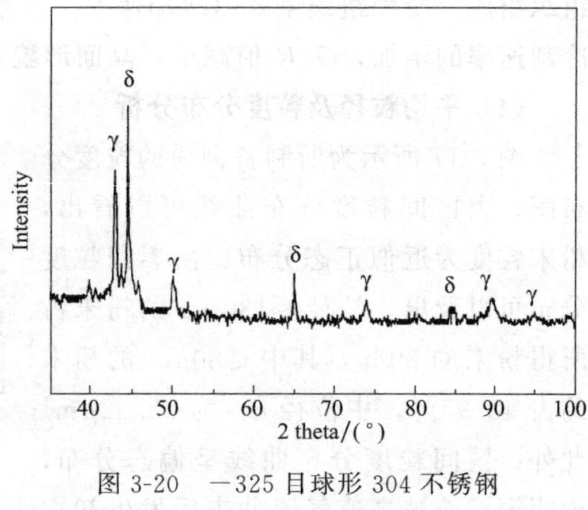

图 3-20 －325 目球形 304 不锈钢粉末 XRD 衍射图

部分过冷的熔滴加热到 γ＋δ 相区，在随后的冷却过程中，较高的冷却速度限制了固态相变的进一步发生，使得 γ 相和 δ 相成为室温下的最终组织。由于超音速脉冲雾化是一个快速凝固的过程，使得高温稳定相（δ 相）的原子状态保留到室温，以至 δ 相成为最终的室温组织，避免了低温 α 铁素体相的形成。同时，由于粒径较大的金属熔滴具有较小的过冷度和冷却速率，使其在凝固过程中会有部分 δ 相发生由扩散控制的固态相变（δ＋γ→γ），从而使得 γ 相成为最终室温的主要凝固组织。

（2）金相组织分析

图 3-22 所示为 6.2MPa 时制备的 304 不锈钢粉末金相图，由图中 1 位置可以看出，粉末颗粒内部为针状组织和胞状组织的混合组织。由此可见，通过气雾化的快速凝固后得到的金属粉末，其内部组织主要是针状和胞状的混合组织以及针状组织。

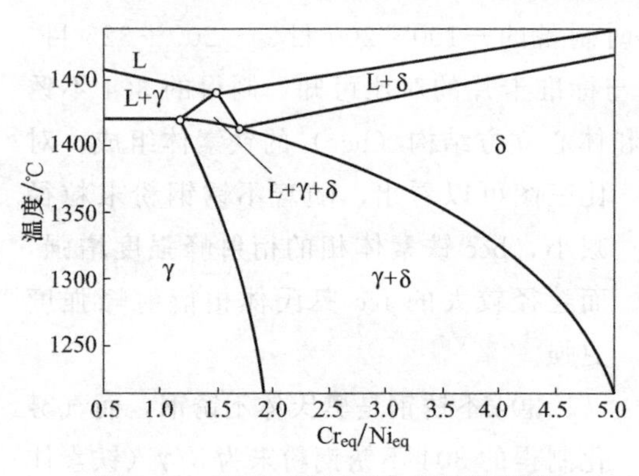

图 3-21 Fe-Cr-Ni 三元合金平衡相图

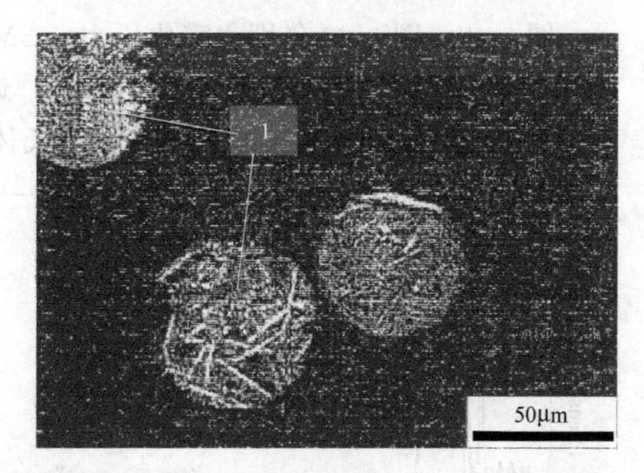

图 3-22 球形 304 不锈钢粉末金相图（500 倍）

（3）表面凝固组织分析

图 3-23～图 3-25 分别为粒径是 70～100μm、50～70μm 和＜50μm 的 304 不锈钢粉末 SEM 照片。可以看出，粒径范围在 70～100μm 内的不锈钢粉末表面较粗糙，有卫星球现象，粉末表面有许多小凹坑和针状组织；粒径范围在 50～70μm 内的不锈钢粉末表面较光滑，卫星球现象较少，粉末表面存在针状组织；粒径范围＜50μm 的不锈钢粉末表面光滑，卫星球现象较少，粉末表面有许多环状纹路，无明显针状组织。对比三图可知，随着

304不锈钢粉末粒径的减小，粉末的表面逐渐变得光滑，其表面的针状凝固组织逐渐消失。

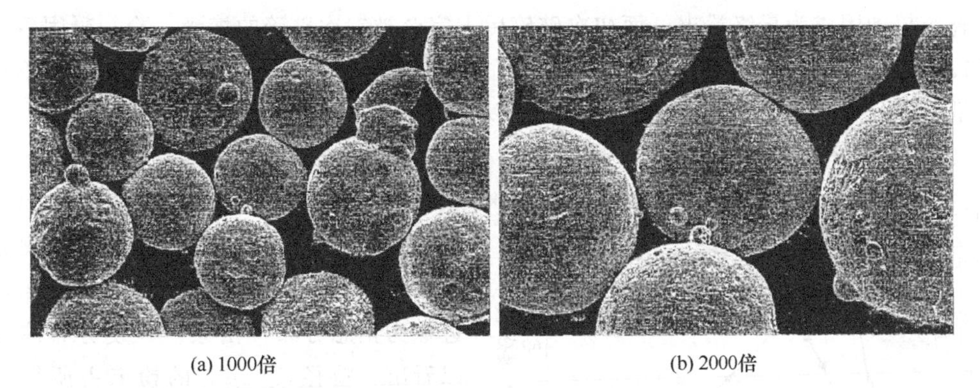
(a) 1000倍　　(b) 2000倍

图 3-23　粒径 70～100μm 球形 304 不锈钢粉末 SEM 照片

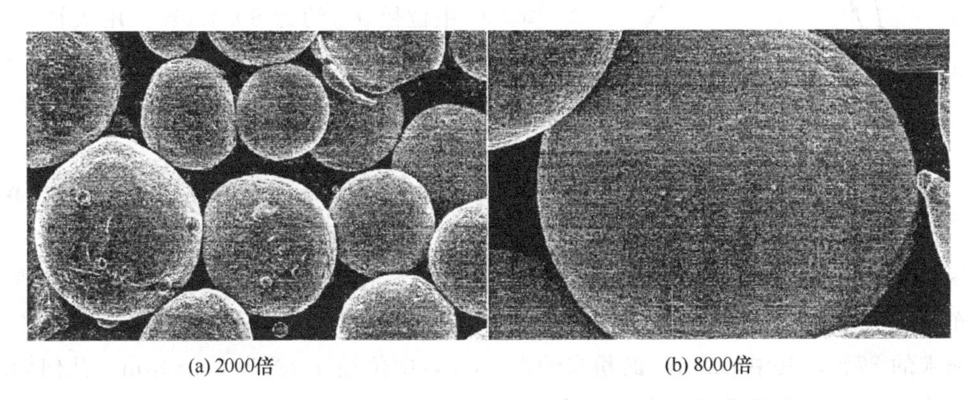
(a) 2000倍　　(b) 8000倍

图 3-24　粒径 50～70μm 球形 304 不锈钢粉末 SEM 照片

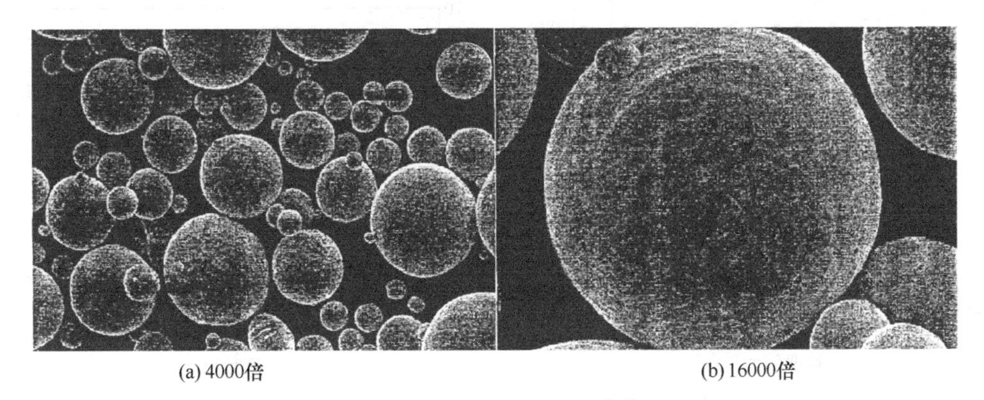
(a) 4000倍　　(b) 16000倍

图 3-25　粒径<50μm 球形 304 不锈钢粉末 SEM 照片

（4）平均粒径及粒度分布分析

图 3-26 所示为－100＋200 目 304 不锈钢粉末的粒度分布图，由区间粒度分布曲线可以看出，粉末粒度为单峰分布，且近似为正态分布，粒度分布较宽，峰值处所对应粒径约为 100μm；由累积粒度分布曲线可以看出，粒径<180μm 的粉末占所得粉末的 86%，其中≤130μm 的粉末约占 65%，中位径 d_{50} 约为 113.14μm。此外，与球形铜粉相似，304

不锈钢粉的区间粒度分布曲线也呈偏态分布，说明金属熔液被高速气流冲击后，初次破碎不锈钢熔滴，随后与不锈钢熔液相互碰撞，发生二次破碎，形成粒径更小的熔滴，二次破碎熔滴冷却凝固成为最终粉末；而初次破碎后未完全被二次破碎的熔滴，冷却凝固后成为粒径较大的不锈钢粉，因此使得区间粒度分布曲线右侧变宽变缓。但该粒径范围的不锈钢粉仍呈单峰分布，说明在该雾化压力下，可以使大部分初次破碎产生的不锈钢熔滴二次破碎，具有较高的气雾化效率。

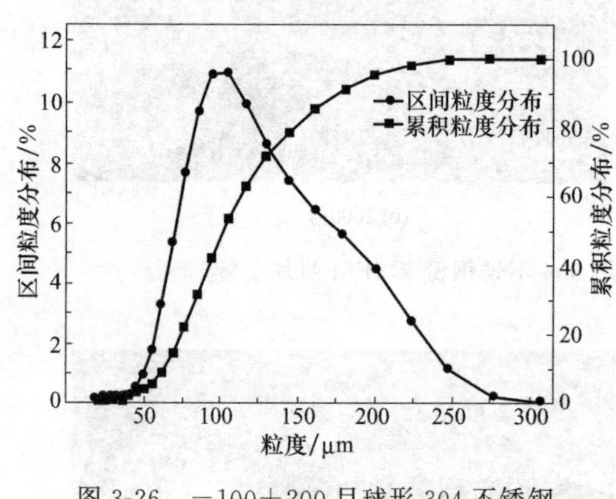

图 3-26　−100+200 目球形 304 不锈钢粉末粒度分布图

图 3-27 所示为−200+325 目 304 不锈钢粉末的粒度分布图，由区间粒度分布曲线可以看出，粉末粒度为单峰分布，且近似为正态分布；由累积粒度分布曲线可以看出，粒径≤92μm 的粉末占所得粉末的 85%，其中<65μm 的粉末约占 60%，中位径 d_{50} 约为 60.42μm。用表征粉末粒度分布宽度函数、几何标准偏差 δ（$\delta = d_{84}/d_{50}$）来衡量粉末的产出率，该样品 δ 值约为 1.51，与传统气雾化技术制得金属粉末的几何标准偏差 $\delta = 2.0 \pm 0.3$ 相比，说明粉末粒度分布相当窄。

图 3-28 所示为−325 目 304 不锈钢粉末的粒度分布图，由区间粒度分布曲线和累积粒度分布曲线可以看出，粉末粒度为单峰分布，且近似为正态分布，粒径<40μm 的粉末占所得粉末的 87%，其中≤30μm 的粉末约占 63%，中位径 d_{50} 约为 24.89μm。几何标准偏差 δ 约为 1.53，说明粉末粒度分布相当窄。

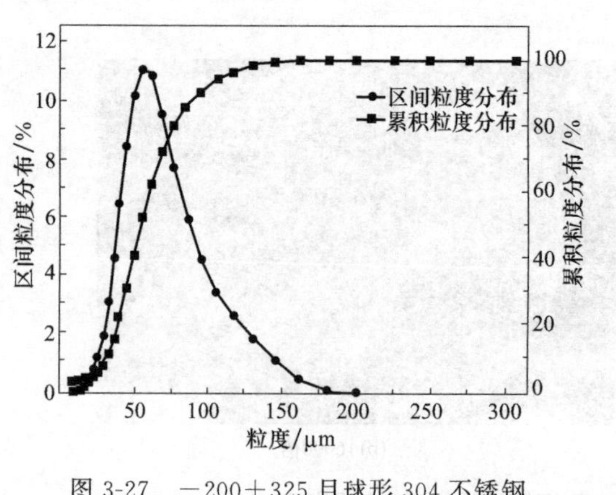

图 3-27　−200+325 目球形 304 不锈钢粉末粒度分布图

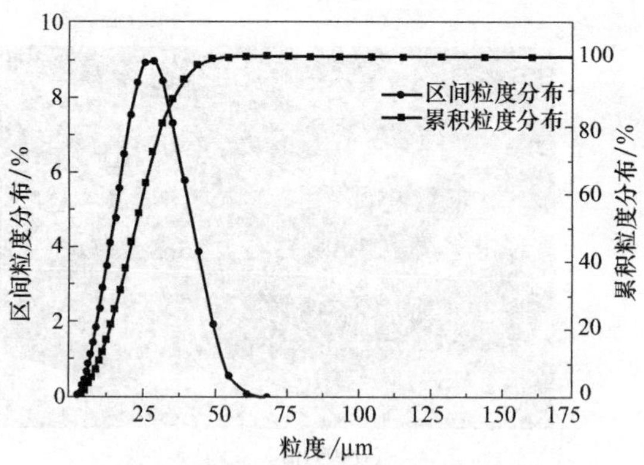

图 3-28　−325 目球形 304 不锈钢粉末粒度分布图

3.3.4　球形 630 不锈钢粉末结构与性能分析

球形 630 不锈钢粉末的制备采用氮气作为雾化介质，过热度为 250℃，雾化角度为

41°，雾化压力为6.5MPa。球形630不锈钢粉末的物相、表面形貌及粒度分析如下。

（1）物相分析

图3-29所示为雾化压力6.5MPa时所制备的630不锈钢粉末XRD图，通过比对，图中各Bragg峰值与PDF卡片中奥氏体的衍射峰完全吻合，表明气雾630不锈钢粉末的主要物相是奥氏体。而原始的630不锈钢为马氏体沉淀硬化型不锈钢，其主要物相为马氏体，造成这种现象的主要原因是该实验采用氮气作为雾化介质，氮元素在气雾化过程中可以渗入630不锈钢熔滴中，并使得奥氏体相稳定地保存下来，从而造成制得的粉末主要为奥氏体相。

（2）表面形貌分析

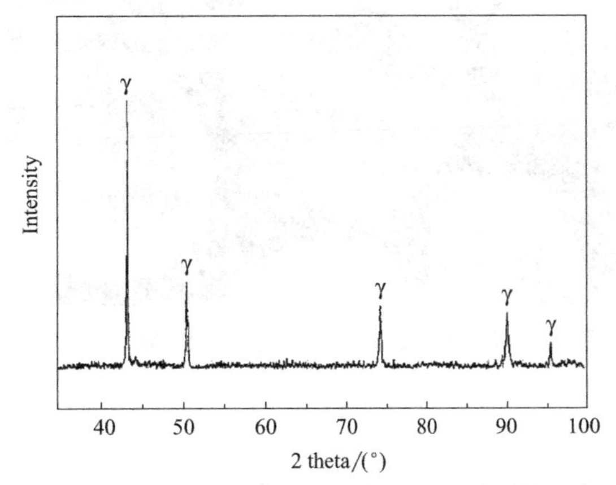

图3-29　球形630不锈钢粉末XRD衍射图

图3-30所示为雾化压力6.5MPa时所制备630不锈钢粉末的SEM照片，由图3-30（a）可以看出630不锈钢粉球形度较高，且粒径均匀；由图3-30（b）看出，少部分粉末呈椭球形或不规则球形，部分粉末出现卫星球现象。椭球形粉末及不规则粉末主要是由于凝固时间小于成球时间，熔滴在表面张力作用下还未完全成球就冷却凝固成为球形度较差的不锈钢粉末。卫星球的形成原因是粒径小的金属粉末的凝固时间短，已经凝固粒径较小的金属粉末在高速气流的冲击下黏结到还未凝固粒径较大的金属粉末表面，与其一同冷却凝固，故而形成卫星球。

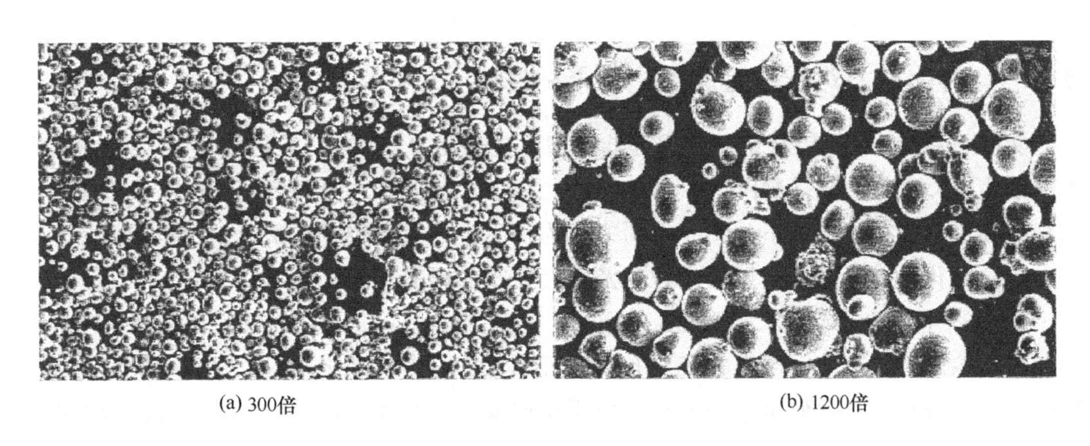
(a) 300倍　　(b) 1200倍

图3-30　球形630不锈钢粉末SEM照片

图3-31所示为所制备630不锈钢粉末的SEM照片，由图中所示箭头可以看出，粉末表面的凝固组织主要是胞状晶。在金属熔滴凝固过程中，在过冷度不大的情况下，固-液截面变得不再稳定，随机的扰动引起界面凸起，凸起的界面使其进入过冷度更大的液相区域中，结果造成凸起部分生长更快，从原平界面变为胞状界面，胞状界面凝固后形成了胞状组织，即柱状组织。

（3）平均粒径及粒度分布分析

图 3-32 所示为所制备 630 不锈钢的粉末粒度分布图，由区间粒度分布曲线可以看出，粉末粒度为单峰分布，且近似呈正态分布。由累积粒度分布曲线可以看出粒径<65μm 的粉末占所得粉末的 94%，其中粒径 40μm 的粉末约占 60%，中位径 d_{50} 约为 36.81μm。几何标准偏差 δ 约为 1.41，说明粉末粒度分布相当窄。

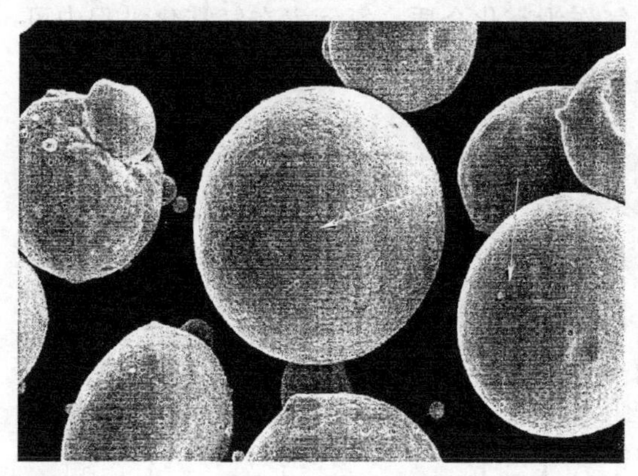

图 3-31　5000 倍下 630 不锈钢粉末 SEM 照片

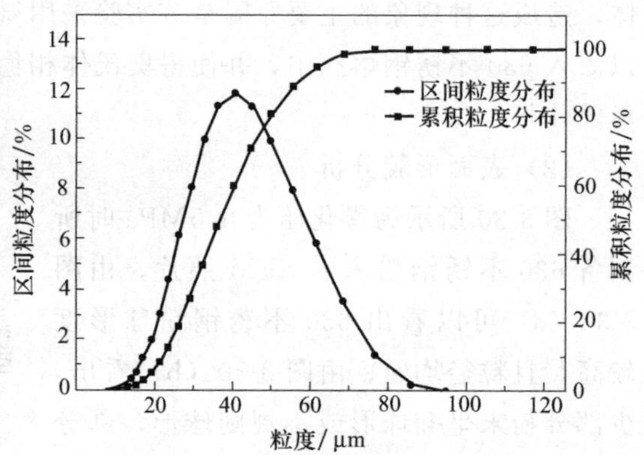

图 3-32　630 不锈钢粉末粒径分布图

3.4 不同因素对球形金属粉末性能的影响

3.4.1 雾化压力对球形金属粉末性能的影响

实验材料为 2A14 铝合金。采用环缝喷嘴，过热度为 200℃，雾化角度为 41°，雾化压力分别为：5.5MPa、6.0MPa、7.0MPa、8.0MPa。制得的 2A14 铝合金粉末采用 100 目的标准筛进行筛分，将筛下的铝合金粉末作为样品进行激光粒度测试及扫描电镜分析。

（1）雾化压力对球形金属粉末粒径及粒度分布的影响

图 3-33 和图 3-34 分别为不同雾化压力下，所制备 2A14 铝合金粉末的区间粒度分布图和累积粒度分布图。由区间粒度分布曲线可以看出，当气雾化压力为 5.5MPa 时，粉末粒度为单峰分布，且近似呈正态分布。由累积粒度分布曲线可以看出，粉末大部分粒度在 25～110μm，中位径 d_{50} 为 56.80μm。当气雾化压力为 6.0MPa 时，粉末大部分粒度在 16～90μm，中位径 d_{50} 为 40.62μm。当气雾化压力为 7.0MPa 时，粉末大部分粒度在 16～130μm，中位径 d_{50} 为 48.65μm。当气雾化压力为 8.0MPa 时，粉末大部分粒度在 17～120μm，中位径 d_{50} 为 53.88μm。

对比两图可以看出，当雾化压力从 5.5MPa 增大到 6.0MPa 时，区间粒度分布曲线和累计粒度分布曲线向左偏移，且粒度分布区间变小，表明随着雾化压力增大，制得的粉末粒度变小。当雾化压力继续增大到 7.0～8.0MPa 时，区间粒度分布曲线和累计粒度分布

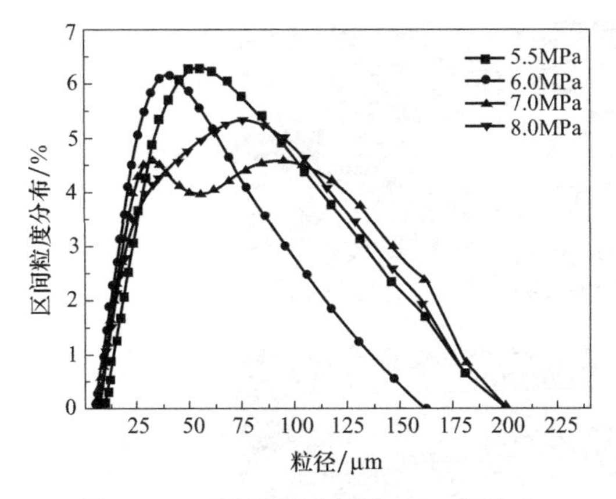

图 3-33 不同雾化压力下 2A14 铝合金粉末区间粒度分布图

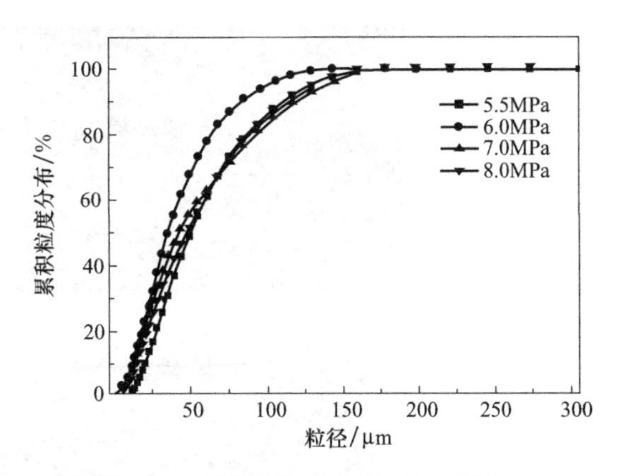

图 3-34 不同雾化压力下 2A14 铝合金粉末累积粒度分布图

曲线相对于雾化压力 6.0MPa 时向右偏移，且粒度分布区间变宽，这表明雾化压力持续增大后制得的粉末粒度变大。将所制备粉末平均粒径随雾化压力变化情况用图 3-35 来进行描述，可以看出，随着气雾化压力的增大，粉末平均粒径先减小后增大，气雾化压力 6.0MPa 时粉末平均粒径最小，为 31.72μm；气雾化压力由 5.5MPa 增加到 6.0MPa，平均粒径由 45.89μm 减小到 31.72μm，这主要是由于雾化压力增大后气体动能增大，对金属熔滴的破碎能力更强，因此粉末平均粒径明显下降。之后随着气雾化压力的持续增大粉末平均粒径有所增大，这主要是因为在高速气流的强烈冲击下，被破碎后粒径相近的金属熔滴间碰撞越发激烈，很多尚未完全冷却的高温熔滴由于碰撞又重新结合并形成粒径较大的粉末，因此造成平均粒径增大。此外，有些粒径差别较大的金属熔滴，粒径较小的熔滴由于冷却凝固较快，形成细小金属粉末黏结在粒径较大的金属熔滴表面，随其冷却下来形成卫星球，也使得粉末的平均粒径增大。

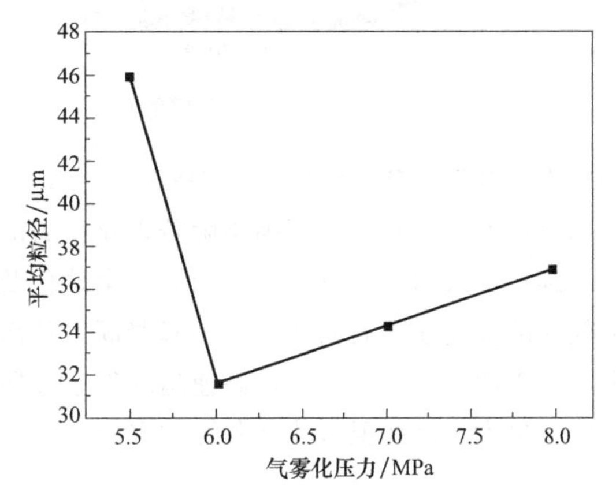

图 3-35 2A14 铝合金粉末平均粒径随气雾化压力的变化曲线

(2) 雾化压力对球形金属粉末球形度的影响

图 3-36 所示为不同雾化压力下所制备 2A14 铝合金粉末的 SEM 照片。由图 3-36 (a)、(b) 可以看出，雾化压力 5.5MPa、6.0MPa 时制备粉末绝大部分为球形，极少粉末出现卫星球现象，雾化压力为 6.0MPa 的铝合金粉末球形度更高，且粉末粒度更小。其原因主要是随着雾化压力的增大，高速气流与金属熔液之间的能量交换增大，熔融金属被破碎成更小的金属液滴，使其球化所需时间变短。尽管金属液滴由于粒径变小后其凝固时间也相应变短，但其球化所需时间相对于凝固时间缩短地更多，因而制备出的粉末球形度更高。

由图 3-36 (b)～(d) 可以看出，随着雾化压力持续增大，压力为 7.0MPa 时所制备

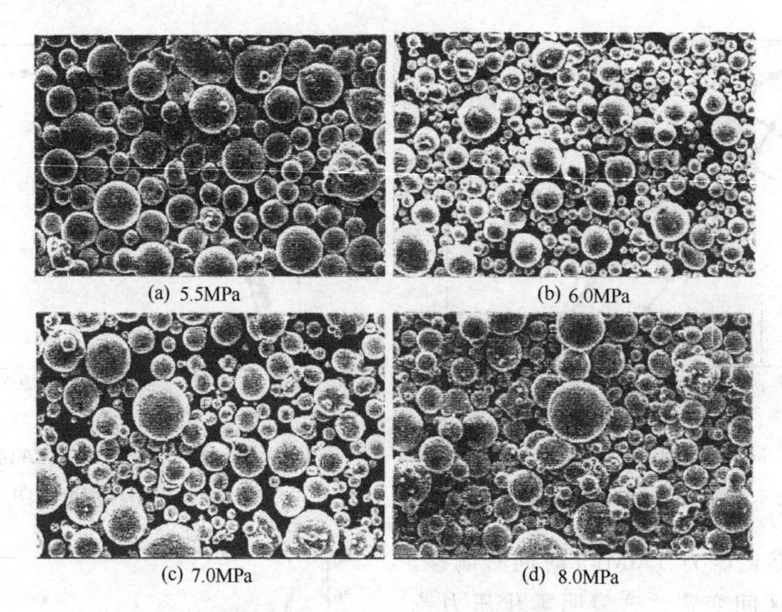

图 3-36 不同雾化压力下 2A14 铝合金粉末 SEM 照片

的粉末，其卫星球现象较 6.0MPa 时要多；压力为 8.0MPa 时所制备的粉末，其卫星球现象则更加严重。其主要原因是随着雾化压力的增加，高速气流与金属熔滴间的能量交换增大，细小金属粉末数量增多，尚未完全球化及凝固的细小金属粉末在气流作用下黏结在粒径较大的金属粉末表面并随其一起凝固，从而形成卫星球。而雾化压力越大，气流对细小金属粉末的冲击作用越大，高速运动细小金属粉末黏结到未完全凝固大粒径金属粉末表面的概率更大，因此卫星球现象更加严重。

3.4.2 喷嘴结构对球形金属粉末性能的影响

雾化压力 6.0MPa，过热度 200℃，雾化角度 41°条件下，分别采用环孔喷嘴（每隔 15°一个圆孔，圆孔直径为 2mm，共 24 个圆孔）和环缝喷嘴（环缝宽度为 2mm）进行实验，将制得的 2A14 铝合金粉末用 200 目、325 目的标准筛进行筛分，取－200＋325 目的 2A14 铝合金粉末作为样品进行激光粒度测试及扫描电镜分析。

(1) 喷嘴对球形金属粉末粒径及粒度分布的影响

图 3-37 所示为雾化压力为 6.0MPa 时，不同雾化喷嘴制备 2A14 铝合金粉末区间粒径分布图。由图可以看出，环缝喷嘴制得的 2A14 铝合金粉末的区间粒径分布比环孔喷嘴制得的 2A14 铝合金粉末粒径分布窄，且其整体分布曲线整体向左偏移。图 3-38 为雾化压力为 6.0MPa 时，不同雾化喷嘴制备 2A14 铝合金粉末累积粒径分布图。由图可以看出，环缝喷嘴制得的 2A14 铝合金粉末的累积粒径分布曲线与环孔喷嘴制得的 2A14 铝合金粉末累积粒径分布曲线相比，其分布曲线整体向左偏移，且在粒径更小处粒径质量累计到 100%。环缝喷嘴制得的铝合金粉末的平均粒径为 62.14μm，而环孔喷嘴制得的 2A14 铝合金粉末的平均粒径为 89.33μm。

由上述数据可以看出，环缝喷嘴制得的粉末较环孔喷嘴制得的铝合金粉末粒径分布更

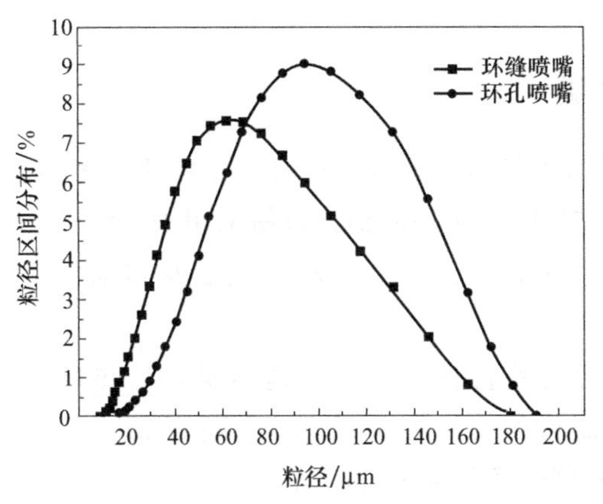

图 3-37 不同雾化喷嘴制备的 2A14 粉末区间粒径分布图

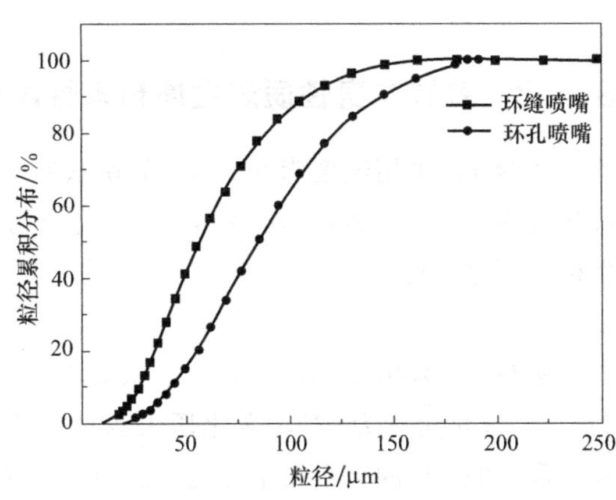

图 3-38 不同雾化喷嘴制备的 2A14 粉末累积粒径分布图

窄，且平均粒径更小。其主要原因是环孔喷嘴上是围绕中心包漏嘴等距分布的成一定角度的小孔，且通常被做成拉瓦尔管喷嘴结构以获得较大气流速度，但由于环孔间存在间隔，使得该区域气体动能较小，造成该区域高速气体与金属熔液冲击作用较弱；而环缝喷嘴采用拉瓦尔管型结构，能够使得气流从喷嘴口出来的速度超过音速，与环孔喷嘴相比气流更均匀稳定，能够更有效地将金属熔液击碎成细小颗粒。

(2) 喷嘴对球形金属粉末球形度的影响

图 3-39 和图 3-40 分别为雾化压力为 6.0MPa 时，采用环孔喷嘴和环缝喷嘴制得的 2A14 铝合金粉末 SEM 照片。由图 3-39 可以看出，绝大多数的铝合金粉末呈球形，极少粉末呈现椭球形及不规则形状，少数金属粉末出现卫星球现象；由图 3-40 可以看出，绝大多数的铝合金粉末呈球形，部分粉末出现了卫星球的现象。相比来说，环缝喷嘴制得的粉末较环孔喷嘴制得的粉末粒径更小，但卫星球现象相对严重。主要原因是高速气流从环缝喷嘴喷出时可获得更高的速度，破碎效果更好，因此可以制得更多细粉，但细粉在高速气流冲击下获得了更大的动能，增加了与未完全冷却的大粒径粉末撞击概率，即环缝喷嘴雾化制粉过程中会有更多细粉黏结在未完全冷却的大粒径粉末上，因此其卫星球现象要更严重。

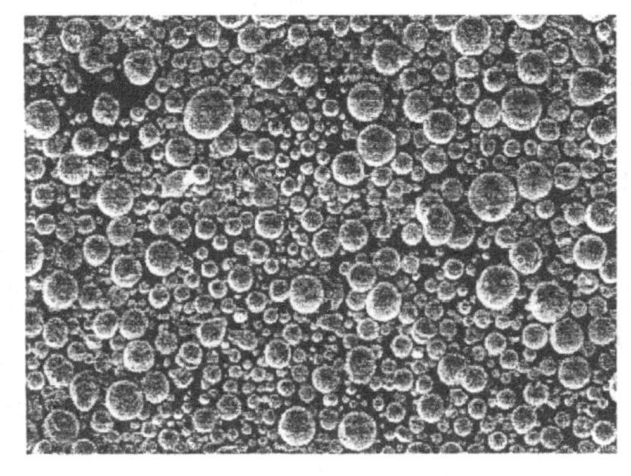

图 3-39 环孔喷嘴制得 2A14 铝合金粉末 SEM 照片

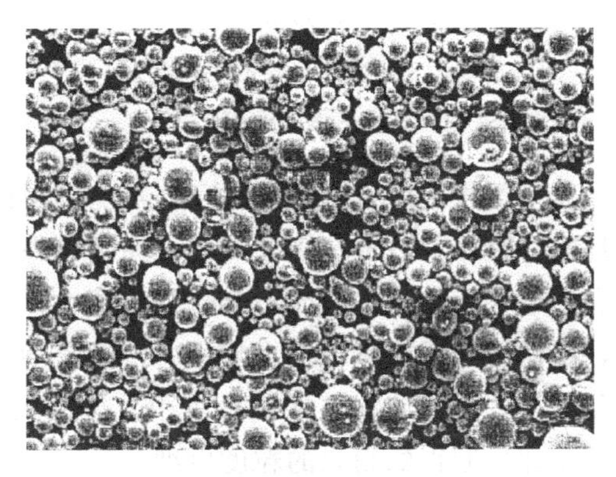

图 3-40 环缝喷嘴制得 2A14 铝合金粉末 SEM 照片

3.4.3 金属本身性质对金属粉末性能的影响

实验1：采用纯度为99.99%的块状铝、块状T2紫铜作为实验材料，采用环孔喷嘴，过热度为200℃，雾化角度为41°，雾化压力为5.5MPa，制得的铝合金粉末用45目、200目标准筛进行筛分，取－45＋200目的金属粉末作为样品进行激光粒度测试及扫描电镜分析。

实验2：采用2A14铝合金、304不锈钢作为实验材料，采用环缝喷嘴，过热度为250℃，雾化角度为41°，雾化压力为6.5MPa，制得的合金粉末用325目标准筛进行筛分，取－325目的合金粉末作为样品进行激光粒度测试及扫描电镜测试。

(1) 金属本身性质对球形金属粉末粒径及粒度分布的影响

图3-41所示为雾化压力为5.5MPa时，采用环孔喷嘴制备的铝粉和铜粉的区间粒径分布图，可以看出，铝粉和铜粉的区间粒径分布曲线均为单峰分布，且为近似正态分布。铝粉的区间粒度分布曲线相对于铜粉的区间粒度分布曲线向左偏移，且粒径分布稍窄。图3-42所示为雾化压力为5.5MPa时，采用环孔喷嘴制备铝粉和铜粉的累积粒径分布图，可以看出，铝粉的累积粒径分布曲线与铜粉的累积粒径分布曲线相比，整体向左偏移，且在粒径更小处粒径质量累计到100%。铝粉的平均粒径为135.42μm，铜粉的平均粒径为156.17μm。

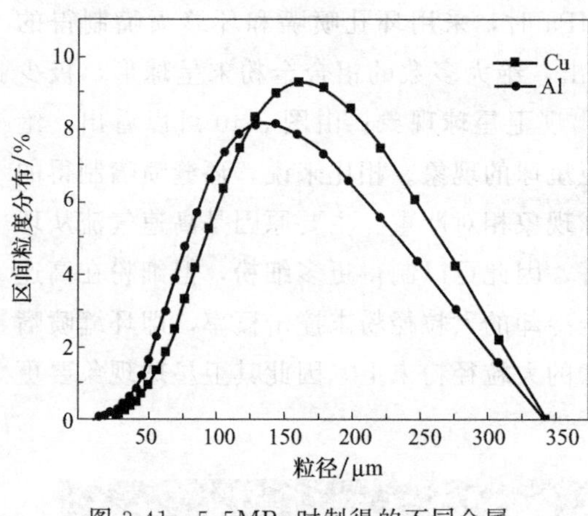

图3-41 5.5MPa时制得的不同金属粉末区间粒度分布图

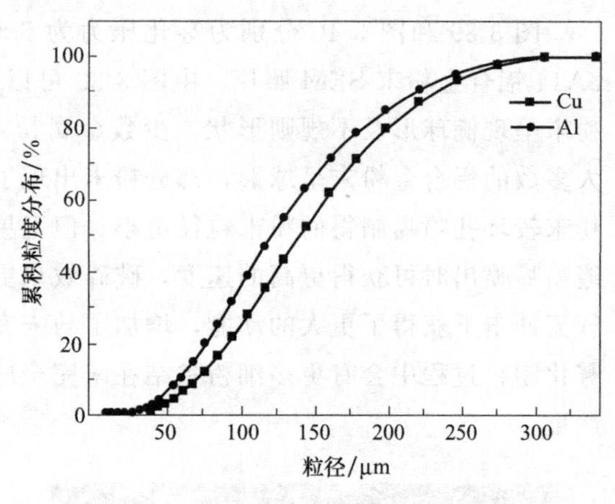

图3-42 5.5MPa时制得的不同金属粉末累积粒度分布图

以上数据可以说明，通过环孔喷嘴制得的铝粉相比铜粉材料来说，粒径分布稍窄，且平均粒径更小。造成该现象的主要原因是在其他条件不变的情况下，金属熔液的表面张力和黏度越大，制得的金属粉末粒径也越大；与之相反，当金属熔液的表面张力和黏度越小时，制得的金属粉末粒径也越小。由于在200℃的过热度下，熔融铝较熔融铜的表面张力和黏度小，因此使得在雾化过程中，熔融的铝液流更易被高速雾化气流破碎成更细小熔滴，冷却后制得的粉末的粒度更细。

图3-43所示为雾化压力为6.5MPa时，采用环缝喷嘴制备2A14铝合金粉和304不锈

钢粉末的区间粒径分布图，可以看出，2A14 铝合金粉和 304 不锈钢粉末的区间粒径分布曲线为单峰分布，且近似呈正态分布，2A14 铝合金粉的区间粒度分布曲线相对于 304 不锈钢粉末的区间粒度分布曲线向左偏移，且粒径分布更窄。图 3-44 所示为雾化压力为 6.5MPa 时，采用环缝喷嘴制备 2A14 铝合金粉以及 304 不锈钢粉末的累积粒径分布图，可以看出，2A14 铝合金粉末的累积粒径分布曲线与 304 不锈钢粉末的累积粒径分布曲线相比，整体向左偏移，且在粒径更小处粒径质量累计到 100%。2A14 铝合金粉的平均粒径为 16.55μm，304 不锈钢粉末的平均粒径为 24.89μm。

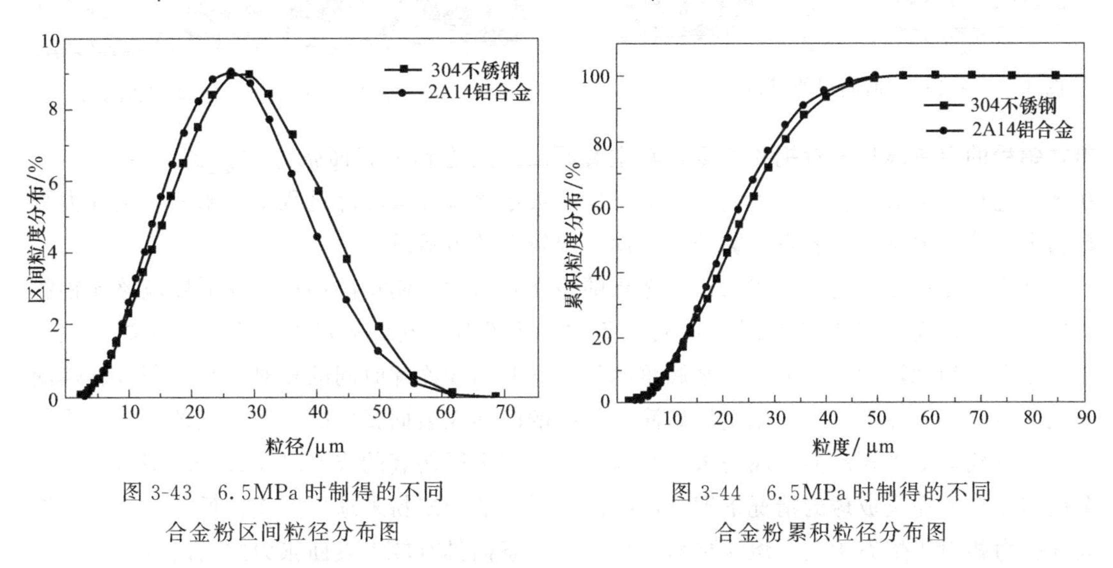

图 3-43 6.5MPa 时制得的不同合金粉区间粒径分布图

图 3-44 6.5MPa 时制得的不同合金粉累积粒径分布图

由上述数据可以看出，环缝喷嘴制得的 2A14 铝合金粉相比 304 不锈钢粉末来说，粒径分布更窄，且平均粒径更小。造成这种现象的主要原因是在其他条件不变的情况下，金属熔液的表面张力和黏度越大，制得的金属粉末粒径也越大；与之相反，当金属熔液的表面张力和黏度越小时，制得的金属粉末粒径也越小。由于在 250℃ 的过热度下，熔融 2A14 铝合金较熔融 304 不锈钢的表面张力和黏度小，因此使得在雾化过程中，2A14 铝合金熔液更易被高速雾化气流破碎成更细小熔滴，冷却后制得的粉末的粒度更细。

(2) 金属本身性质对球形金属粉末球形度的影响

图 3-45 所示为雾化压力 5.5MPa 时，采用环孔喷嘴制备的 2A14 铝合金粉末 SEM 照片。可以看出，铝粉粒径较小，球形度较高，部分粉末出现不规则形状，存在卫星球现象。

图 3-46 所示为雾化压力 5.5MPa 时，采用环缝喷嘴制备的铜粉 SEM 照片。可以看出，铜粉粒径较大，粉末间粒径差较小，绝大部分铜粉呈规则的球形，部分铜粉末出现片状和椭球形，少数铜粉出现粘连小粒径粉末现象，形成卫星球。

铝粉粒径分布范围比铜粉粒径分布范围广，同时，铝粉粒径比铜粉粒径小得多，其主要原因是铝熔液的表面张力和黏度较小，在相同的气雾化压力下，更易被破碎成细小熔滴。铝粉和铜粉都出现不同程度的卫星球现象，其主要原因是由于细小金属粉末球化及凝固的时间比粒度较大的金属粉末的球化及凝固的时间要短，所以在细小金属粉末完全球化及凝固时，粒径较大的金属粉末还未完全凝固，细小金属粉末在气流作用下黏结在粒径较大的金属粉末的表面，并随其一起凝固，从而形成卫星球。对比图 3-45 和图 3-46 可以看

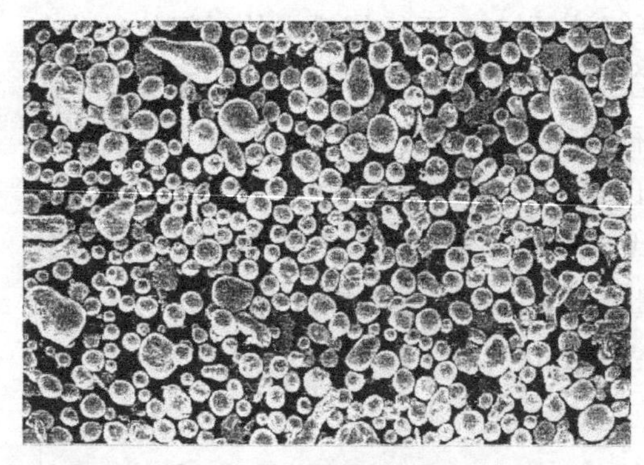

图 3-45　5.5MPa 时制得的铝粉 SEM 图片

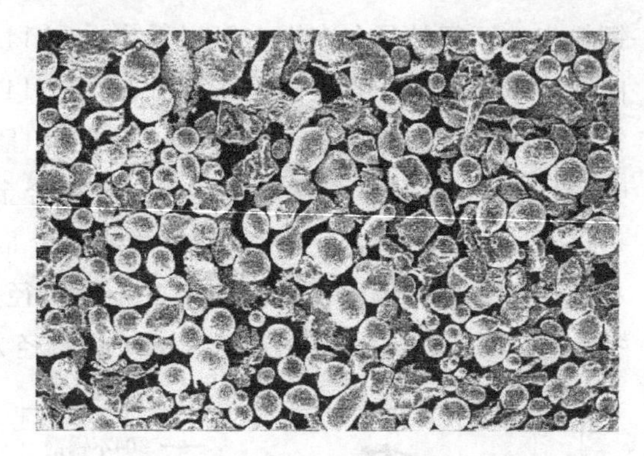

图 3-46　5.5MPa 时制得的铜粉 SEM 图片

出，铝粉的卫星球现象较铜粉严重，其主要原因是熔态铝的表面张力黏度要比熔态铜小，在破碎过程中形成大量细小熔滴，这就增加了细小熔滴在其冷却过程中与未完全凝固大颗粒粉末碰撞的概率，两者发生黏结，从而形成较多的卫星球。

理论上，熔态铜的表面张力比熔态铝的表面张力大，制得的铜粉的球形度应该比铝粉的球形度高，而由图 3-45 和图 3-46 可以看出，大部分铜粉的球形度并不比铝粉高，主要原因是金属粉球形度主要取决于金属熔滴的成球时间和冷却时间的相对大小，若金属熔滴的成球时间小于冷却时间，则金属熔滴有足够的时间在表面张力的作用下成球，进而冷却凝固，得到球形度较高的金属粉末；与此相反，若金属熔滴的成球时间大于冷却时间，则金属熔滴在未完全成球的情况下即冷却凝固，得到的金属粉末球形度便较低。虽然熔态铜表面张力相对于熔态铝大，熔滴更易成球，但熔态铜具有较大表面张力的同时也具有较大的黏度，使其在气雾化破碎过程中形成的熔滴粒径更大，粒径增大使得其成球时间的增加较其冷却时间的增加更为延长，造成其成球时间大于冷却时间，使得铜熔滴在未完全成球的情况下冷凝成铜粉，从而造成其球形度降低。

图 3-47 所示为雾化压力 6.5MPa 时，采用环缝喷嘴制得的 2A14 铝合金粉末 SEM 照片，可以看出 2A14 铝合金粉末的球形度较高，极少粉末出现不规则的形状，有卫星球现象。图 3-48 所示为雾化压力 6.5MPa 时，采用环缝喷嘴制得的 304 不锈钢粉末 SEM 照片，可以看出 304 不锈钢粉末粒径范围较为集中，粉末颗粒间粒径相差较小，绝大部分粉末呈规则球形，少部分出现片状和单面扁平的长条状，卫星球现象较少。

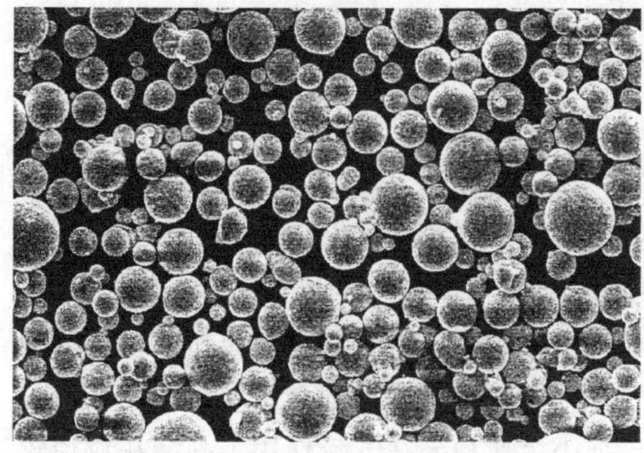

图 3-47　6.5MPa 时制得的 2A14 铝合金粉末 SEM 图片

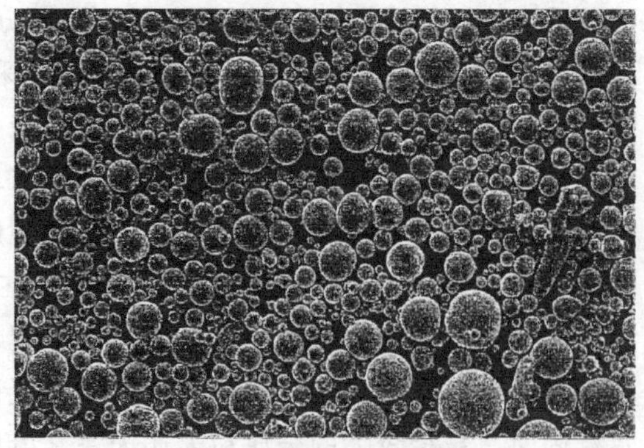

图 3-48　6.5MPa 时制得的 304 不锈钢粉末 SEM 图片

2A14 铝合金粉末和 304 不锈钢粉末都存在不同程度的卫星球现象，而 2A14 铝合金粉末粒径较 304 不锈钢粉末粒径小且卫星球现象要多，主要是因为熔态 2A14 铝合金的表面张力和黏度均较小，在相同雾化压力下，更易被破碎成细小熔滴，因此粉末粒径小；同时也增加了细小熔滴在其冷却过程中与未完全凝固大粒径粉末碰撞并发生黏结的概率，从而形成较多的卫星球。

3.5 金属粉末的其他检测方法

3.5.1 X 射线衍射分析

X 射线衍射分析（X-Ray Diffraction）是利用 X 射线衍射原理，对样品内部原子空间分布状况进行结构分析的方法。其原理是当一定波长的 X 射线照射到样品上时，由于 X 射线在样品内部遇到排列规则的原子或离子而发生散射，散射的 X 射线在特定的方向上得到加强，进而得到与样品内部结构相对应的特有的衍射现象。

物相分析使用德国布鲁克 AXS 公司 D8 X 射线衍射仪进行分析（见图 3-49），取少量粉末样品于样品台，用玻璃片将其压平，进行物相分析。选用 Cu 靶，Kα 射线，X 射线衍射角度为 30°～100°。

图 3-49 布鲁克 AXS 公司 D8 ADVANCE X 射线衍射仪

3.5.2 金相组织分析

光学显微组织的观察使用日本 Olympus GX41 光学显微镜（见图 3-50）。将粉末样品进行冷镶嵌。样品首先在 600 的金相砂纸磨去表面的环氧树脂层并将试样磨平，然后使用金相砂纸一直磨至1000，抛光采用粒度为W1.0和W0.5的金刚石研磨膏。2A14铝合金粉试样采用1mL的氢氟酸和200mL蒸馏水配制的氢氟酸水溶液作为腐蚀液，铜粉采用5g $FeCl_3$，15mL HCl和100mL蒸馏水配置的水溶液作为腐蚀液，304不锈钢采用体积比为1∶1的盐酸、硝酸溶液作为腐蚀液。

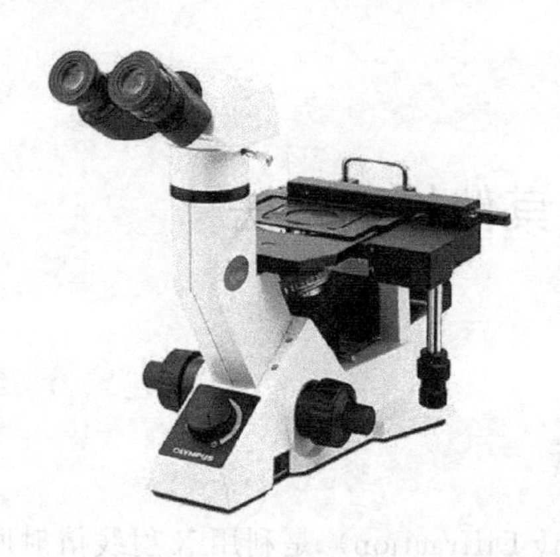

图3-50 Olympus GX41光学显微镜

3.5.3 扫描电镜分析

扫描电镜（Scanning Electronic Microscope，SEM）是采用电子束对样品进行扫描并进行检测的方法。其工作原理是电子束在样品表面激发出与该电子束入射角相关的次级电子，产生次级电子的数量与样品的表面结构有关，这些次级电子被探测体收集，通过闪烁器转变为光信号，再经光电倍增管、放大器转变为电信号后通过荧光屏反映出来，进而显示出与电子束同步的表征标本表面结构的立体图像。

图3-51所示为美国FEI Quanta 250F场发射扫描电子显微镜对样品进行表面形貌观察的场景。具体过程是将导电胶黏结在样品台上，均匀地将粉末试样撒在导电胶上，用洗耳球吹去多余粉末后在扫描电镜下对其形貌进行观察。

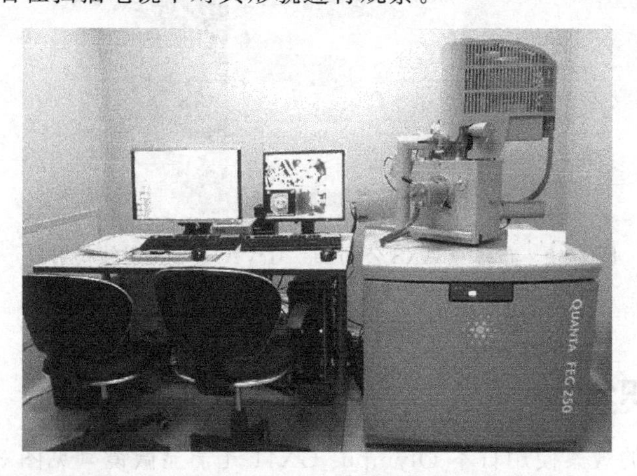

图3-51 FEI Quanta 250F场发射扫描电镜

3.5.4 平均粒径及粒度分布分析

激光粒度仪是利用颗粒能够使激光产生散射的原理进行粒度分布测试的。激光具有良好的单色性以及极强的方向性，因此，当一束平行的激光在无阻碍的空间内传播时，可以传播到无限远且极少出现发散现象。当激光束遇到颗粒阻挡时，一部分光将发生散射。散射现象的发生使其传播方向与原主光束的传播方向成一个夹角 θ。而该散射角 θ 的大小主要与颗粒粒径有关，颗粒越大，发生散射的激光的 θ 角越小；相反，颗粒越小，发生散射的激光的 θ 角越大。而某尺寸颗粒的数量取决于散射激光的强度。激光粒度仪就是利用这个原理在不同的角度上测量散射激光的强度，进而测得颗粒样品的粒度分布。

图 3-52 所示为采用英国马尔文激光粒度仪对样品进行平均粒径及粒度分布的测试实验，分散溶剂为去离子水。将测试系统加入足量的去离子水，打开超声振动，对系统进行校准，加入试样，待浓度在正常浓度范围内后，进行平均粒径及粒度分布的测试。

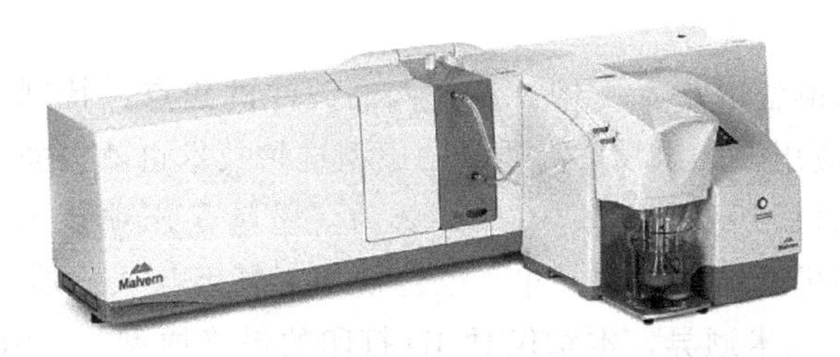

图 3-52 英国马尔文激光粒度仪

复习思考题

3-1 简述 3D 打印（工艺及设备）对粉体材料的一般要求。

3-2 简述金属基粉体材料制备的发展现状并列举一种具体的制粉技术。

3-3 简述雾化压力对球形金属粉末性能的影响。

3-4 简述不锈钢粉末和铝粉在 3DP 工艺过程中的差异。

3-5 简述金属粉末检测方法有哪些。

3-6 金属粉末检测主要涉及的参数有哪些。

第4章

3D打印产品的质量分析及后处理

3D 打印技术自从诞生以来，质量一直是人们关注的焦点，特别是在金属零件 3D 打印在模具制造方面的应用，如果没有高质量的原型这种技术也就失去了意义。不论是研究人员、开发商、制造商、服务商还是用户都认为，质量是该项技术工业化应用的关键。3D 打印的原型质量同机械加工零件一样，也包括加工精度与表面质量两方面内容。考虑到 3D 打印分类众多、技术迥异，本章仅对 3D 打印的最终原型——SLM 成型件，来进行质量分析及后处理的相关介绍。

4.1 选区激光熔化（SLM）成型件性能分析

SLM 成型件性能受成型材料粉末本身和工艺参数的影响，具体包括显微组织、物相、显微硬度等方面。本章重点分析 304L 和 316L 不锈钢粉末的 SLM 成型件材料性能。

4.1.1 SLM 成型件金相分析

(1) −250 目水雾 304L 粉末 SLM 成型件

图 4-1 所示为不同工艺参数下 −250 目水雾 304L 粉末 SLM 成型件金相图，可以看出，在相同的扫描间距下（0.07mm），随着激光功率和扫描速度不同，成型件的孔隙连通程度发生明显变化。其中图 4-1（a）中孔隙多为不连通，而图 4-1（b）孔隙连通程度明显。除工艺参数外，孔隙结构还会受到粉末粒度的影响，粉末较粗则孔隙分布与扫描方向不平行；粉末较细则孔隙分布与扫描方向平行。

(2) −500 目水雾 316L 粉末 SLM 成型件

图 4-2 所示为 −500 目水雾 316L 粉末 SLM 成型件金相图。其工艺参数为激光功率

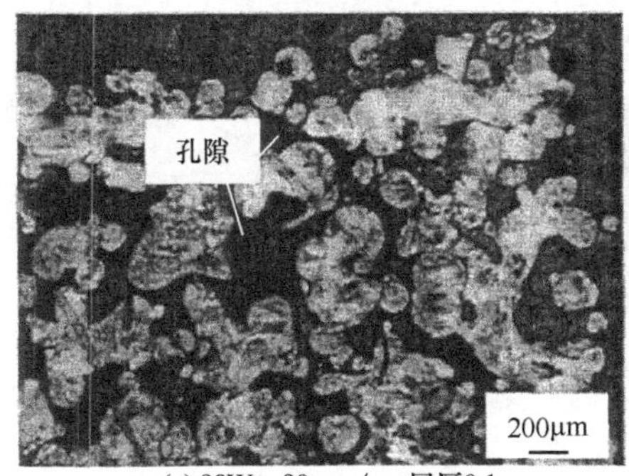

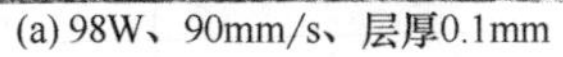
(a) 98W、90mm/s、层厚0.1mm

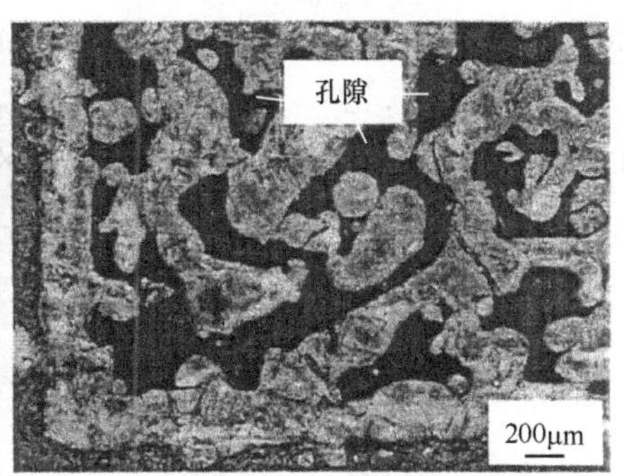

(b) 70W、120mm/s、层厚0.15mm

图 4-1 －250 目水雾 304L 粉末 SLM 成型件金相图

50W，扫描速度 70mm/s，扫描间距 0.03mm，层厚 0.1mm。可以看出，孔隙分布基本上与扫描方向平行，较少出现垂直于扫描方向的孔隙；材料内部仍然存在少量近圆形的孔洞。

图 4-2 －500 目水雾 316L 粉末 SLM 成型件金相图

(3) －800 目气雾 316L 粉末 SLM 成型件

图 4-3 所示为－800 目气雾 316L 粉末 SLM 成型件金相图。其工艺参数为激光功率 98W，扫描速度 90mm/s。可以看出，成型件仍存在有少数孔隙，且孔隙结构近似为圆弧形，显示出熔池的冷却过程；成型时由于激光对基体的部分重熔，熔池冷却时靠近基体处散热快，因此冷却后的组织呈现出明显的方向性，即组织沿圆弧径向生长。

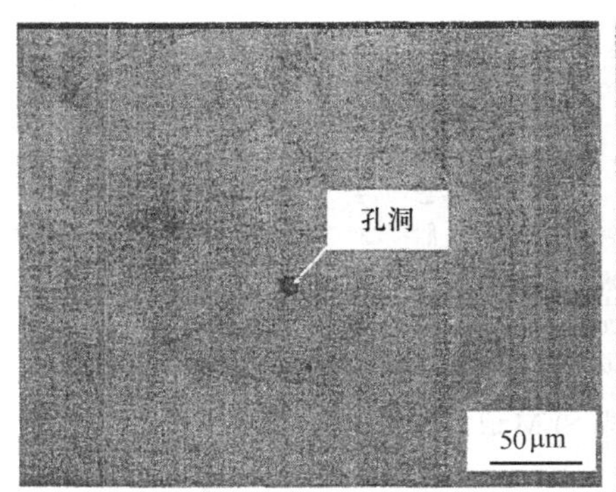

(a) 扫描间距为0.07mm、层厚0.07mm

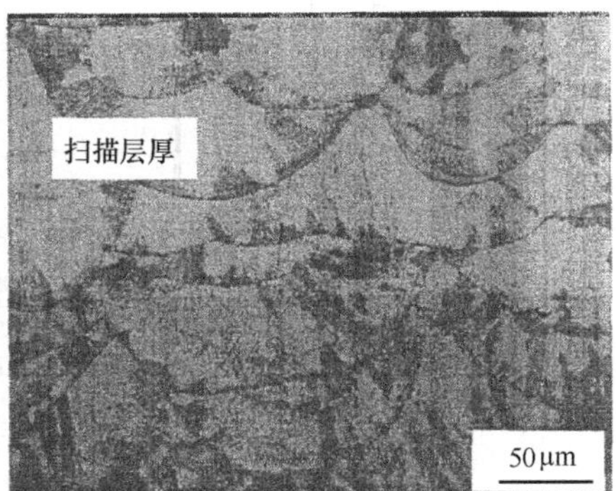

(b) 扫描间距0.05mm、层厚0.05mm

图 4-3 －800 目气雾 316L 粉末 SLM 成型件金相图

4.1.2 SLM 成型件 X 射线衍射（XRD）物相分析

(1) －250 目水雾 304L 粉末 SLM 成型件

图 4-4 所示为－250 目水雾 304L 粉末 SLM 成型件 XRD 衍射图。可以看出，成型件

物相为 304 不锈钢，其晶面间距 d_{111} = 2.0750 埃（埃：晶体学长度单位，1 埃 = 1×10^{-10} m），d_{200} = 1.7961 埃，d_{220} = 1.2697 埃，d_{311} = 1.0828 埃，d_{222} = 1.0368 埃，说明 SLM 过程中未形成新的物相，能较好保持原粉末的物相。

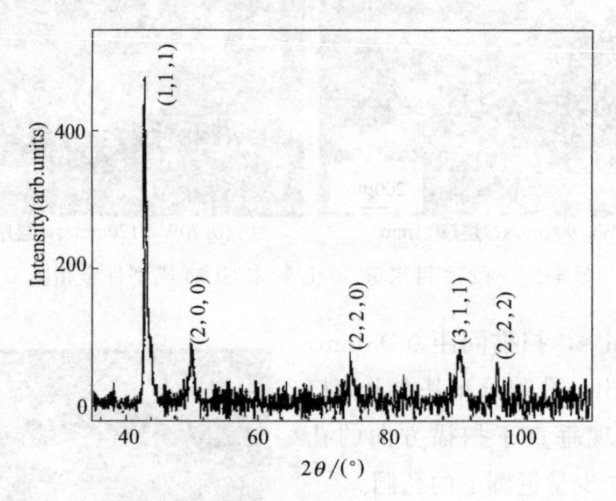

图 4-4 －250 目水雾 304L 粉末 SLM 成型件的 XRD 衍射图

（2）－800 目气雾 316L 粉末 SLM 成型件

图 4-5 所示为－800 目气雾 316L 粉末 SLM 成型件 XRD 衍射图。可以看出，成型件物相为奥氏体不锈钢，其晶面间距 d_{111} = 2.0790 埃，d_{200} = 1.8000 埃，d_{220} = 1.2720 埃，d_{311} = 1.0850 埃，说明 SLM 过程中未形成新的物相，能较好保持原粉末的物相。

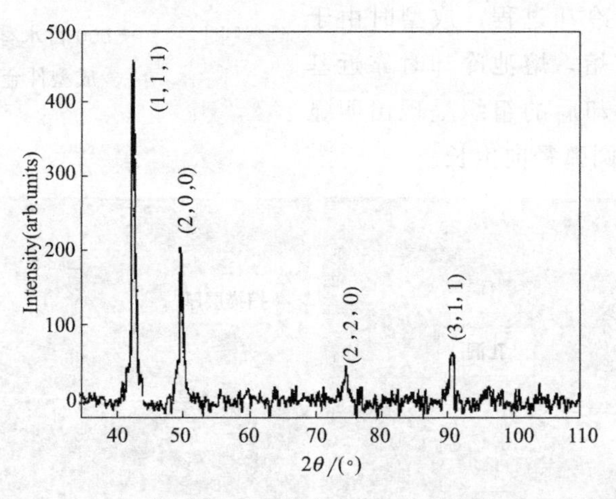

图 4-5 －800 目水雾 316L 粉末 SLM 成型件的 XRD 衍射图

通过上述粉末 SLM 成型件的物相分析表明，不锈钢粉末 SLM 成型前后物相没有变化，物相为单一成分，成分分布较均匀。

4.1.3 SLM 成型件扫描电镜（SEM）分析

（1）304L 粉末 SLM 成型件

图 4-6（a）和图 4-7（a）所示为 304L 粉末 SLM 成型件扫描电镜图。从被测点的能

量色散光谱［图4-6（b）和图4-7（b）］及其成分（表4-1和表4-2）测量结果可以看出，晶粒较细，约几微米；晶界及晶粒的成分一致，说明无Cr的析出相；能量色散光谱的成分结果进一步验证了304L成型件材料含有奥氏体元素。

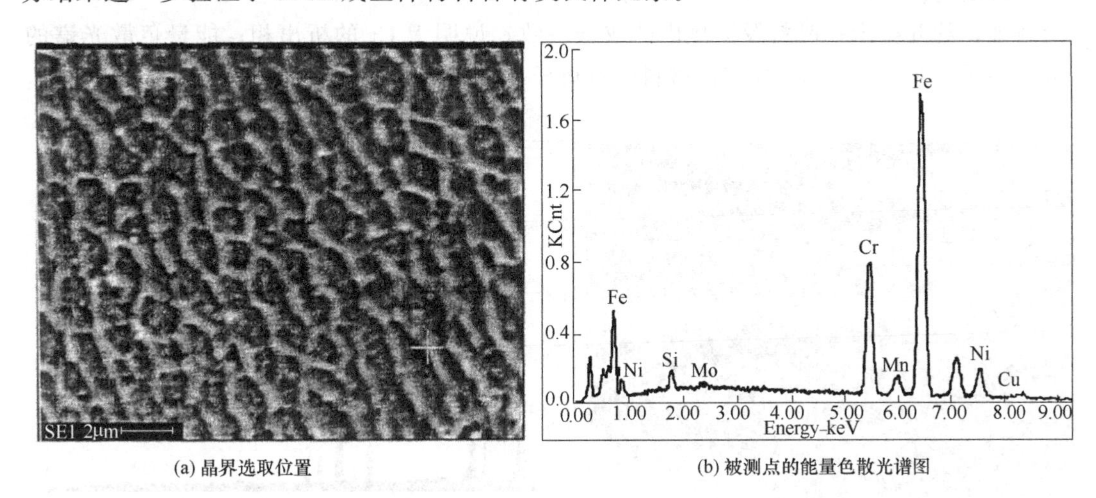

(a) 晶界选取位置　　(b) 被测点的能量色散光谱图

图4-6 304L粉末SLM成型件SEM分析晶界成分结果

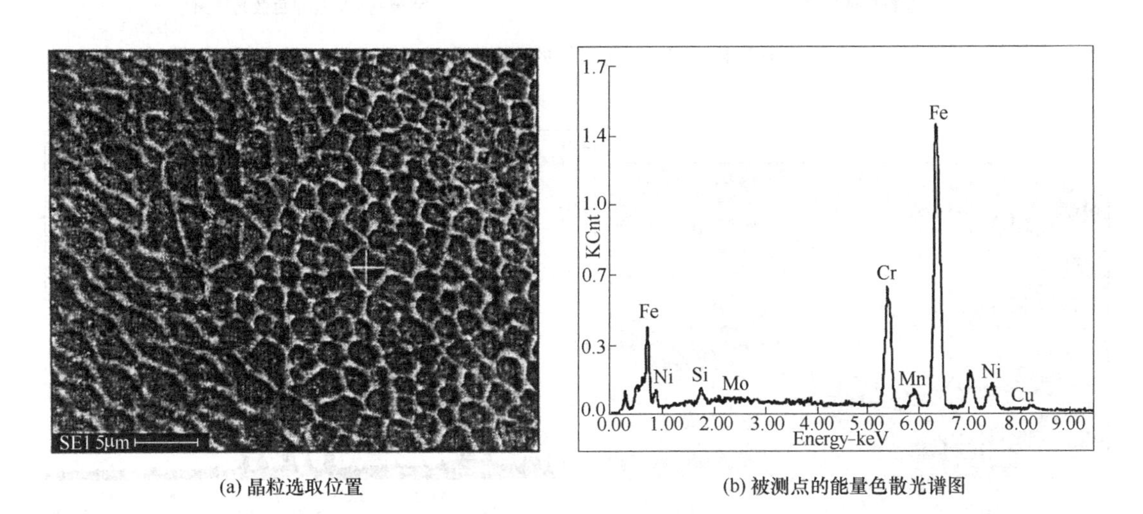

(a) 晶粒选取位置　　(b) 被测点的能量色散光谱图

图4-7 304L粉末SLM成型件SEM分析晶粒成分结果

表4-1 被测点［图4-6（a）］成分表 %

元素	重量百分比	原子数百分比
Si	1.52	2.96
Mo	1.11	0.63
Cr	18.57	19.60
Mn	0.45	0.45
Fe	67.26	66.07
Ni	9.98	9.33
Cu	1.10	0.95

表4-2 被测点［图4-7（a）］成分表 %

元素	重量百分比	原子数百分比
Si	1.43	2.79
Mo	0.75	0.43
Cr	17.50	18.46
Mn	0.47	0.47
Fe	69.36	68.10
Ni	9.81	9.16
Cu	0.69	0.59

(2) 316L粉末SLM成型件

图4-8（a）和图4-9（a）所示为316L粉末SLM成型件扫描电镜图。从被测点的能量色散光谱［图4-8（b）和图4-9（b）］及其成分（表4-3和表4-4）测量结果可以看出，晶粒较细，约几微米；晶粒及区域内的成分一致，说明无Cr的析出相；能量色散光谱的成分结果进一步验证316L成型件材料含有奥氏体元素。

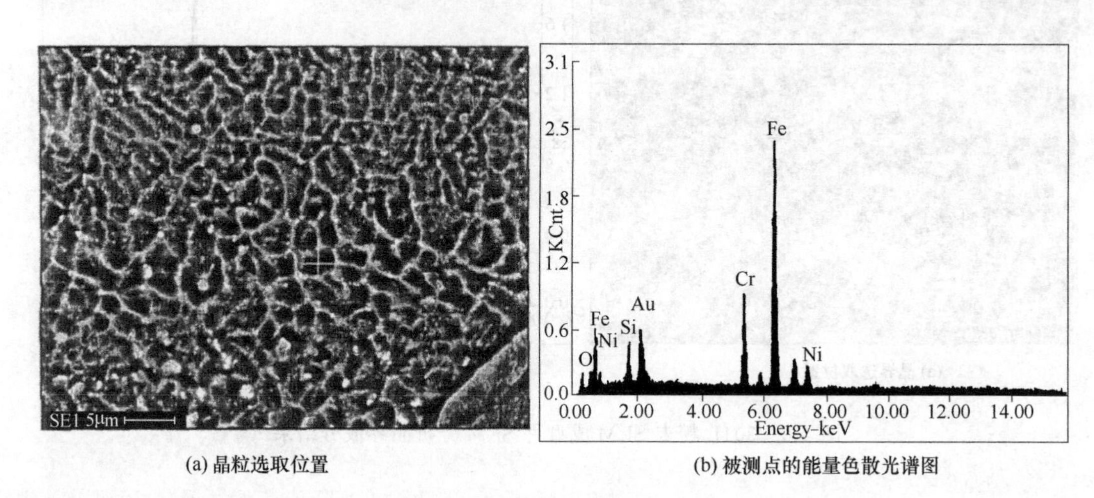

(a) 晶粒选取位置 (b) 被测点的能量色散光谱图

图4-8 316L粉末SLM成型件的SEM分析晶粒成分结果

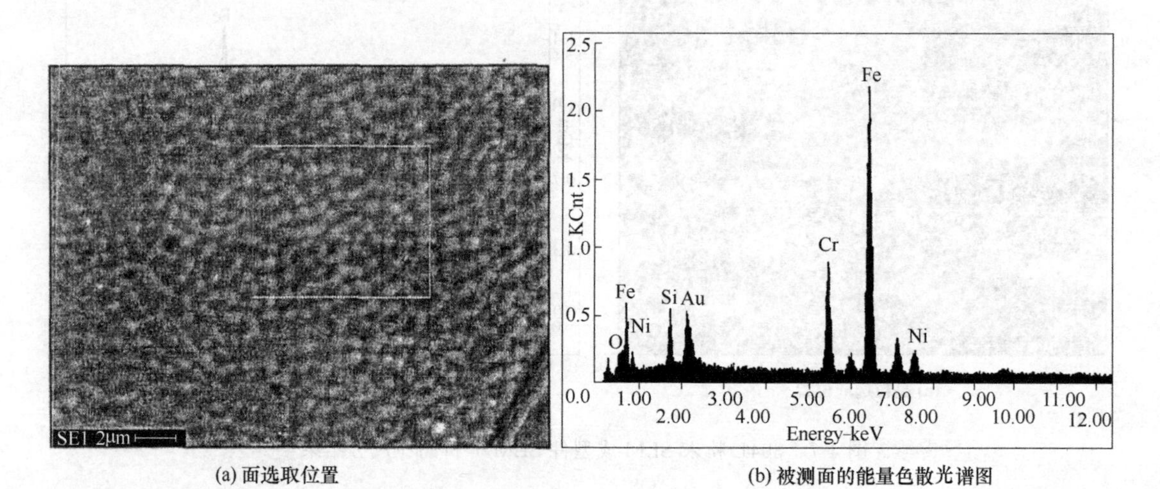

(a) 面选取位置 (b) 被测面的能量色散光谱图

图4-9 316L粉末SLM成型件的SEM分析结果

表4-3 被测点［图4-8（a）］成分表 %

元素	重量百分比	原子数百分比
O	3.01	9.35
Si	4.20	7.43
Cr	15.79	15.09
Fe	67.82	60.35
Ni	9.18	7.77

表4-4 被测面［图4-9（a）］成分分布 %

元素	重量百分比	原子数百分比
O	2.83	8.79
Si	4.65	8.24
Cr	15.84	15.15
Fe	66.21	58.95
Ni	10.47	8.87

4.1.4 SLM成型件显微硬度分析

利用MicroMet2104显微硬度计测量SLM成型件硬度。图4-10（a）、（b）分别为－250目水雾304L粉末和－800目气雾316L粉末SLM成型件显微硬度与激光能量密度之间的关系图。可以看出，激光能量密度对两种成型件的显微硬度影响不大，显微硬度分布在200HV和230HV附近，表明金属材料的力学性能较稳定。

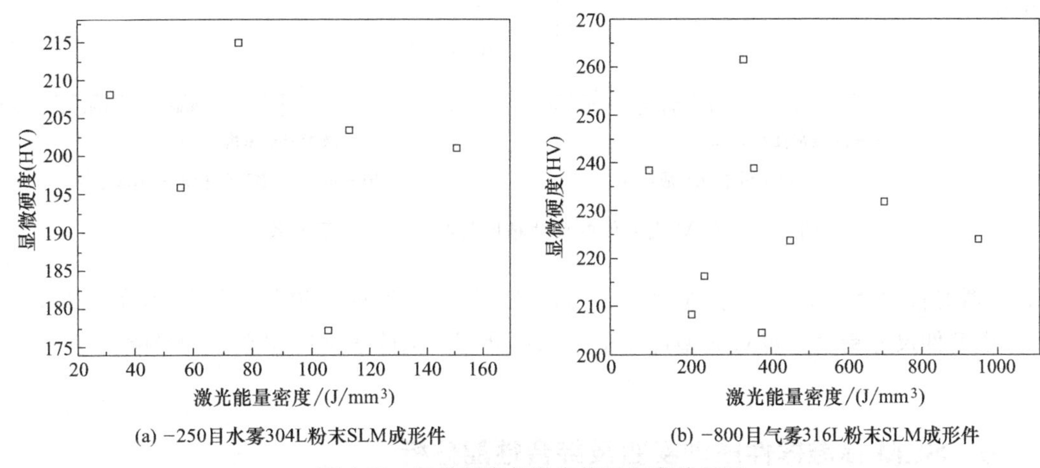

(a) －250目水雾304L粉末SLM成形件　(b) －800目气雾316L粉末SLM成形件

图4-10　显微硬度与激光能量密度关系图

4.1.5 SLM成型件尺寸精度分析

SLM成型件的尺寸精度受粉末特性、工艺参数的影响。粉末的特性包括粉末成分、粒形和粒度分布等。粉末成分决定液态金属的润湿能力。润湿能力差，则成型过程控制困难，尺寸精度难以保证。在液态金属表面张力作用下，粉末粒形和粒度分布影响着成型轨迹的线宽及外形，从而影响到成型件的尺寸精度及表面粗糙度。影响尺寸精度的工艺参数主要包括激光功率、扫描速度、扫描间距和分层厚度等，这些参数可以被综合为一个变量来考虑——激光能量密度。因此，SLM工艺重点就是研究激光能量密度和粉末特性对成型件尺寸精度的影响。

图4-11（a）、（b）分别为－250目水雾304L粉末和－800目气雾316L粉末SLM成型件边长尺寸与激光能量密度之间的关系图。可以看出，激光能量密度对两种成型件的边长尺寸影响不大，边长尺寸精度主要受粉末粒径和粒度分布的影响。粒径越大，则成型件的边长尺寸就越远离理论尺寸。－250目水雾304L粉末平均粒径约65μm，成型件边长尺寸平均为17.50mm，该值与理论尺寸偏离程度较大；－800目气雾316L粉末平均粒径约2μm，成型件边长尺寸平均为16.34mm，该值与理论尺寸偏离程度较小。因此，要提高SLM成型件的尺寸精度，需要进一步降低粉末粒度。

SLM成型件的尺寸精度受粉末粒度分布的影响的主要原因是：①液态金属对其周围粉末颗粒具有吸附作用；②在成型过程中，热影响会使成型轨迹周围的粉末出现固相烧

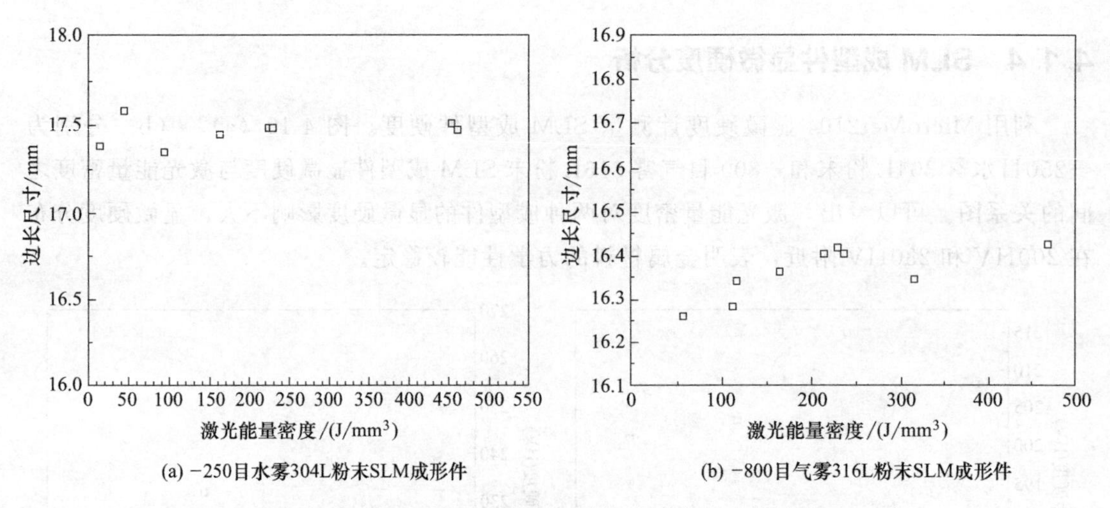

图 4-11 SLM 成型件的尺寸精度与激光能量密度关系图

结；③激光能量密度越大、扫描速度越低，则液相存在时间越长、熔池越宽。为提高 SLM 成型件尺寸精度，可对成型件作适当的后处理以消除表面吸附颗粒的影响。

4.1.6 SLM 标准样件成型实验及综合性能分析

选择粒度和收缩率较小的 420 不锈钢粉末作为直接金属成型的打印材料，通过 SLM 工艺制作出标准样件并对其各项性能进行研究。按照金属材料拉伸试验（国标 GB/T 228.1—2010）选定金属试样的形状和尺寸进行制备，具体参数如图 4-12、表 4-5 和表 4-6 所示。

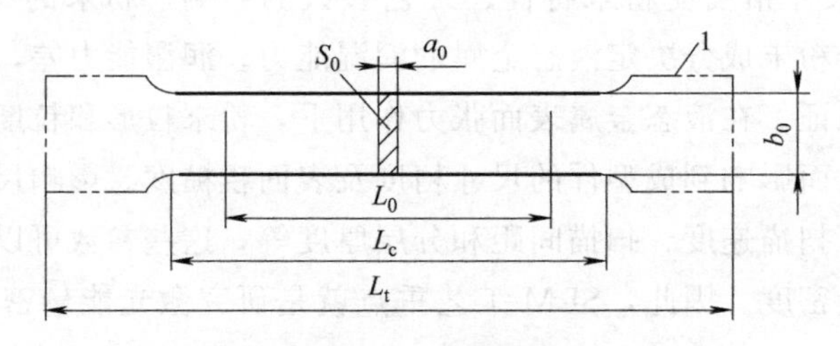

图 4-12 矩形截面试样

a_0—板试样原始厚度或者管壁原始厚度；b_0—板试样平行长的原始宽度；L_0—原始标距；L_c—平行长度；L_t—试样总长度；S_0—平行长度的原始横截面积；1—夹持部位

本研究中试样为扁材，厚度 a_0 取 7mm，b_0 取 12.5mm，比例系数 K 取 5.65，R 取 15mm，通过计算可知 L_0 为 44mm，L_c 为 57mm。

在进行金属试样打印的关键成型工艺参数中，分层厚度为 175μm；辊筒转速为 90rpm，辊筒沿水平方向的线速度为 75mm/s，表 4-7 所示为喷射溶液配方。从打印结果可以看出，试样表面轮廓清晰，粉末黏结较充分，无断裂，只有极少量的粉末溢出；试样颜色、尺寸及形状与 3D 模型明显无差异（见图 4-13 和图 4-14）。

表 4-5 试样的主要类型

产品类型	
薄板-板材-扁材	线材-棒材-型材
厚度	直径或边长
$0.1\leqslant a_0<3$	—
—	<4
$a_0\geqslant 3$	$\geqslant 4$

表 4-6 矩形截面比例试样 mm

<table>
<tr><th rowspan="2">b_0</th><th rowspan="2">R</th><th colspan="3">$K=5.65$</th><th colspan="3">$K=11.3$</th></tr>
<tr><th>L_0</th><th>L_c</th><th>编号</th><th>L_0</th><th>L_c</th><th>编号</th></tr>
<tr><td>12.5</td><td rowspan="5">$\geqslant 12$</td><td rowspan="5">$5.56\sqrt{S_0}$</td><td rowspan="5">$\geqslant L_0+1.5\sqrt{S_0}$
仲裁实验：
$L_0+2\sqrt{S_0}$</td><td>P7</td><td rowspan="5">$11.3\sqrt{S_0}$</td><td rowspan="5">$\geqslant L_0+1.5\sqrt{S_0}$
仲裁实验：
$L_0+2\sqrt{S_0}$</td><td>P7</td></tr>
<tr><td>15</td><td>P8</td><td>P8</td></tr>
<tr><td>20</td><td>P9</td><td>P9</td></tr>
<tr><td>25</td><td>P10</td><td>P10</td></tr>
<tr><td>30</td><td>P11</td><td>P11</td></tr>
</table>

注：如相关产品标准无具体规定，优先采用比例系数 $K=5.65$ 的比例试样。

表 4-7 喷射溶液配方 %

成分	材料	质量百分比	成分	材料	质量百分比
溶剂	去离子水	85	表面活性剂	聚二甲基硅氧烷	0.2
着色剂	墨水	13.5	防腐剂	对苯二酚	0.3
增流剂	PVP	1.0			

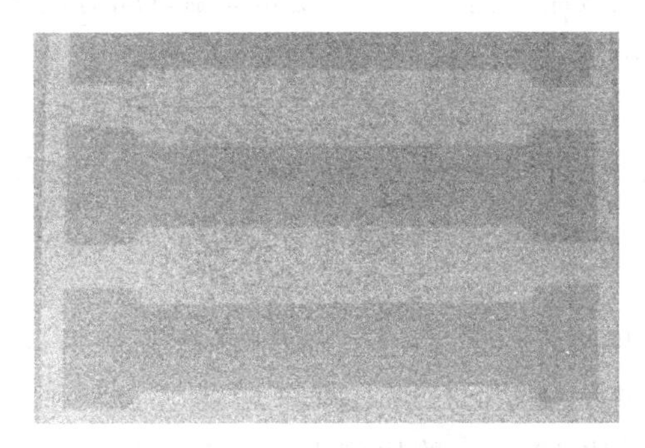

图 4-13 逐层打印的粉层表面

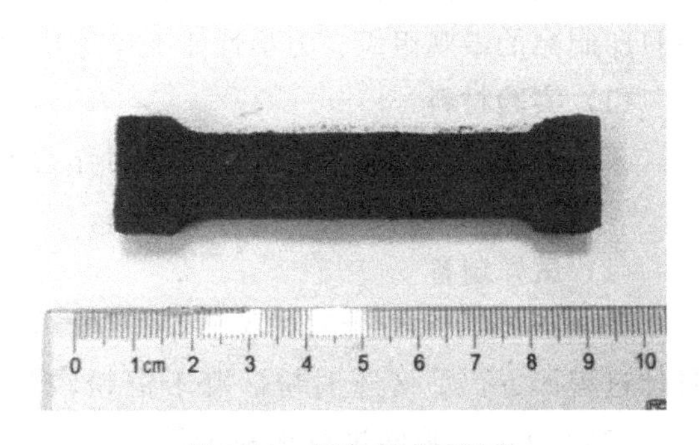

图 4-14 打印完成后试样

用天平对所有试样进行测量并取平均值，得到试样密度 ρ 为 3500kg/m^3。表 4-8、表 4-9 分别为 420 不锈钢材料本身及其 SLM 试样的性能参数。

表 4-8 420 不锈钢材料的性能参数

参数	密度 /(kg/m³)	抗拉强度 /MPa	屈服强度 /MPa	硬度 (HRC)	弹性模量 /GPa	延伸率 /%	断面收缩率 /%
数值	7800	1720	1480	52	200	8	25

表 4-9 打印的金属试样（无后处理）性能参数

参数	密度 /(kg/m³)	抗拉强度 /MPa	屈服强度 /MPa	硬度 (HRC)	弹性模量 /GPa	延伸率 /%	断面收缩率 /%
数值	3500	78.4	58.3	5	18.8	3.1	18.7

对比表 4-8 和表 4-9 中数据可以发现，打印得到的金属试样与 420 不锈钢材料在各项性能上都存在巨大差距。其最主要的原因是打印及铺粉过程中粉末颗粒间存在大量孔隙，导致粉床致密度过低所致。因此，后续烧结及后处理工艺必不可少。

4.2 烧结及后处理工艺研究

烧结是金属 3D 打印制品的一个重要环节，直接影响产品的最终质量。烧结结果宏观上表现为产品外形收缩，微观上表现为金属粉末颗粒间的空隙减少，甚至消失。为详细描述后处理工艺的典型特征，本节对 SLM 制件仅通过烧结来提高强度这方面内容不再做详细阐述，而重点介绍含黏结剂成分较多的金属 3D 打印制件的烧结及后处理工艺，如通过金属粉末注射成型（MIM）、DoP 物理黏结型 3D 打印、金属浆料挤出 3D 打印等工艺制备的试件，这些制件的共同特点是由于黏结剂与粉末的体积比较大（约 50%）且没有压力及模具的约束，因此坯料烧结后会产生较大收缩（约 20%），并常伴有开裂、塌陷等现象。

4.2.1 烧结实验过程

本实验主要是以低熔点石蜡作为黏结剂，研究脱脂工艺、烧结温度和保温时间对铜浆料打印制品的微观组织、力学性能及尺寸精度的影响。

（1）实验材料

实验选用 2μm 铜粉和 0.5μm 铜粉作为基材，两种铜粉的 SEM 照片如图 4-15 和图 4-16所示。

（2）试样制备

将 2μm 铜粉和切片石蜡按质量比 100∶9 的比例进行混合，采用混料器配制铜浆料。具体过程如下：①筛选铜粉，由于铜粉较易聚团，为防止打印过程中堵塞喷头，利用 200～300 目标准筛网进行铜粉的筛选；②按质量比 100∶9 的比例来称取铜粉和切片石蜡；③将石蜡加入到混料器的料桶中，打开加热系统进行加热；④当温度达到 60～65℃时石蜡开始融化，待石蜡完全融化后倒入铜粉，用吊机搅拌均匀后进行振动以去除气泡，待浆料完全凝固后取出棒料。

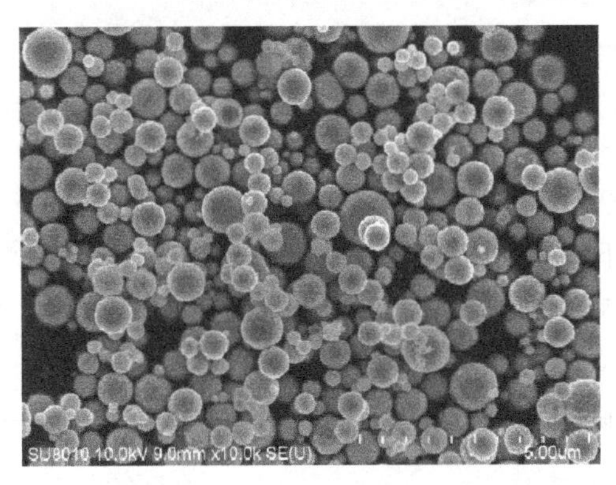

图 4-15 2μm 铜粉的 SEM 照片

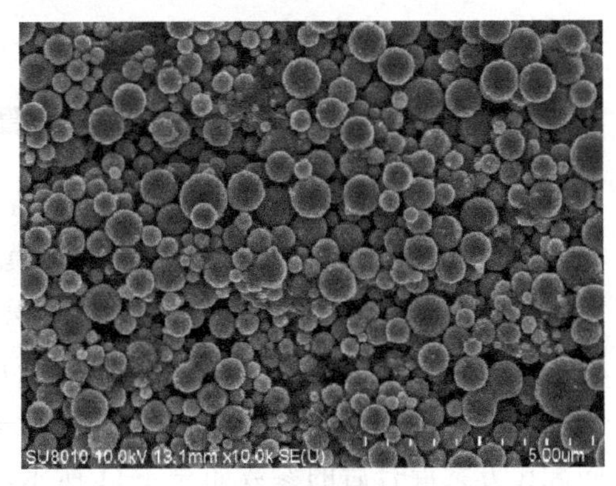

图 4-16 0.5μm 铜粉的 SEM 照片

(3) 不同温度下烧结工艺设计

为研究烧结机理，将坯料在不同温度下保温 3 小时，以确定每个温度下铜粉的烧结情况，之后进行材料分析，研究其成型机理，以便优化烧结工艺参数。具体实验过程是：温度设置从 200℃开始，依次增加 100℃，直到 1000℃，每个温度下保温 3h，取出试样后，测量每个阶段的密度、体积变化、烧损比等参数，利用 SEM 分析，观察每个温度下的微观形貌，研究其成型机理。

(4) 烧结工艺试样设计

为优化烧结工艺，从加热速度、加热温度、保温时间、冷却时间四个方面改变烧结参数并进行优化，参数设置见表 4-10。

表 4-10 烧结参数表

实验组数	加热速度/(℃/min)	加热温度/℃	保温时间/min	冷却时间/min
1	2	950	90	炉冷
2	5	950	90	炉冷
3	7	950	90	炉冷
4	10	950	90	炉冷
5	5	950	90	炉冷
6	5	800	90	炉冷
7	5	900	90	炉冷
8	5	950	90	炉冷
9	5	1000	90	炉冷
10	5	1050	90	炉冷
11	5	1000	30	炉冷
12	5	1000	60	炉冷
13	5	1000	90	炉冷
14	5	1000	120	炉冷
15	5	1000	150	炉冷
16	5	1000	90	90
17	5	1000	90	120
18	5	1000	90	150
19	5	1000	90	180

4.2.2 不同颗粒配比下的理论计算

首先通过建模，得到2μm与0.5μm两种颗粒配比下的CAD模型（见图4-17）。

通过理论计算可知，在该CAD模型结构下0.5μm铜粉个数为896，总体积为58.64μm^3；2μm铜粉个数为64，总体积为267.95μm^3。首先将2μm与0.5μm的铜粉按质量比9∶1进行混合，再按前述方法完成棒料制备，脱脂后进行烧结。通过对比不同试样的密度、烧损比、收缩比、SEM分析等指标，确定出最佳的配比方式。两种铜粉按不同配比方案混合后的参数如表4-11所示。

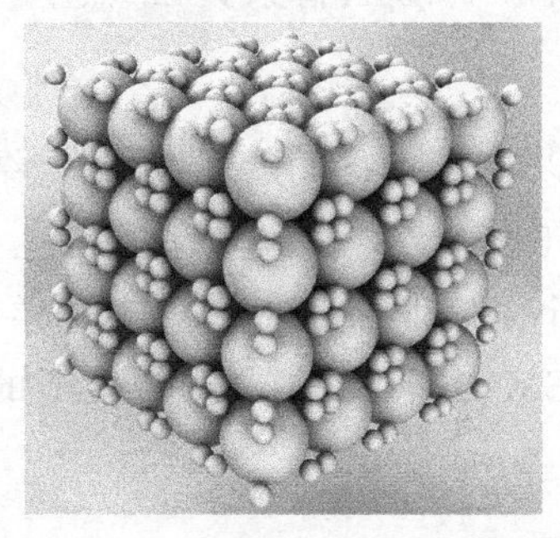

图4-17　2μm和0.5μm混合模型

表4-11　2μm与0.5μm铜粉的混合比例　　%

实验组	2μm铜粉	0.5μm铜粉	石蜡
1	10	90	9
2	20	80	9
3	30	70	9
4	40	60	9
5	50	50	9
6	60	40	9

（1）密度测试方法

密度是粉末烧结性能测试的一个重要标准，可利用排水法进行测定。选用浸润性极佳的二甲苯溶液作为测试溶液。

（2）金相组织观察及SEM分析

首先用细砂纸打磨试样，待表面抛光后用$FeCl_3$水溶液进行腐蚀，再用酒精溶液进行清洗，然后在光学显微镜下进行观察，初步确定烧结相；以相同方式处理后的样件在扫描电镜下观察其微观组织结构。

（3）热重测试分析

在惰性气体保护下，将试样以5℃/min的加热速度从室温加热到1000℃。通过实验数据，分析试样在烧结过程中的质量和热量变化，结合SEM分析结果总结烧结成型机理。

4.2.3 实验结果及分析

（1）烧结温度对成型质量的影响

不同温度下，铜粉颗粒内部的原子运动和颗粒间的扩散能力不同，这些都会影响到最终的烧结质量。图4-18（a）所示是烧结温度分别为800℃、850℃、900℃、950℃、1000℃、1050℃时，对样品进行烧结的硬度、密度变化曲线。由图可知，随着温度的升高，试样密度总体来说逐渐增加，在900℃之后趋于平稳，在950℃时密度最大，约为8.1g/cm^3，相对致密度达到理论密度的90.4%。烧结试验的硬度在1000℃之前基本维持在60HV左右，明显高于纯铜铸件硬度，而当温度达到1050℃时，该温度已接近铜的熔点，试样硬度迅速下降，其值与普通铸件相当。图4-18（b）所示是尺寸收缩和烧损比随温度变化的情况，由图可知，尺寸收缩随温度升高而不断加大，最大可达15%，主要原因是随着温度升高，颗粒之间烧结颈增大，颗粒间结合变得紧密，造成宏观上的尺寸收缩增加；随着温度的升高，烧损比的变化情况与尺寸收缩类似，有一个上升的趋势，但变化不是很大，结合铜浆料中蜡的质量分数为8.26%，说明此时蜡已基本脱完。

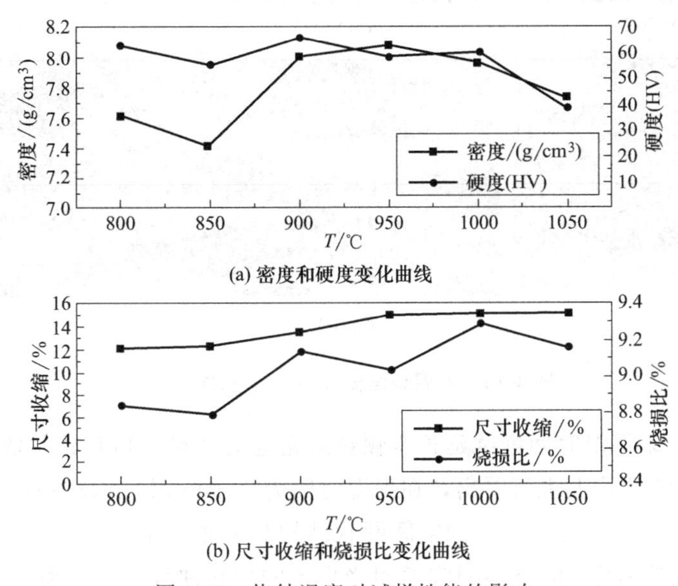

(a) 密度和硬度变化曲线

(b) 尺寸收缩和烧损比变化曲线

图4-18 烧结温度对试样性能的影响

图4-19所示是不同烧结温度下试样的SEM照片，通过对比组图，可以看出试样微观组织随烧结温度不同而发生的变化。图4-19（a）中很难区分出烧结颈，这是由于腐蚀液腐蚀时间太短，造成试样晶粒模糊不清。烧结温度为850℃时，试样中尚残留较多不规则气孔，铜粉颗粒之间还有明显的间隔，说明此时烧结颈并不是很大，铜粉间结合尚不紧密；随温度升高，空隙明显降低且逐步圆滑，同时烧结颈逐渐增大，当温度继续增加到1050℃时［图4-19（f)］，铜颗粒已完全结合到一起，空隙基本上呈圆形，晶粒已完全长大。这主要是由于随温度升高，获得足够能量而越过势垒进行扩散的铜原子概率增加，同时空位浓度也会增加，进一步促进了扩散作用，使烧结颈增大，当温度达到1050℃，铜颗粒已完全结合到一起形成大晶粒，从而造成硬度下降。这种演变规律也验证了图4-18（a）中试样硬度变化随温度升高的关系。烧结颈过大会影响试样的整体力学性能、尺寸收缩比和密度等参数，综合分析确定最佳烧结温度为1000℃。

（2）保温时间对成型质量的影响

图4-20（a）为不同保温时间下试样的密度和硬度变化曲线。可以看出，保温时间对试样烧结后的密度影响不大，试样密度基本维持在7.7g/cm³左右；但保温时间对试样烧结后的硬度有一定的影响。随保温时间的延长，试样硬度先升高后降低，在保温90min时硬度达到最高78HV；这是由于当保温时间较短时，颗粒间烧结颈较小，颗粒间结合力小而造成硬度降低；随着保温时间的延长，颗粒间烧结颈逐渐增大，颗粒间结合力增加使

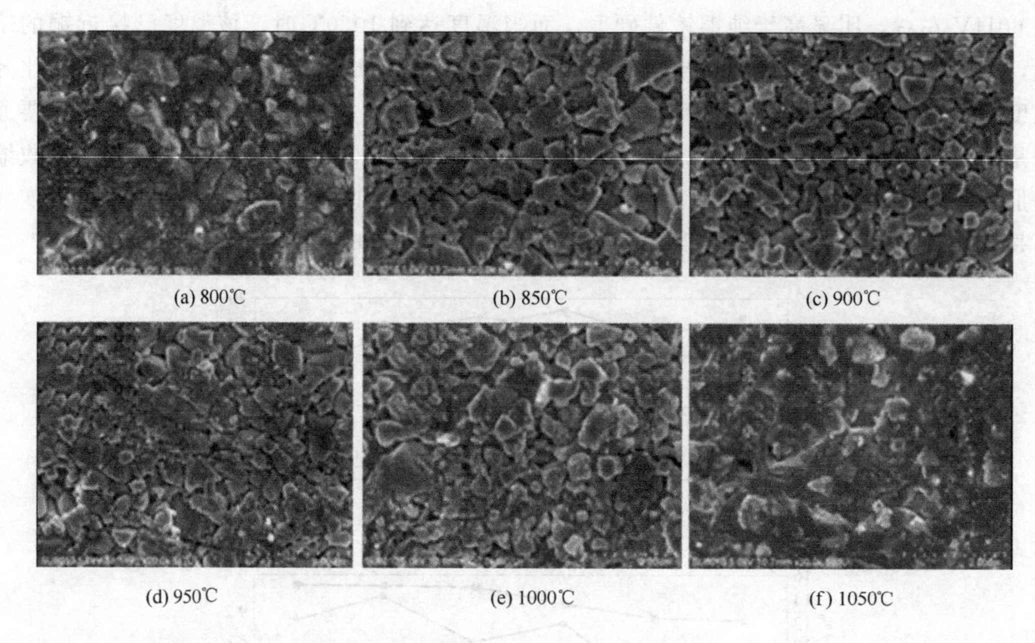

图 4-19 不同烧结温度下试样 SEM 照片

得硬度提高；但如果保温时间继续延长至颗粒间完全结合到一起形成大晶粒时，就会造成硬度降低。从 SEM 照片上也可看出，在保温时间为 90min 时，铜粉颗粒间的烧结颈已是铜粉颗粒大小的一半，此时所形成的空间网状结构具有很好的力学性能，因此硬度最高。图 4-20（b）是不同保温时间下体积收缩和烧损比的变化曲线。可以看出，保温时间对烧损比的影响不大，但对体积收缩比有一定影响，随保温时间的延长，体积收缩比先增加后减少。

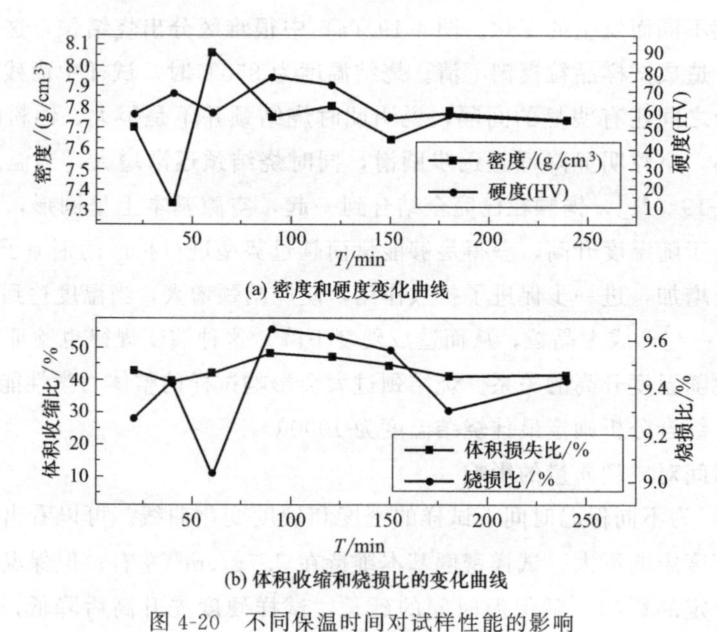

图 4-20 不同保温时间对试样性能的影响

图 4-21 所示是不同保温时间下试样的 SEM 照片。可以看出，随着保温时间的延长，

铜粉颗粒之间的烧结颈逐渐增加，气孔数量逐渐减少，空隙由不规则的形状逐渐变得圆滑，保温 90min 时，颗粒之间结合，形成网状空间结构，具有良好的力学性能；之后颗粒之间完全结合到一起，只有少量的气孔；保温 150min 时晶粒已经开始长大，基本为等轴晶；保温 240min 时，形成晶粒大于 10μm 的晶粒，其主要成分是 α 相，而力学性能也已下降很多。该过程说明，随着保温时间的延长，铜颗粒表面的原子吸收了足够的能量，随着烧结颈的增加，在扩散机制的作用下（包括表面扩散、点阵扩散、晶界扩散），烧结颈内部铜原子重新排列，位错、空位等缺陷消失，逐步形成为一个晶粒，在此过程中，过剩的空位通过晶界扩散到曲率较小的表面而消失，之前的空隙也逐步变得圆滑。

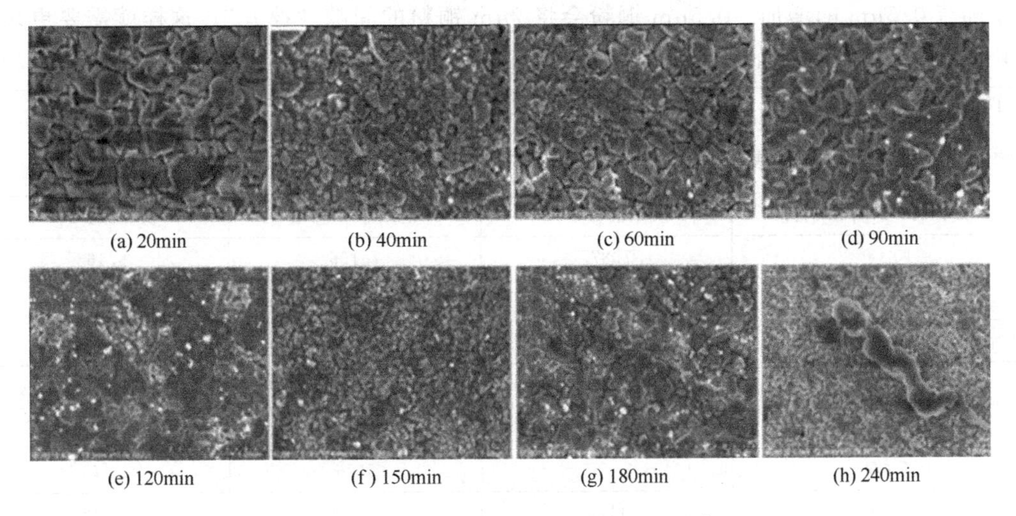

(a) 20min (b) 40min (c) 60min (d) 90min

(e) 120min (f) 150min (g) 180min (h) 240min

图 4-21 不同保温时间下试样 SEM 照片

通过分析加热速度、加热温度、保温时间对烧结质量的影响，最终确定以 5℃/min 的加热速度加热到 1000℃，保温 90min，通过炉冷方式获得的最终试样，其成型质量较好，各项性能指标达到最优。

(3) 不同颗粒大小配比对烧结质量的影响

① 不同颗粒配比对密度的影响。表 4-12 所示是不同颗粒配比下试样的密度变化情况。由表可知，含 0.5μm 铜颗粒的浆料烧结后密度为 6.8g/cm^3 左右，小于纯 2μm 铜浆料的 7.7g/cm^3，说明不同颗粒配比方案降低了试样的致密度。随着 0.5μm 铜粉比例增加，密度有先降低再升高的趋势，这主要是 0.5μm 铜粉将 2μm 铜粉“撑开”的效果，2μm 铜粉的间距增加也会造成空隙增加，但随着 0.5μm 铜粉的进一步增加，0.5μm 铜粉将 2μm 铜粉充分包裹，并占主导作用，铜粉间的间距又减小了，所以密度随之升高。

表 4-12 不同颗粒配比下试样的密度 g/cm^3

实验组	2μm : 0.5μm 铜粉	密度	实验组	2μm : 0.5μm 铜粉	密度
1	10 : 0	7.7	5	6 : 4	6.35
2	9 : 1	6.8	6	5 : 5	7.3
3	8 : 2	6.5	7	3 : 7	6.96
4	7 : 3	6.48			

② 不同颗粒对比对烧损比的影响。表4-13所示是不同颗粒配比下试样的烧损比变化。由表可知，纯2μm铜浆料烧结试样的烧损比明显大于含0.5μm铜颗粒的浆料烧结试样，且随着0.5μm铜粉比例的增加，烧损比有增加的趋势。这主要是由于纯2μm铜浆料颗粒间的间距较大，使加入的石蜡成分增多，烧结后损失的质量增大，因此造成纯2μm铜浆料烧损比较大；如果添加少量0.5μm铜粉，它就会占据2μm铜粉间隙中石蜡的位置，这样铜粉质量就会相对增加而石蜡质量相对减少，从表中可以看出，在2μm与0.5μm铜粉比例9∶1下试样的烧损比只有5.11%，要比铜粉比例10∶0的试样的烧损比小得多。然而，随着0.5μm铜粉的加入和比例不断增加，烧损比也逐渐增大，这主要是由于随着0.5μm的增加，0.5μm铜粉会将2μm铜粉的间隙"撑开"，这样就需要更多的石蜡来填充空隙，石蜡的相对含量就会增多，因此烧损比又会变大，但也不会大于铜粉比例10∶0情况。

表4-13 不同颗粒配比下试样烧结前后的质量变化

2μm铜粉∶0.5μm铜粉	烧结前质量/g	烧结后质量/g	质量减少/%
10∶0	7.877	7.155	9.166
9∶1	11.245	10.67	5.11
8∶2	10.089	9.29	7.92
7∶3	10.332	9.47	8.34
6∶4	8.97	8.17	8.9
5∶5	5.765	5.26	8.76
3∶7	11.4	10.44	8.42

③ 不同颗粒配比对收缩比的影响。表4-14所示是不同颗粒配比下试样收缩比的变化。由表可知，试样的收缩比变化不是很大，但是相比只有2μm铜粉的试样，收缩比明显变小，这是由于不同颗粒的铜粉进行混合，0.5μm铜粉会进入到2μm铜粉的空隙之间，在内部起到支撑作用，减小了铜粉烧结时的收缩。

表4-14 不同颗粒配比的烧结前后体积变化

2μm铜粉∶0.5μm铜粉	烧结前体积/cm^3	烧结后体积/cm^3	收缩比/%
10∶0	0.686	0.405	40.96
9∶1	1.282	0.85	33.69
8∶2	1.225	0.83	32.24
7∶3	1.035	0.71	31.40
6∶4	1.138	0.78	31.20
5∶5	1.223	0.72	41.13
3∶7	1.11	0.72	35.13

④ 不同颗粒配比对烧结微观组织的影响。图4-22所示是几种典型颗粒配比下烧结试样的SEM照片。可以看出，在2μm与0.5μm铜粉比例为9∶1的条件下，铜粉颗粒间只有极少空隙，空隙基本上呈圆形；图4-22（b）中则发现存在大量空隙，这主要是0.5μm

铜粉较多，将 2μm 铜粉的颗粒之间“撑开”从而形成了大量间隙，0.5μm 铜粉已起不到填充缝隙的作用。从样品烧结前后的质量变化也可以看出，铜粉比例 9∶1 条件下试样烧损比最小，说明此时粉末装载量最大，烧结出的体积收缩最小，成型质量有所改善。

(a) 9:1　　(b) 8:2　　(c) 7:3

图 4-22　几种典型颗粒配比下的试件 SEM 照片（2μm∶0.5μm）

4.2.4　烧结及后处理工艺小结

随着烧结温度的升高，试样的硬度、致密度、收缩率都会提高，当温度达到 950℃时硬度达到最大，随后硬度降低，保温时间也对烧结质量有一定的影响。综合之前的分析结果，得到最佳的烧结工艺为：

$$\text{室温}\xrightarrow{5℃/\text{min}}1000℃\xrightarrow{90\text{min}}1000℃\xrightarrow{\text{炉冷}}400℃\xrightarrow{\text{空冷}}\text{室温}$$

按照该工艺烧结出的样品，表面完整，相对致密度可达理论密度的 90%，最大硬度达到 77.98HV。

复习思考题

4-1　简述选区激光熔化成型件材料性能。

4-2　简述 304L、316、630 不锈钢粉末 SLM 成型件的力学性能。

4-3　简述 SLM 成型后的烧结及后处理工艺。

第5章

3D打印技术的数据处理及CAD建模

从惠普到苹果，从亚马逊到谷歌……美国历史上许多知名的科技企业都诞生在车库里，于是便衍生出“车库文化”一词。为什么这些象征新一代“美国梦”的科技企业会诞生在车库呢？因为车库对很多美国人而言不仅是一个空闲的物理空间，还是一个装满工具的屋子，更是一个让人学会并习惯于自己动手的场所。而那些发迹于车库里的科技公司，不仅需要空间，也离不开这些工具；更重要的是，创业者们一旦走进这间屋子，就会萌生拿起工具动手操作的念头，这正是创业所需要的激情！

同样，很多人都有众创的欲望，也有很多创新的思想，但是怎么样用软件表达出来？难道只有经过工程师训练的人才可以进行设计吗？难道只能通过单纯从网上下载模型来打印产品吗？回答是“不!”。3D建模不再是必须学会像3DMax这样非常专业的软件，而是完全可以通过一些大众，甚至是中小学生都可以掌握的CAD软件，来表达他们的设计思想。不久前，美国Autodesk公司发布了一款仅须拍摄几张照片就能轻松生成3D模型的软件Autodesk 123D，并且通过该软件其他模块，如123D Make和123D Sculpt，还能轻松制作出属于设计者自己的雕塑模型。

以笔者的观点，在目前互联网开放格局的大环境下，专业的建模软件不再是关键，概念创新、观念创新才是关键。因此，本章就以CAD零起点者的角度，向读者展示如何应用一些通用流行的造型软件来一步一步建立几何模型的过程，同时阐述3D打印技术前端数字化过程的内涵。

 3D打印的数据流程

3D打印中常见的数据流程如图5-1所示，首先在CAD系统中设计好零件的CAD模

型，并将其表面离散化，生成 STL 文件；其次对用 STL 文件表达的 CAD 模型进行分层处理；然后确定 3D 打印原型制作的工艺参数，并形成制作控制文件；最后在 3D 打印机上根据制作控制文件制作出原型样件。

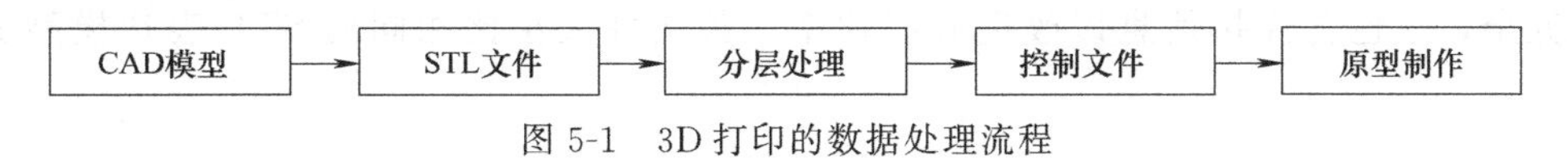

图 5-1 3D 打印的数据处理流程

STL（Stereolithography）是当前所有商用 3D 打印机广泛采用的数据格式，由美国 3D Systems 公司 1989 年提出，它将物体表面三维形貌由大量相互连接的三角面片网格来表示，即使物体表面为曲面，也使用较小、较密的三角面片来近似表达。每一个三角面片的描述包括三个三角形顶点的坐标值和由右手定则获得的该面的单位法向量。在 STL 格式中，通过控制三角面片的大小和疏密程度，便可方便地设置 3D 模型的精度（图 5-2）。

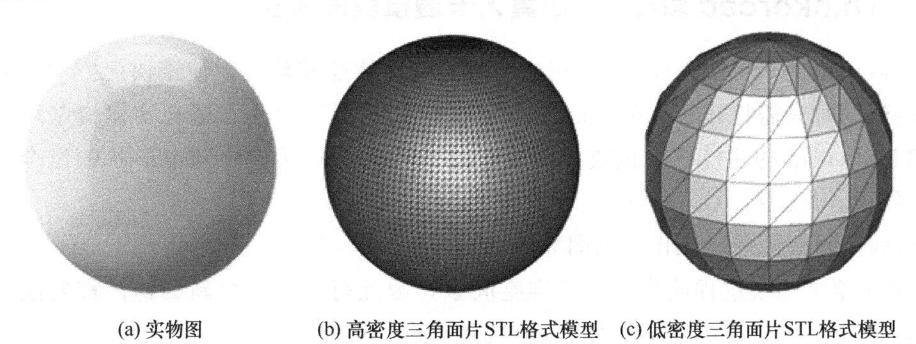

(a) 实物图 (b) 高密度三角面片STL格式模型 (c) 低密度三角面片STL格式模型

图 5-2 STL 格式示意图

由于 STL 格式仅描述了三维物体表面的几何形状，而不包括颜色、材质贴图和其他三维模型属性，因此该格式具有简单明了、易于理解及处理等优点。STL 格式有两种表示方法：一种是 ASCII 码，另一种是二进制格式。两种格式各有特点，ASCII 码可读性好，但文件占用磁盘空间较大；相对来说，二进制格式可读性差，但磁盘占用空间约为 ASCII 码格式的 1/6。

在拿到一个 STL 格式的 3D 模型后，须对 STL 数据文件进行有效性和封闭性检验才可使用，具体包括检查是否存在三角形孤立边及其他几何缺陷、验证三角面片是否围成一个内外封闭的几何体等环节。若检验出现问题，则需对 3D 模型进行数据修复。目前大多数三维建模及处理软件均可完成 STL 模型的检验和修复工作。

3D 打印领域除研究检测和修补 STL 数据外，同时提出了一系列新的数据交换接口，其中包括：

(1) 基于层轮廓数据格式的 SLC

由美国 3D Systems 公司提出，实际上是一个表达 CAD 模型的几何轮廓数据，由面造型软件或通过 CT 扫描数据产生。

(2) 国际通用层数据接口格式 CLI

该格式由欧洲 3D 打印活动支持的 Brite-EvRqam 计划所定义，是为克服 STL 系统的不足而开发，目的是为3D打印技术提供一通用的格式，同时还支持医学扫描数据。

(3) 基于实体自由制造的柔性数据格式

由美国康涅狄格大学Rock和Wozny在1992年提出，它包含有面的拓扑信息以减少数据冗余，还包含连接信息以改进分层效率，其文件大小比相同的STL表达模型文件要小。

5.2 3D模型制作软件

5.2.1 Thinkercad教程——小黄人卡通模型的建立

Thinkercad是美国Autodesk公司的一款免费在线建模软件，使用快捷方便，界面简洁明快，建模时只需打开Thinkercad网页登录账号后便能使用，适合零建模基础和低龄群体。Thinkercad的建模机制也较为简单，其过程是通过菜单中基本形状的组合，来建立出所要的几何模型。

建模前须掌握的基础操作（见图5-3）：

① 由于整个建模过程始终是在三维空间里，因此每放入一个新的物体都要注意与其他物体间的空间位置关系，需要经常旋转视角来进行观察。

② 所有物体初始状态都是默认放置于地面上，可通过拖动物体正上方的黑色箭头来实现脱离地面的悬空状态。

③ 拖动物体可实现保持在一个高度上的移动；可通过调整右下角的编辑网格选项使网格尺寸更加细化，从而使移动更加精确。

④ 选中物体后有三个方向的旋转箭头，可进行前后，左右，上下的翻转。此外还可改变物体在 x、y、z 方向的尺寸。

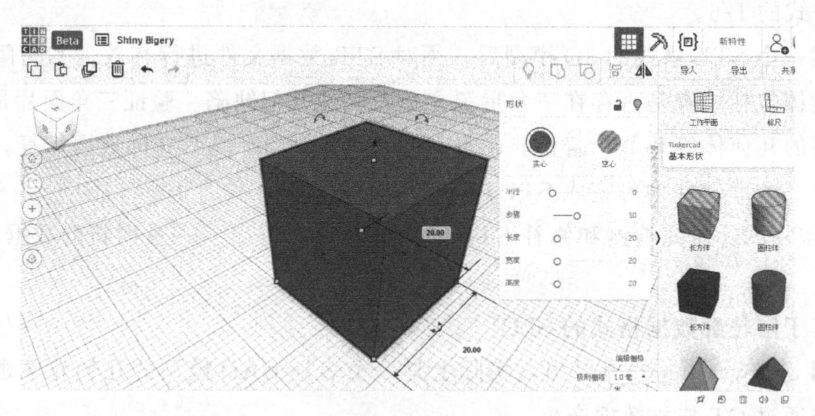

图5-3　Thinkercad软件界面及基础操作

下面通过建立小黄人卡通模型来让读者了解这款软件。

5.2.1.1 身体

从右侧菜单中分别选中圆柱体和球体，并将其上移到一定高度，同时调整到合适尺寸（见图5-4）。点击右上角功能菜单的组合键将其合并，使其成为胶囊状；利用观察选项来调整物体颜色、是否为实体等属性；点击锁转换标志来锁定属性（见图5-5）。

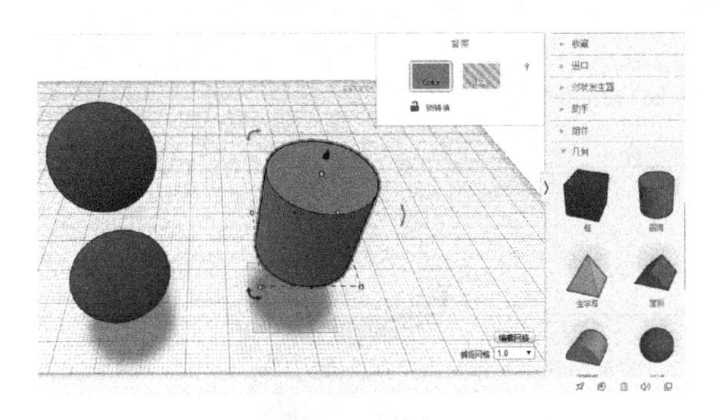

图5-4 身体建模

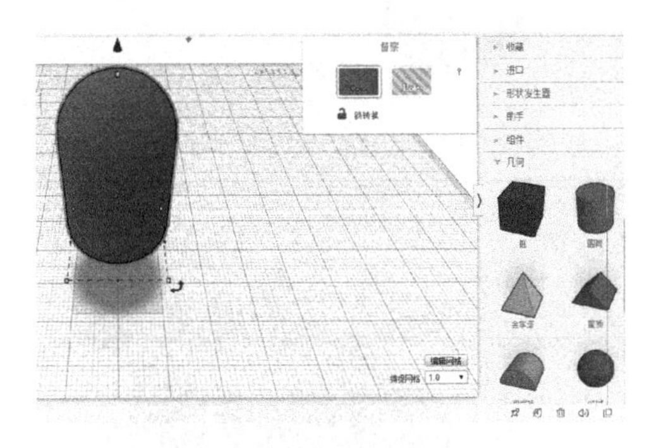

图5-5 组合、调整及属性设置

5.2.1.2 眼睛

相信大家都对小黄人标志性的大眼睛印象非常深刻，下面就来给主人公添上可爱的大眼睛。从右侧菜单中选中环体和球体，将两个模型拖至一定高度并调整到合适的大小及相应颜色，之后将其组合（见图5-6）。

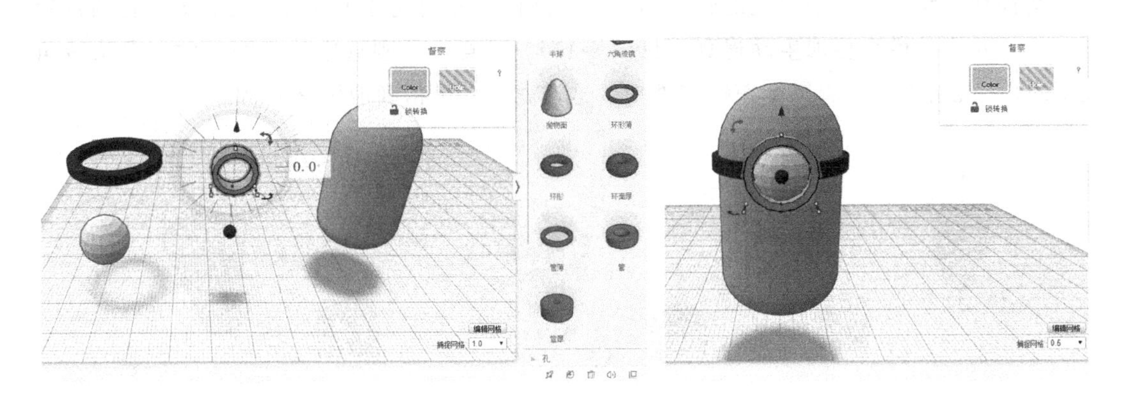

图5-6 眼睛建模

5.2.1.3 衣服

重复模型选择及属性更改操作，将一圆柱体与一椭球体组合起来形成衣服的雏形（见图5-7）。

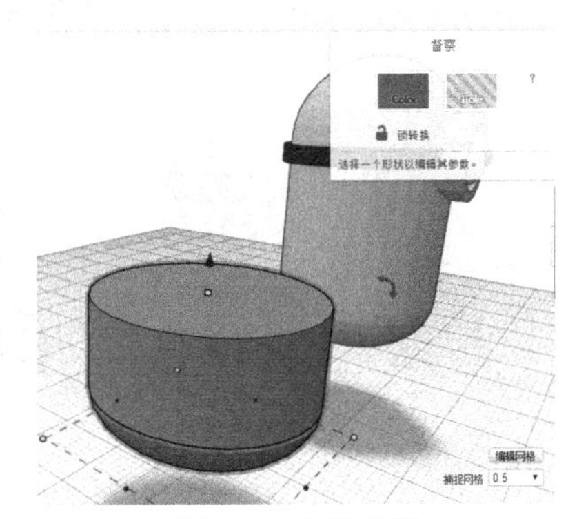

图5-7 衣服建模

接着放置两个非实体的立方体，使两立方体与蓝色组合体按下列进行方式组合，并切掉其重叠处。注意：要确保两个立方体将蓝色组合体两侧通透相切（见图5-8）。

得到如下衣服模型（见图5-9）。接着将其与小黄人的身体组合，然后锁定模型（见图5-10）。

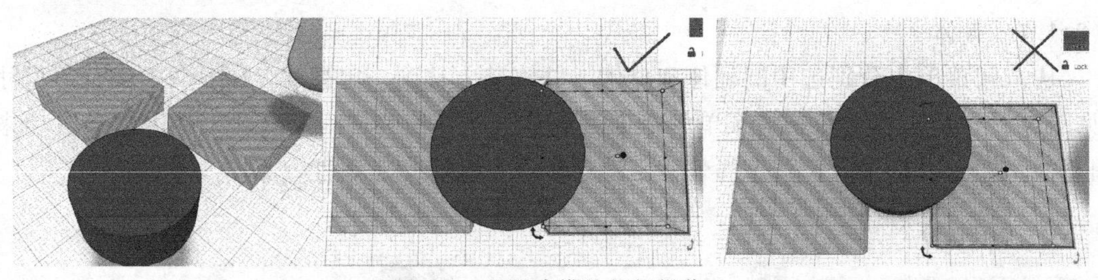

图 5-8 衣服建模的相切操作

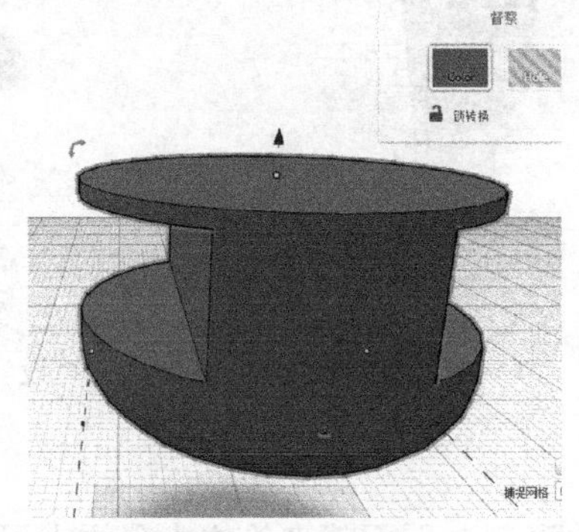

图 5-9 衣服模型

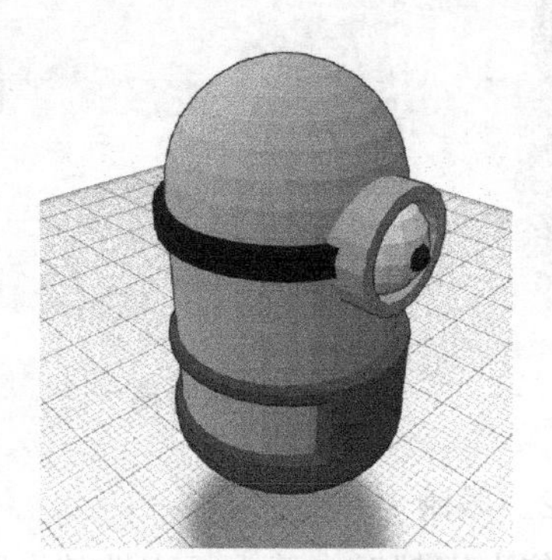

图 5-10 衣服及身体模型组合

5.2.1.4 腿部

为简化模型，用一个倒立的圆台和一个半圆柱来分别代替小黄人的腿和脚。将圆台旋转一个小角度使模型更加生动逼真（见图 5-11）。注意：在刚选中旋转箭头时，默认转角是 22.5°。此时需要按着鼠标左键向外拖，这样就可以更精确地调整旋转角度。

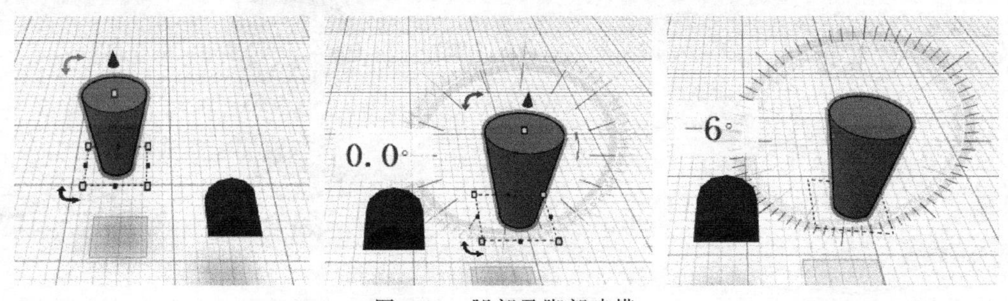

图 5-11 腿部及脚部建模

利用复制、粘贴和镜像功能生成另一侧模型（见图 5-12），之后与身体组合并锁定模

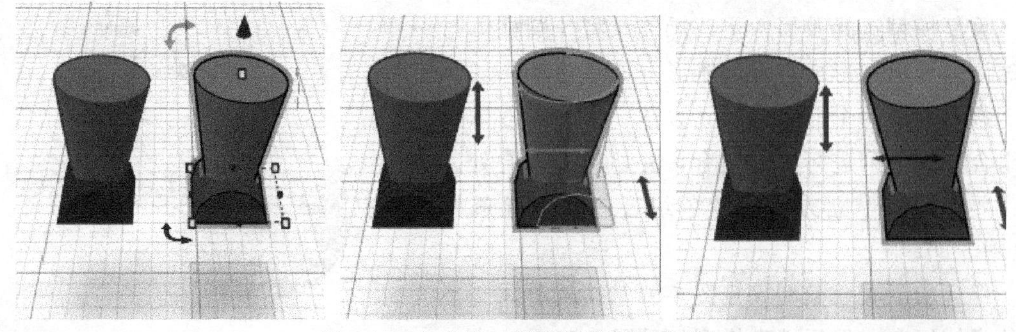

图 5-12 生成另一侧腿部及脚部模型

型（见图 5-13）。

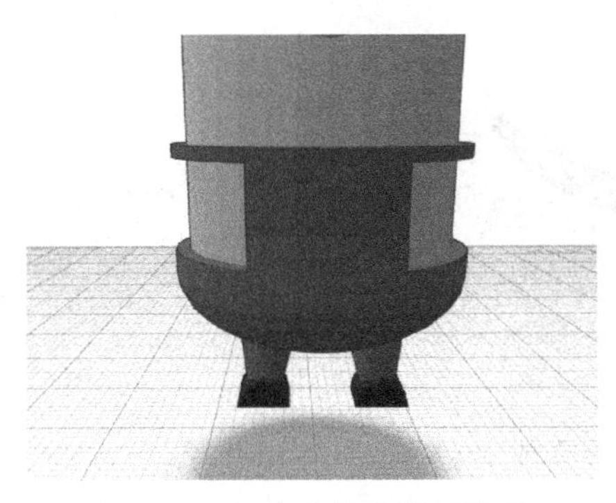

图 5-13 组合身体及腿部模型

5.2.1.5 上臂

建立五个球体和一个圆柱体的组合，使其成为小黄人的上臂和手部（见图 5-14）。

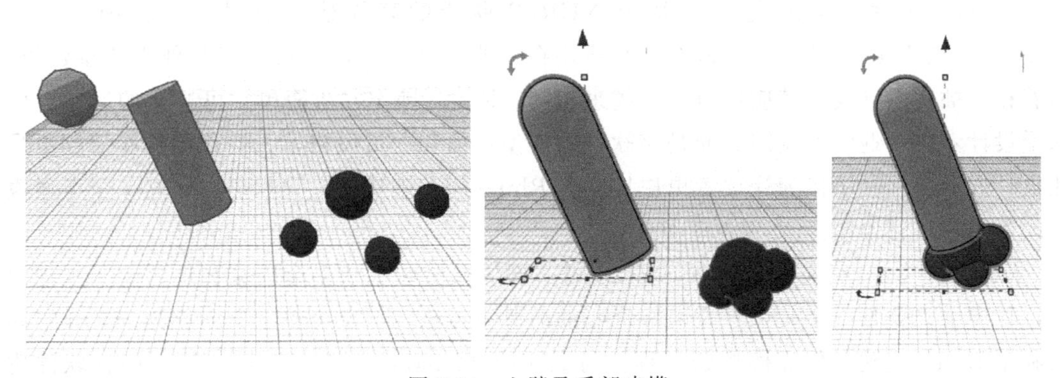

图 5-14 上臂及手部建模

接着复制并镜像出另一侧模型，并使其与身体部分组合（见图 5-15）。

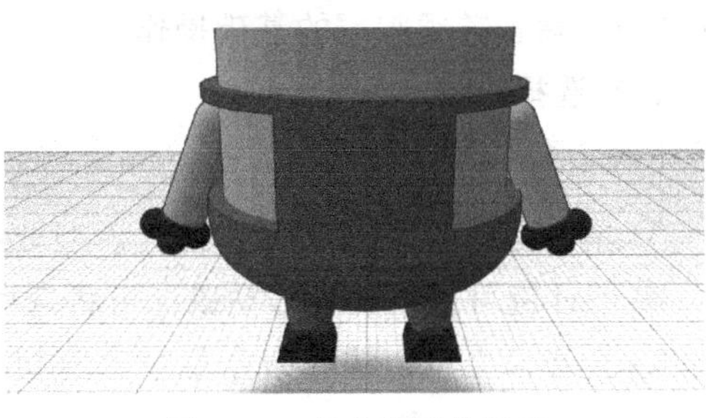

图 5-15 组合各部分模型

5.2.1.6 笑脸

最后一步是小黄人标志性的微笑。分别建立一个实体和一个虚体的短圆柱体，并使两者相交（见图 5-16），从而得到微笑的嘴角造型（见图 5-17）。将嘴角造型与身体部分组合，最终得到完整的小黄人模型（见图 5-18）。

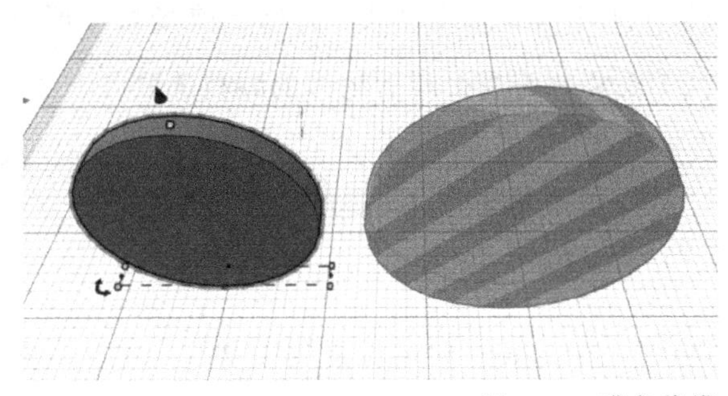

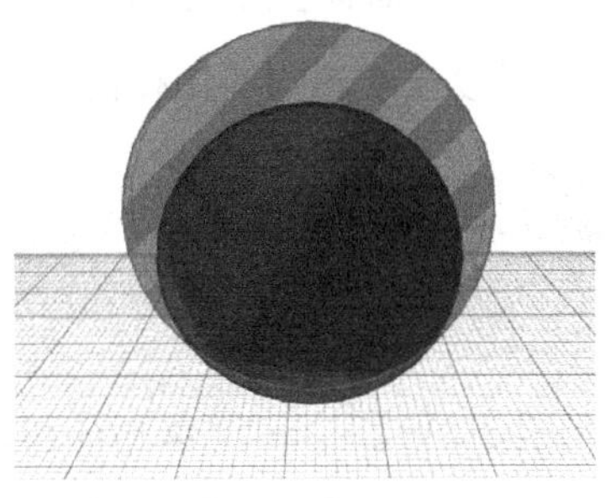

图 5-16 嘴角建模

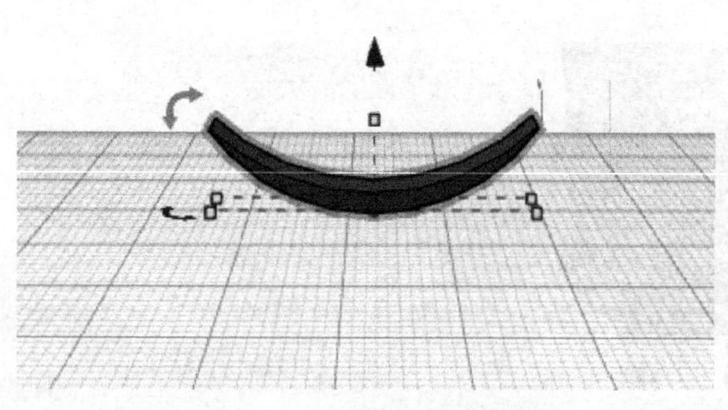

图 5-17　调整嘴角模型

图 5-18　最终模型

5.2.2 Rhino教程——小P优优卡通模型的建立

Rhino（犀牛软件）是一款基于NURBS曲线的高级建模软件，由美国Robert McNeel公司于1998年推出，起初一直应用在工业设计专业，擅长于产品外观造型建模。随着相关插件的开发，其应用范围也越来越广。Rhino操作方法简单、可视化的操作界面深受设计者的欢迎，四视图界面是该软件的典型特征和一贯风格，人性化的操作流程更是让设计人员爱不释手。为让读者更快地掌握Rhino的基础功能，我们仍以建立一个卡通模型的例子来进行说明。

《小P优优》（英文原名POCOYO）是一部风靡全球180多个国家和地区的儿童动画片，片中主人公是一个对世界充满好奇心的活泼小男孩，形象可爱。下面就为读者介绍如何利用Rhino来建立优优模型的过程。与之前的Thinkercad卡通建模相比，两款软件建模思路相同，但Rhino曲面功能更加强大丰富。

5.2.2.1 建模前须掌握的基础操作

（1）选择工具

Rhino提供了三种选取方法：

① 单一选择。在所要选择的模型处点击鼠标左键即可选择模型，按shift键可以增选，按Ctrl键可以减选；移动鼠标可将选中的模型进行拖动。

② 选择命令集。选择命令集位于标准工具栏上（见图5-19）。较常用的功能有反选、以图层选择、选择当前场景中所有点、选择当前场景中所有曲线、选择当前场景中所有曲面、选择当前场景中所有多重曲面、选择当前场景中所有网格。当场景复杂时，这些操作配合可见工具集，可进行所需物体的顺利选取。

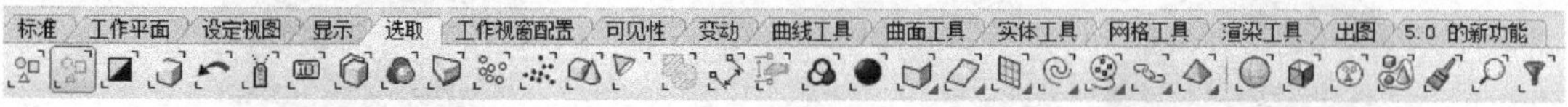

图 5-19　选择命令集

③ 物体属性。由于该功能使用频繁，在Rhino中被设置到中键弹出菜单，可以进行材质、图层、材质、纹理映射等的设置。

(2) 对齐工具 ;

在该图标处点击鼠标右键弹出对齐工具菜单，可实现所选模型的居中、左右对齐等操作（见图 5-20）。

(3) 实体工具 ;

单击右键弹出实体工具菜单，可实现实体的布尔运算、抽面、倒角等操作（见图5-21）。

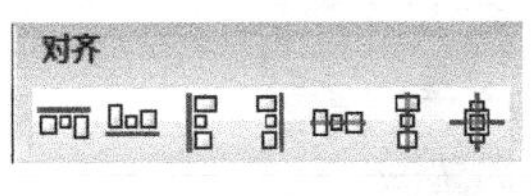

图 5-20 对齐工具集

图 5-21 实体工具集

(4) 旋转工具

可实现在工作平面内绕某一点的2D旋转，也可在非工作平面内实现绕某一轴线的3D旋转。在命令行输入角度可实现任意角度旋转。

(5) 图层工具

可实现对模型图层的管理（见图 5-22）。正确地使用图层工具，可以建立良好的建模习惯，这对于在复杂场景下模型的具体分类是非常必要的。

5.2.2.2 创建模型

建模思路：将所要创建的卡通模型简化为由球体、椭球体、圆台体、圆柱体、圆环体等简单几何形体组合的模型。在实体工具菜单中分别选择球体、椭球体、圆台体、圆柱体、圆环体等几何形体，以便后续操作中能够组合成所要建立的卡通模型（见图 5-23）。

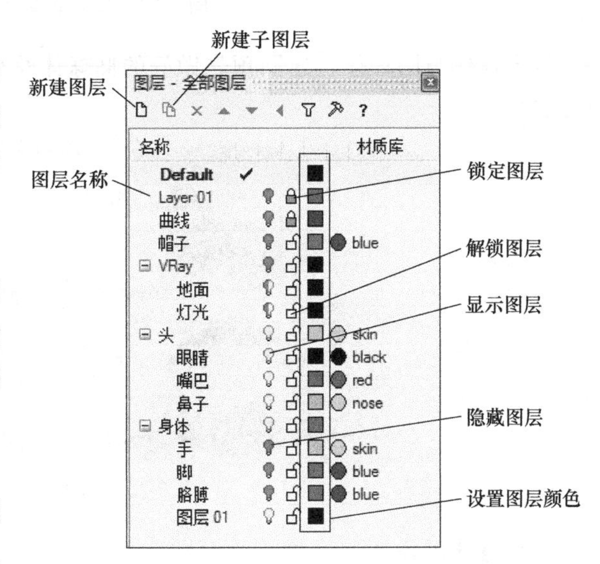

图 5-22 图层工具菜单

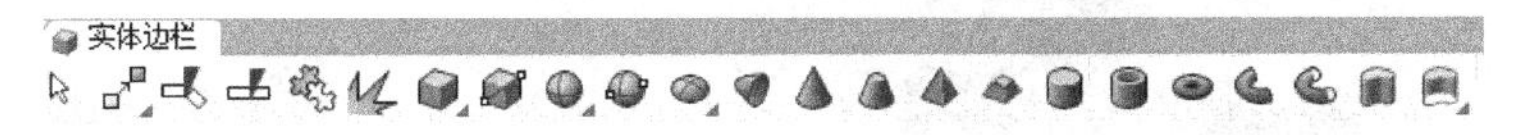

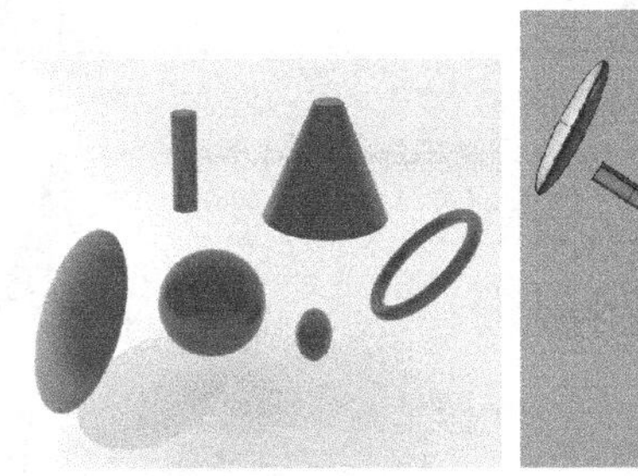

图 5-23 卡通模型所需的几何形体

(1) 帽子部分

用直线工具在球体中心线画一条直线，再利用修剪工具对球体进行修剪得到半球体（见图 5-24）。

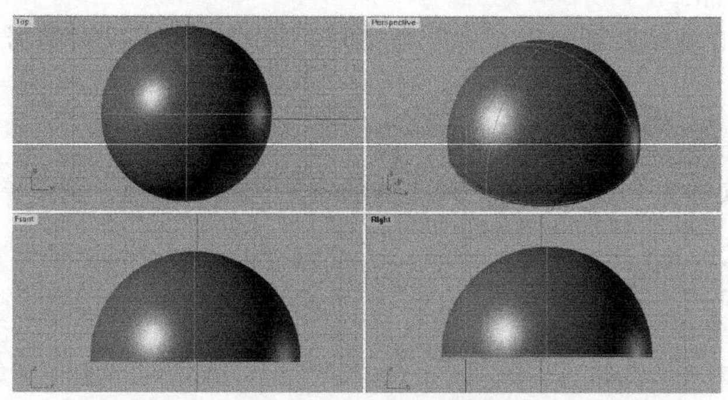

图 5-24　修剪得到半球体

将半球体与圆环体，连同预先做好的椭球体及小圆柱体进行组合，形成帽子模型（见图 5-25）。

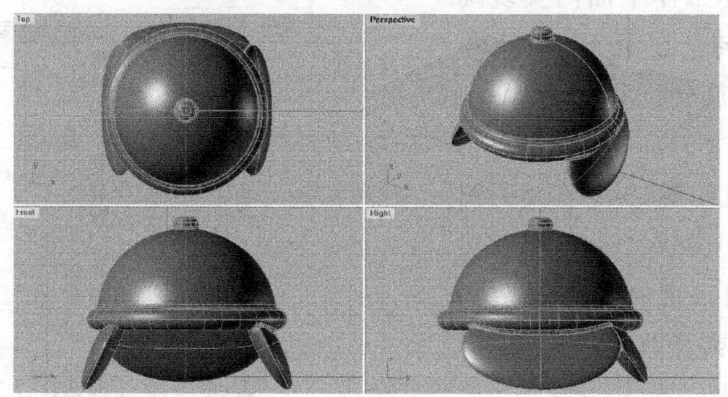

图 5-25　帽子组合模型

（2）身体部分

利用实体工具建立 4 个圆柱体、1 个圆台体、2 个椭球体并将圆台体、圆柱体按照图 5-26 的方式进行组合，以形成身体与四肢组合。

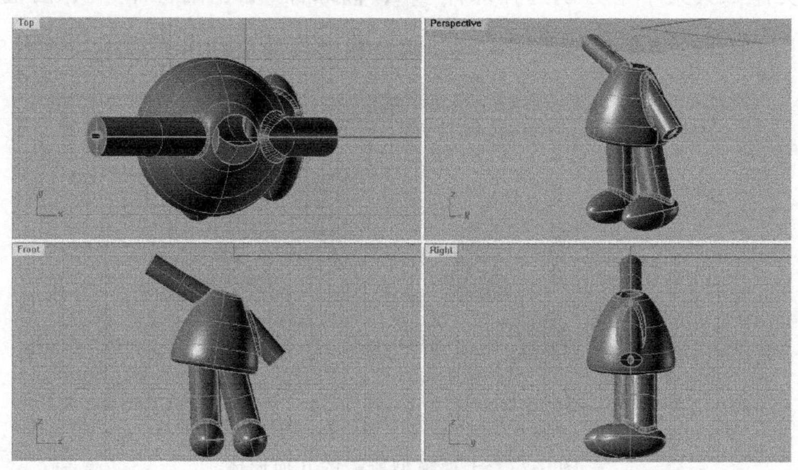

图 5-26　身体与四肢组合模型

（3）手掌部分

利用实体工具建立 2 个相对扁椭球体、5 个圆柱体以及与圆柱体等径的球体。将所建几何形体按照手的形状进行组合（见图 5-27）。

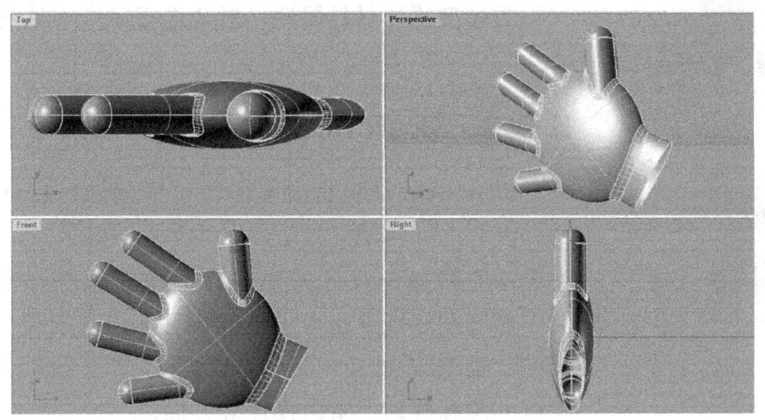

图 5-27 手掌组合模型

（4）五官部分

利用实体工具建立 1 个大球体、2 个小椭球体、1 个修剪后的半椭球体和 1 个小圆柱体，后几个特征分别放置于作为头部大球体的适合位置（见图 5-28）。

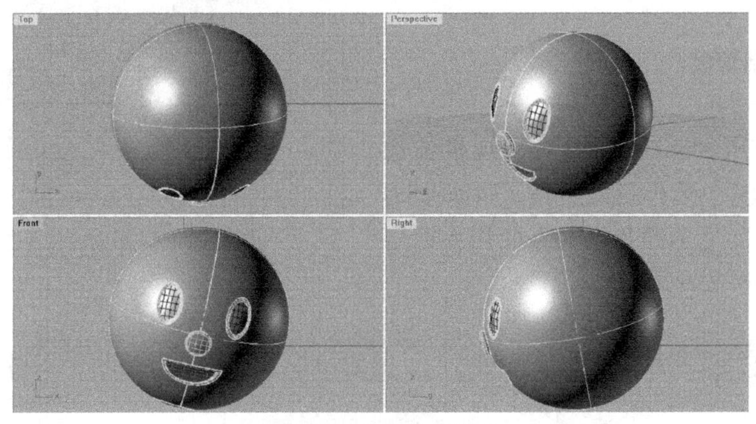

图 5-28 面部五官模型

合并各部分图层，至此模型建立完成（见图 5-29）。

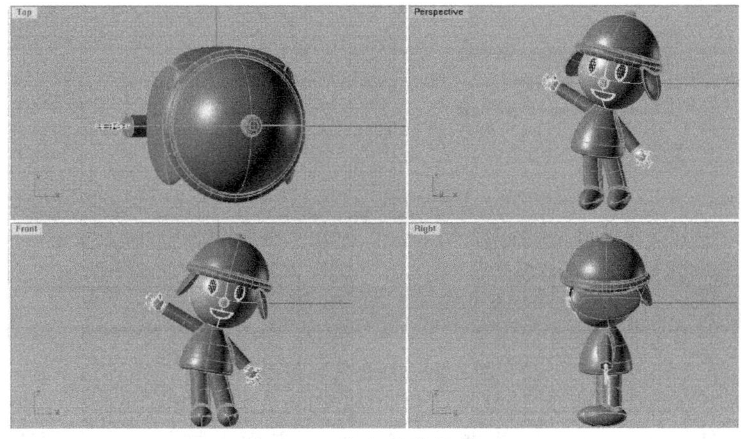

图 5-29 完整的优优模型

图 5-30 模型渲染效果图

5.2.2.3 **渲染**

为模型添加材料属性，对其进行渲染（见图 5-30）。

5.2.3 SketchUp 铁艺栏杆建模教程

SketchUp 最初是由美国特拉华州的@Last Software 公司开发，2008 年被 Google 公司收购。多年来，SketchUp 一直秉承直接面向设计方案进行创作的思想，将使用便捷灵活、界面友好直观作为主要追求目标，它就像电脑艺术设计中的“铅笔”，被业内誉为“草图大师”。该软件多用于建筑建模、园林规划、室内设计等方面。

相对于 Rhino、CATIA、3D Max 等大型 CAD 建模软件来说，SketchUp 更易上手并能够满足在设计过程中与客户即时交流的需要。下面就为读者介绍如何利用 SketchUp 来建立铁艺楼梯三维模型的过程（见图 5-31）。

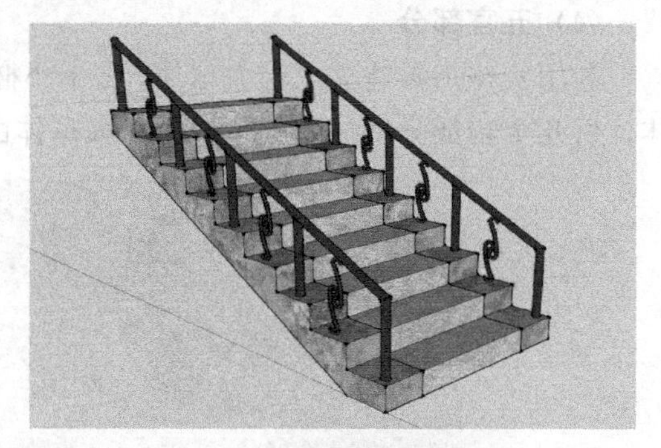

图 5-31 拟完成的楼梯造型

5.2.3.1 **基础功能**

（1）模板选择

第一次使用 SketchUp 时会出现模板选择界面，可以从中选择拥有合适尺寸的模板（见图 5-32）。如果选择错误，可使用界面中帮助选项来重新进行选择。

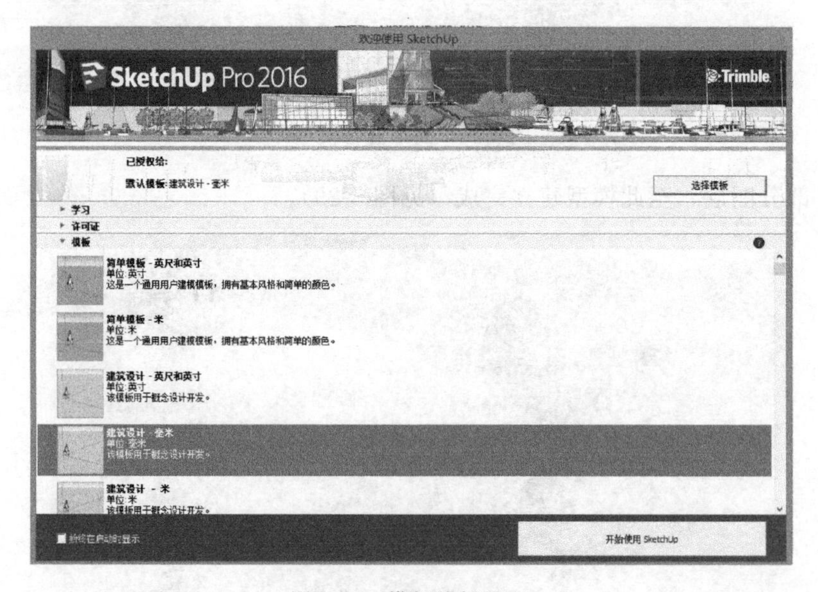

图 5-32 模板选择界面

点击“开始使用 SketchUp”并进入操作界面。界面人物是一个参照物，每次启动都会出现，删除即可（见图 5-33）。

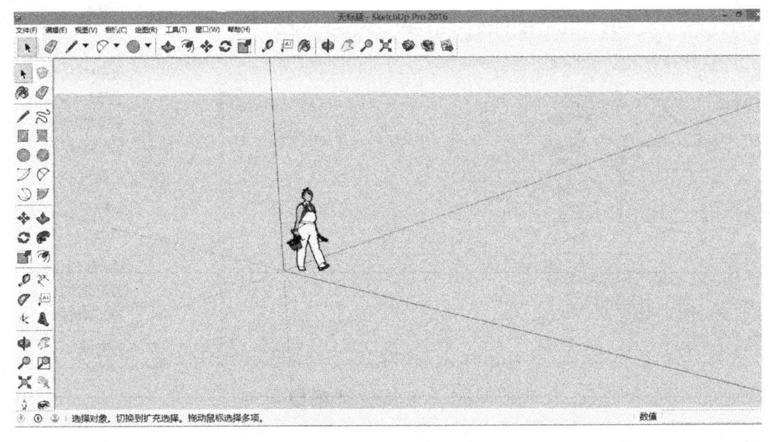

图 5-33 操作界面

(2) 工具栏

在 SketchUp 的操作界面中，红线代表 X 轴，绿线代表 Y 轴，蓝线代表 Z 轴。左侧和顶端为工具栏，通过各式图标可以较为直观地了解到对应的功能（见图 5-34）。

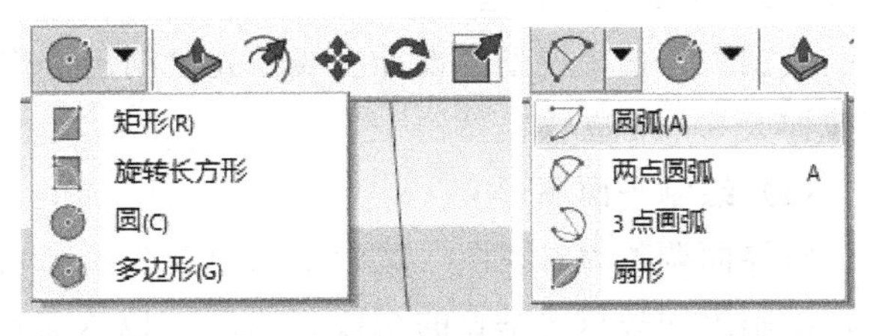

图 5-34 工具栏图标的下拉菜单

注意：在建模过程中，如果绘制的一条线呈绿色，就说明这条线在 Y 轴上或与 Y 轴平行，这是一个非常实用的小功能。此外，如果光标在一条线段上呈现绿色，则说明光标位于这条线段的末端；如果呈现蓝色，则说明光标位于这条线的中点（见图 5-35）。

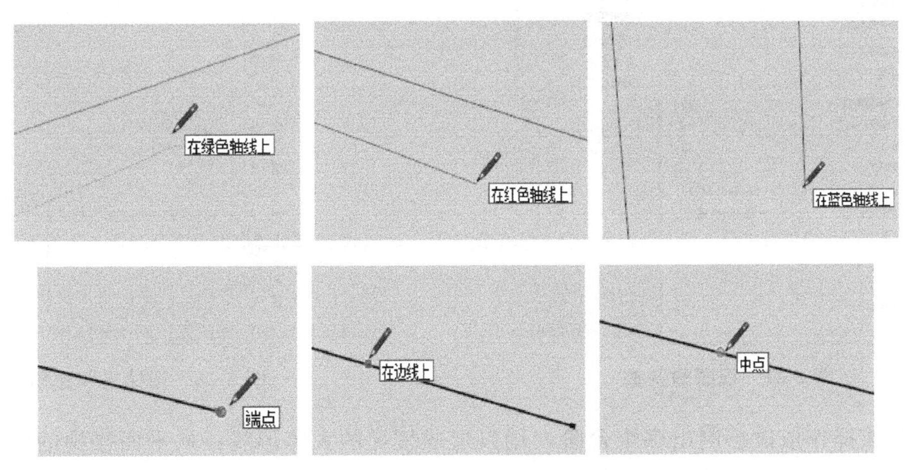

图 5-35 绘制线条时的快捷提示

操作界面左侧是工具栏，常用的功能模块自上而下有调整、绘图、实体制造、尺寸及视角调整等，这些模块可在工具栏选项来增加和移除（见图 5-36）。

在最上面的菜单中还可以通过相机选项来调整模型的视图，以方便在三维坐标系中进

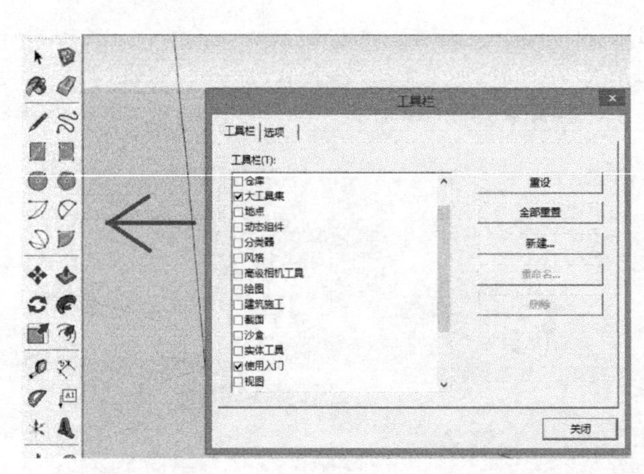

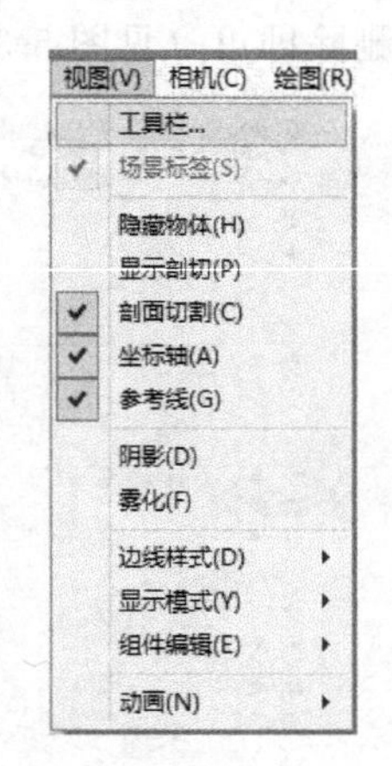

图 5-36　工具栏选项模块

行二维图形的绘制（见图 5-37）。

5.2.3.2　楼梯主体模型

绘制立体楼梯模型的设计主线是先绘制出楼梯的平面二维图形，然后利用拉伸功能将其拉伸成为一个立体模型。

(1) 绘制平面图形

将界面调整为右视图，选中视图中直线绘制功能（图标为铅笔），以绿色的 Y 轴为基准，绘制出一条与之垂直的线段，然后再以这条线段末端为起点，绘制出一条与 Y 轴平行的线段，组成平面楼梯的第一个台阶（见图 5-38）。

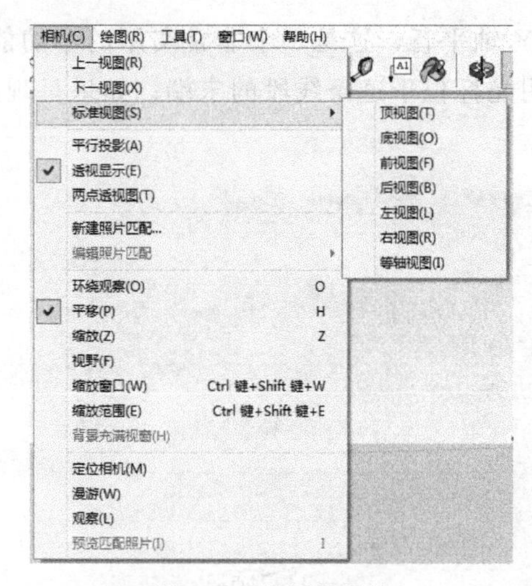

图 5-37　视图的调整

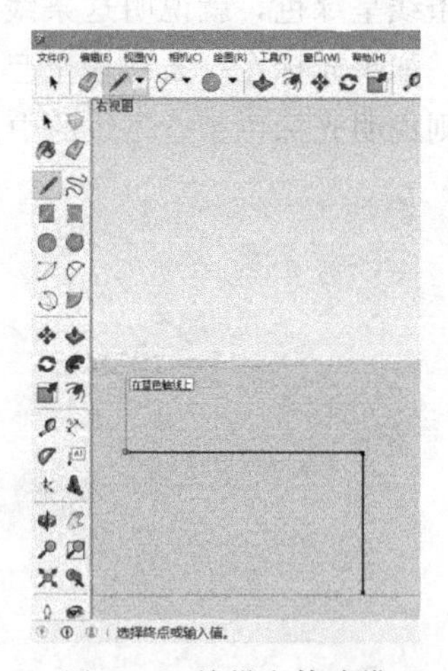

图 5-38　楼梯主体建模

按照该操作依次绘制出多个台阶，用以形成楼梯的大体形貌；从平面楼梯的两头开始绘制封闭线，最终形成楼梯平面封闭图形（见图 5-39）。其中平面图形中的每条线段必须首尾相接，不能出现空隙，否则不能拉伸出立体模型。

(2) 拉伸立体模型

按住鼠标右键转换到合适的视角，选中左侧工具栏中的拉伸功能，在选中的平面图形上进行拉伸，以获得三维楼梯雏形。具体操作中，需要把总体模型分为三段来进行拉伸，

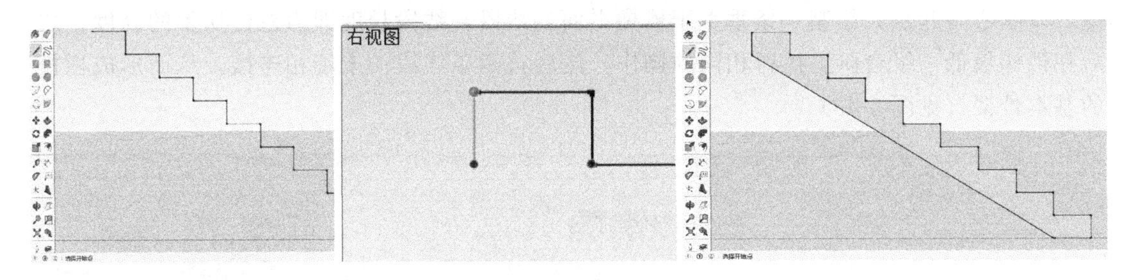

图 5-39　楼梯平面封闭图形

这样会方便后期的分段渲染（见图 5-40）。注：按下 Ctrl 键会开始下一段的拉伸。

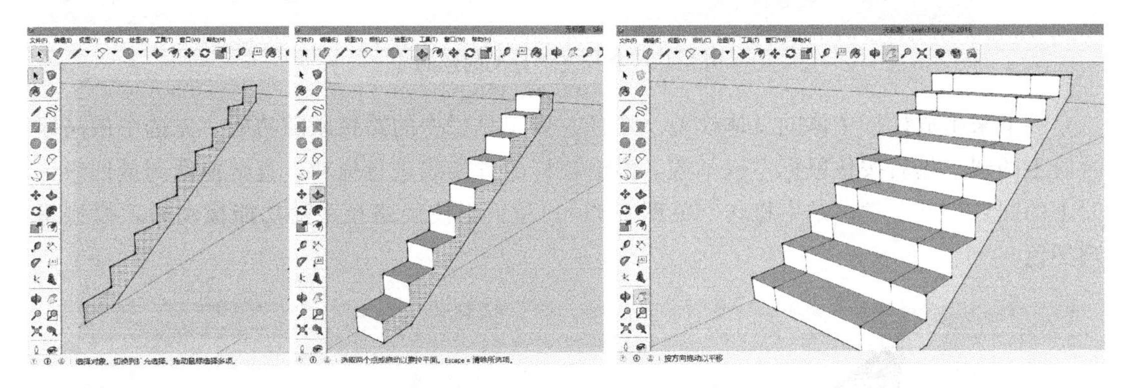

图 5-40　分三段拉伸后的楼梯

5.2.3.3　铁艺栏杆制作

铁艺栏杆包含很多不规则的曲面和不同物体的组合，需要使用到路径跟随、比例调整等较为复杂的功能。将栏杆分为栏杆主体和栏杆图案两部分进行制作。

（1）栏杆主体

首先利用卷尺工具功能在楼梯最高一级台阶的边缘处绘制出基准虚线（见图 5-41），以便于作为栏杆基础点的定位。在基准线上绘制出一个圆，其直径即为栏杆立柱的直径（见图 5-42）。

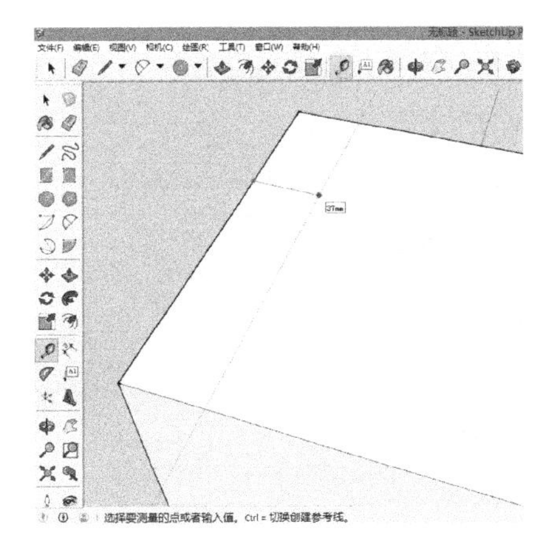

图 5-41　栏杆基准线的确定

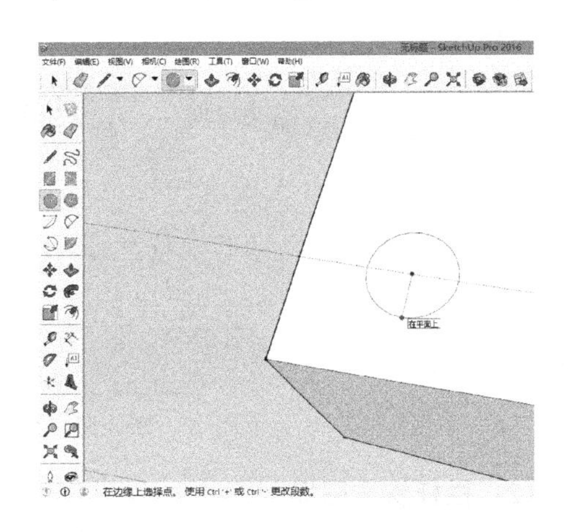

图 5-42　栏杆直径的绘制

以圆心为起点，绘制一条垂直于楼梯平面的线段，线段长度即为栏杆扶手的高度。之后在楼梯最低一级台阶上执行相同的操作，然后将两条线段的末端相连接，从而形成栏杆的基本骨架（见图 5-43）。

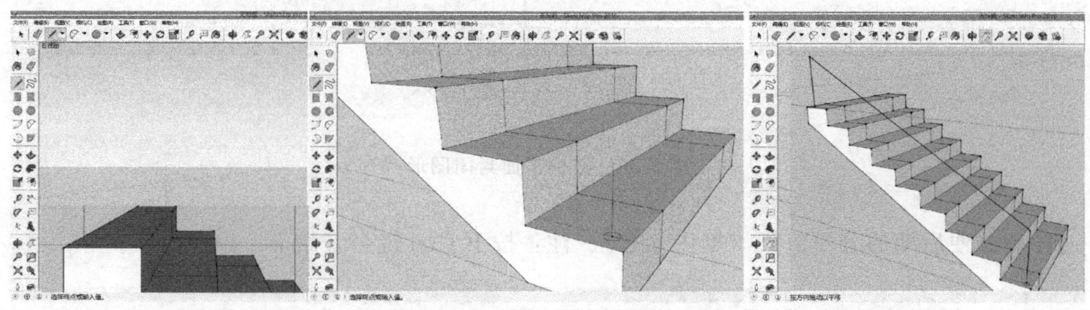

图 5-43 栏杆基本骨架的绘制

接下来生成栏杆主体的立体模型。选择左侧工具栏中的路径跟随功能，先选中最高级台阶上的圆，然后按住鼠标左键不放，沿着栏杆的骨架线进行拖动，直到拖动到最低级台阶上的圆后松开左键，结束操作（见图 5-44）。注：当使用路径跟随功能拖动时，模型呈现黑色。

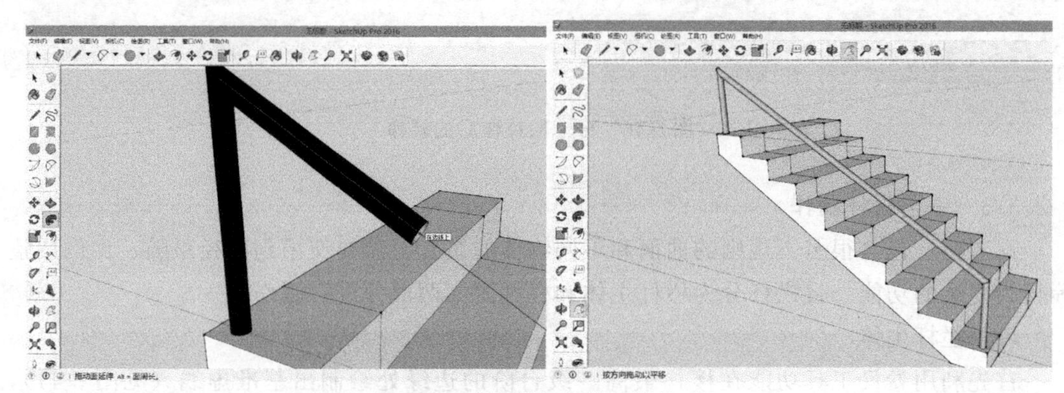

图 5-44 生成栏杆主体立体模型

在每两级台阶上绘制出基准线，并绘制出栏杆扶手中间立柱，逐渐完善栏杆的整体造型（见图 5-45）。

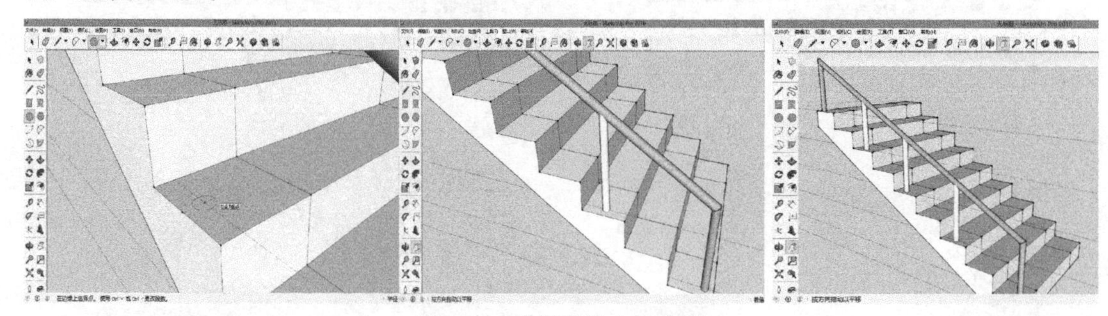

图 5-45 栏杆中间立柱建模

(2) 栏杆铁艺图案

利用立体图案来补全栏杆中的间隙。在顶视图中选中圆弧功能中的两点圆弧功能，首先在平面上绘制出一个半圆（见图 5-46），之后使用圆弧画线和 3 点画弧功能，继续绘制铁艺图案（见图 5-47）。

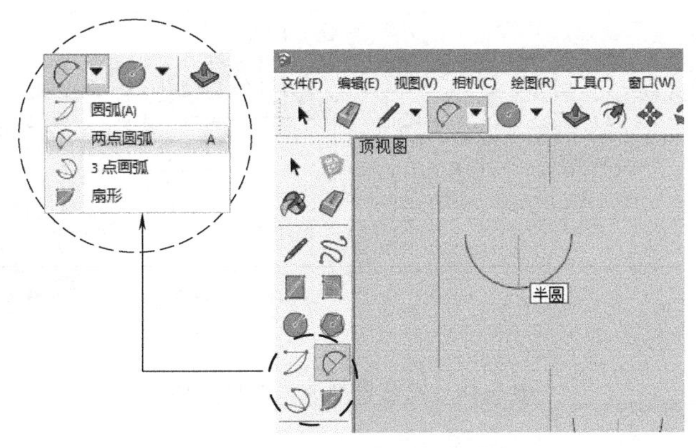

图 5-46　栏杆孔隙处图案绘制

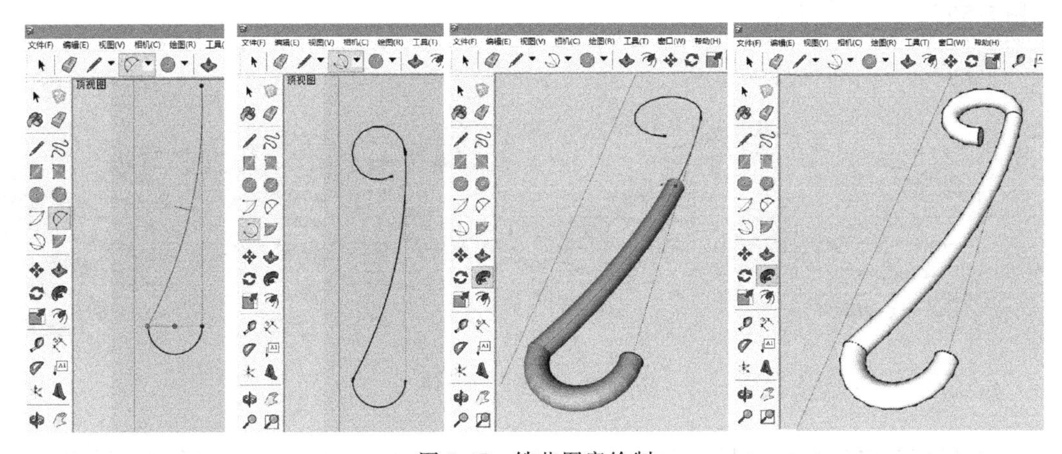

图 5-47　铁艺图案绘制

使用路径跟随功能使该图案生成立体轮廓，复制该模型并旋转 180°后，将两模型进行组合（见图 5-48）。

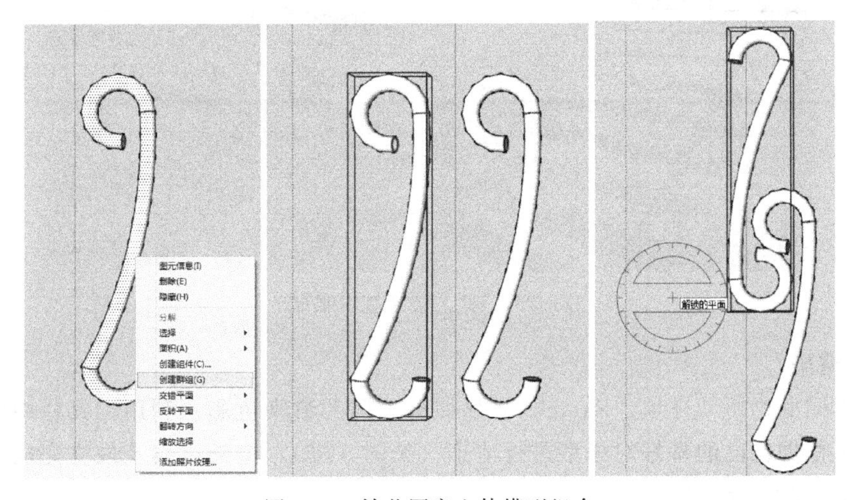

图 5-48　铁艺图案立体模型组合

将该铁艺图案立体模型放入栏杆立柱的间隙中（见图 5-49）。注：最好在每级台阶面上都绘制出基准虚线，以便组合定位。

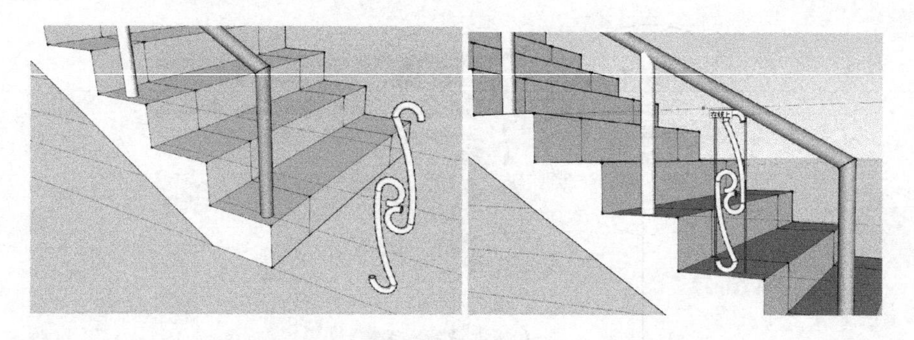

图 5-49　铁艺模型放入栏杆主体

将该图案复制并分别填入栏杆的孔隙中，使用创建组群功能使其与栏杆组成一个整体（见图 5-50）。

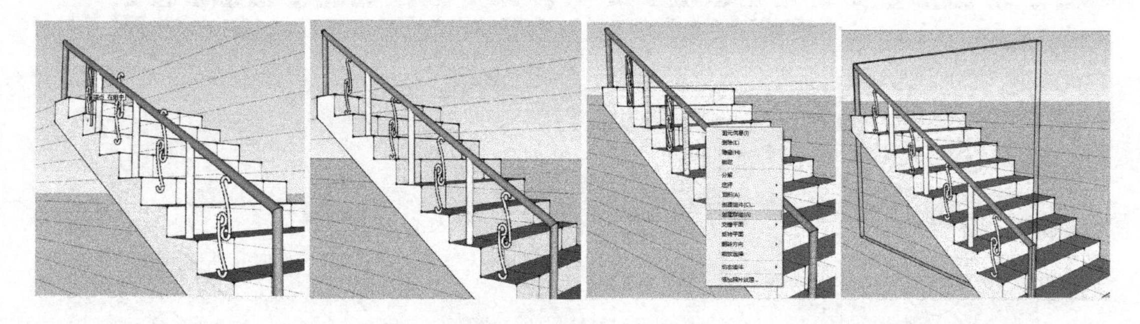

图 5-50　完善栏杆整体

复制栏杆并安放在楼梯另一侧，将全部模型组合，便得到铁艺楼梯的基本雏形（见图 5-51）。

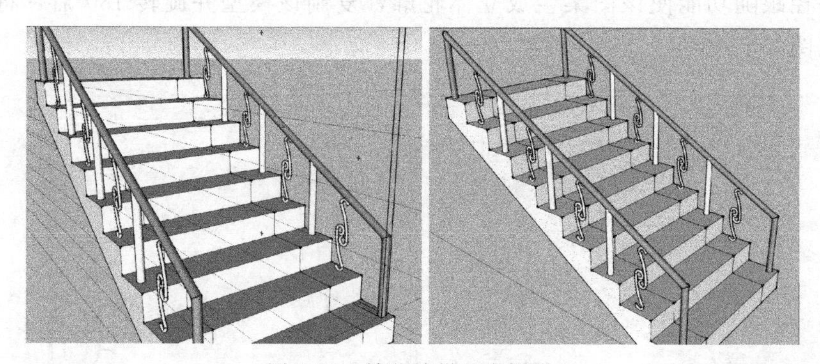

图 5-51　铁艺楼梯基本雏形

5.2.3.4　渲染

对于不同的物质与环境，SketchUp 都拥有不同的渲染色彩。利用工具栏中的渲染功能，用户可根据自己的喜好对模型进行渲染（见图 5-52），渲染过程及最终完成的铁艺楼梯模型如图 5-53 所示。

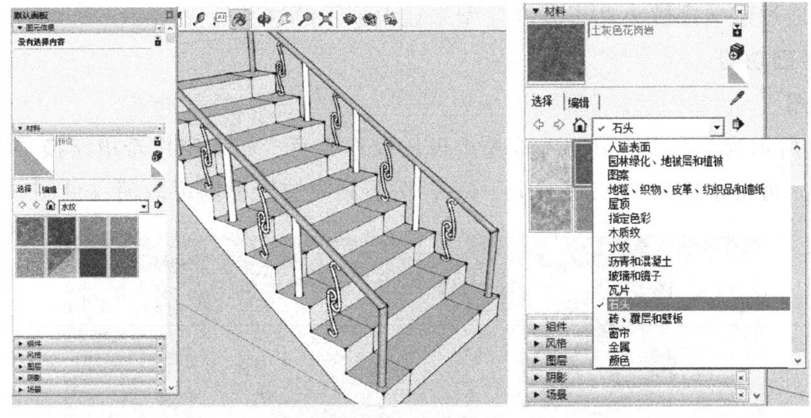

图 5-52 渲染功能

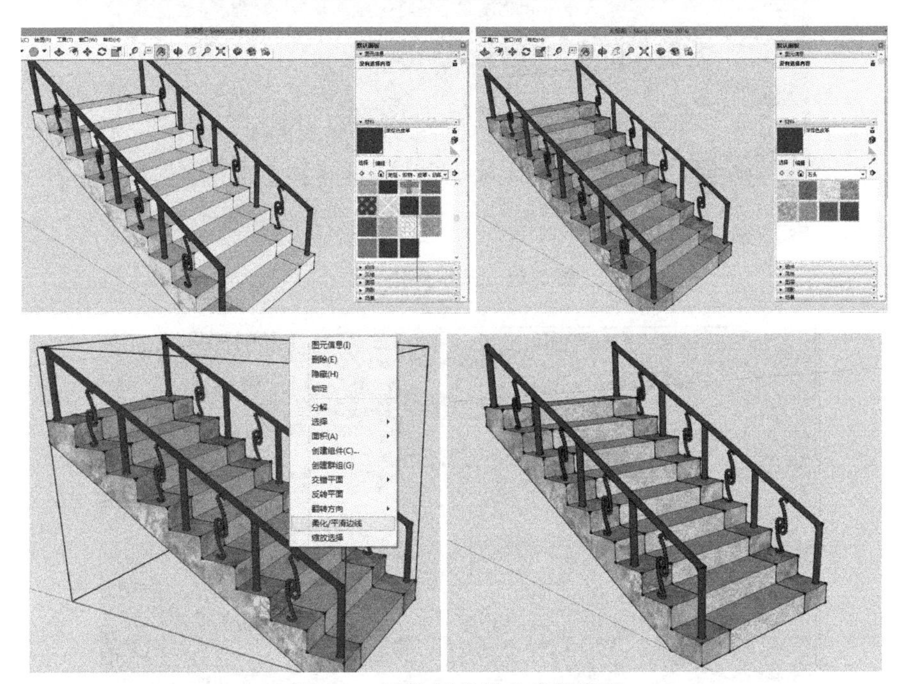

图 5-53 渲染后的铁艺楼梯模型

5.2.4 Blender 教程——樱桃小丸子三维模型的建立

Blender 是一款开源的跨平台全能三维动画制作软件，由一个为持续开发 Blender 而成立的非营利性组织——Blender 基金会所提出和推广，该基金会有一个广泛的目标“让整个网络世界都能方便地使用三维技术，并使用 Blender 作为这个目标的核心”。免费、开源和工业化的品质是对于 Blender 最多的评价。它可以实现三维建模、贴图、材质选取、骨骼、动画、渲染、脚本控制、运动追踪等功能，甚至进行游戏及动画 CG 制作。在诸多国外影视作品中，有很多 3D 动画就是由 Blender 来完成的，如电影《2012》中火山的烟雾效果就是一例。与其他的大型建模软件相比，Blender 最大的优势就是它是一款免费的开源 CAD 软件，建模功能完善又非常轻量级，其 V2.78 版安装文件仅 70M。

下面就通过建立樱桃小丸子三维模型来让大家了解这款软件。

5.2.4.1 基础功能

(1) 视图

图 5-54 所示为打开 Blender 后首先出现的操作界面。如果用户希望切换成类似 Rhino 的操作界面，可按快捷键“Alt＋Ctrl＋Q”，按下相同快捷键则可取消（见图 5-55）。

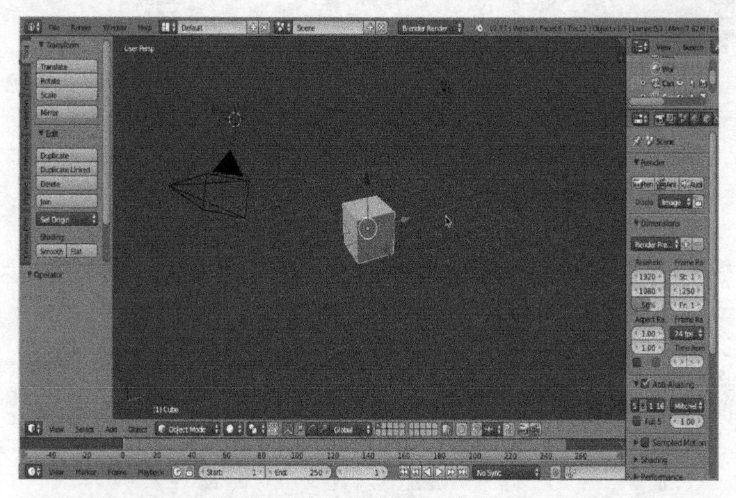

图 5-54 基本操作界面

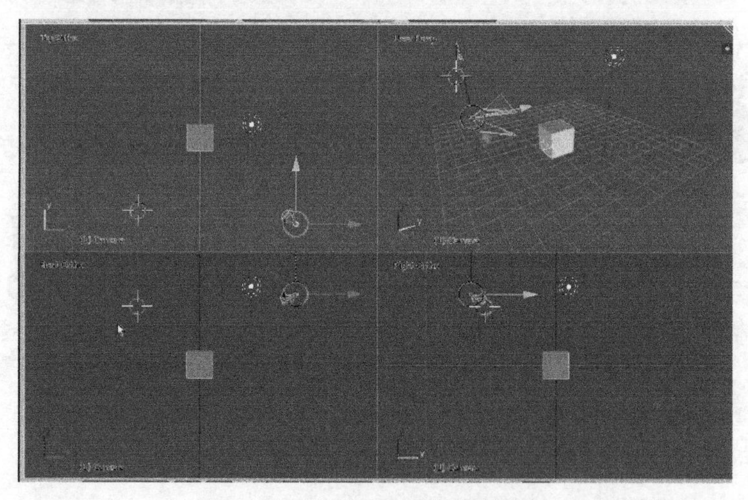

图 5-55 类似 Rhino 的操作界面

除了上面这两种视图之外，用户还可以根据自己的使用习惯或爱好进行自定义视图。细心的用户可以发现在每个控制面板的角落位置都有一个小三角，如果把鼠标停留在这个小三角上，就会变成白色十字光标。拖动此光标时则可以增加视图。用户还可以根据实际情况来调整出适合自己的视图（见图 5-56）。如果不需要这么多的视图，反向拖动此小三角即可。

Blender 选择物体是用鼠标右键，物体被选择时会有黄色的轮廓线，且该物体黄色的质点上会出现一个黄色的三维坐标，可以通过拖动三维坐标上的轴线使物体移动。按下快捷键“A”取消选择。点击左键出现一个含有十字和一个红圈的游标。该游标起到定位基

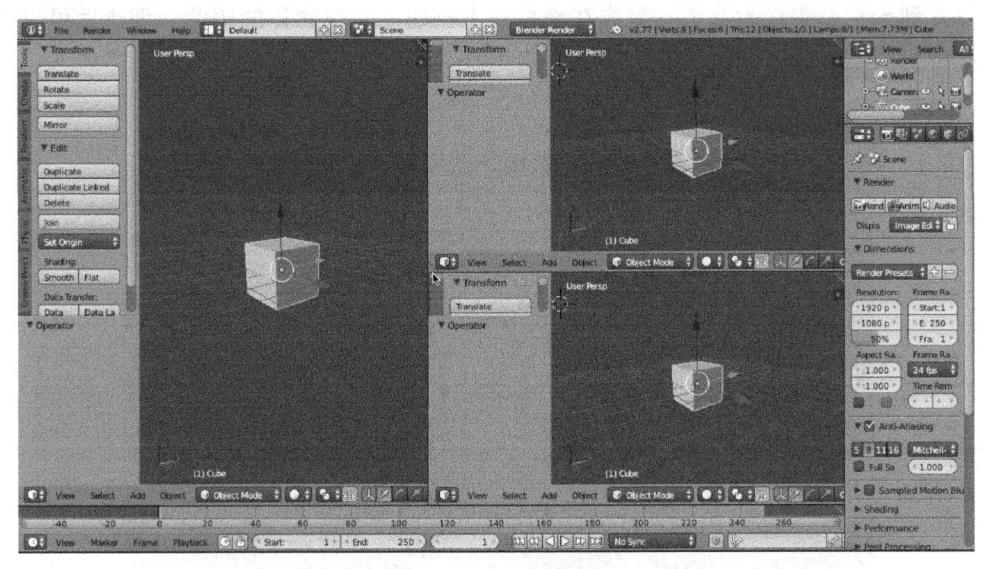

图 5-56 多视角调整

准的作用，即所有建立的模型全是从这个位置生成的（见图 5-57）。

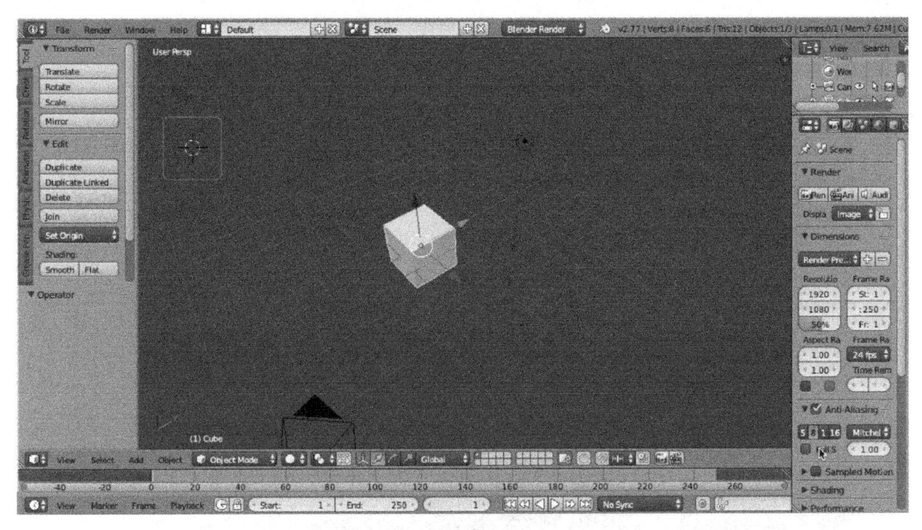

图 5-57 选择按键及游标

（2）编辑

Blender 初始的默认模式是物体模式，即只能对物体进行观察、合并等功能。如果想改变物体外观形状，则需要切换到编辑模式，并利用面板中的功能进行物体的位置（移动、旋转、缩放）和形状的调整（见图 5-58）。

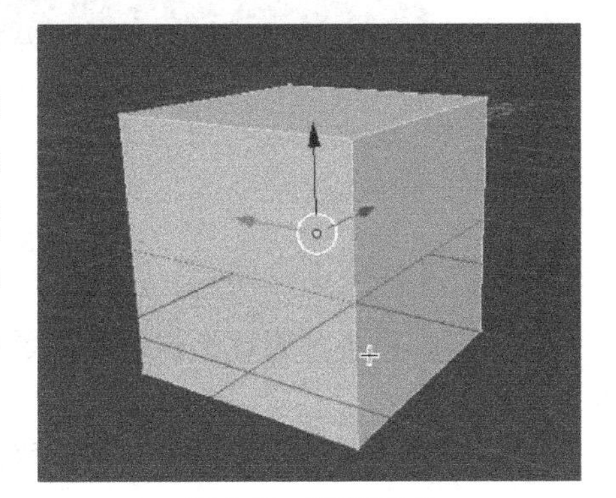

图 5-58 编辑模式

5.2.4.2 樱桃小丸子模型的建立

（1）找参考图和建立参考系

首先需要寻找参考系，即放置一张樱桃小丸

子的图片到坐标系中作为参考。首先在坐标系上创建一个空物体的图像；创建后可以看到坐标系中出现了一个黄色框。在右侧属性栏里找到Image添加图片（见图5-59）。

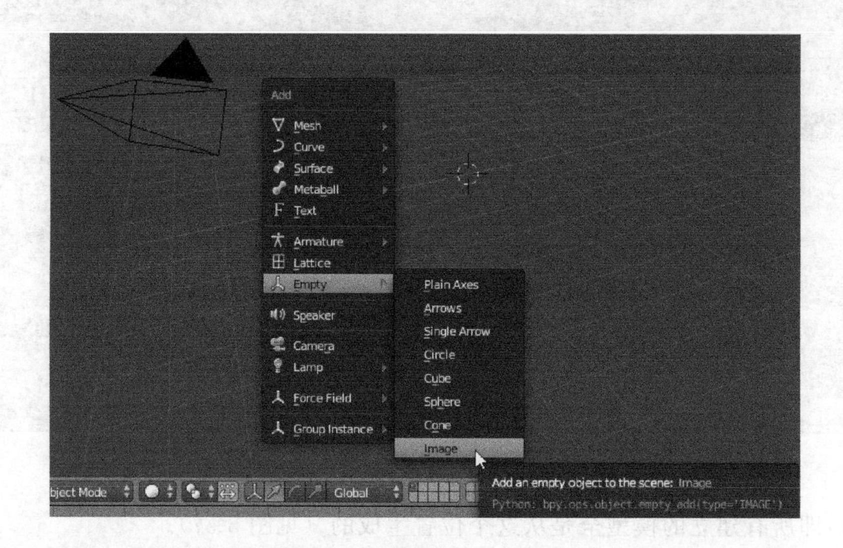

(a) 加载图片

(b) 选取放置基点

图 5-59　放置参考图片

添加图片后将其旋转平移到坐标系中合适位置，可以在右侧属性栏里调节图片的透明度（见图 5-60）。

（2）创建立方体，添加表面细分修改器，添加镜像修改器

使用快捷键“Shift＋A”建立一个与小丸子面部大小差不多的立方体（见图 5-61）。

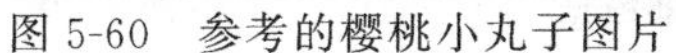

图 5-60　参考的樱桃小丸子图片

图 5-61　创建面部模型立方体

使用右侧属性栏添加一个表面细分修改器后，立方体会变成一个多面体。当将右侧的“view”选项调成 2 时，多面体会成为一个类球体。按下快捷键“Z”进入编辑模式（见图 5-62）。

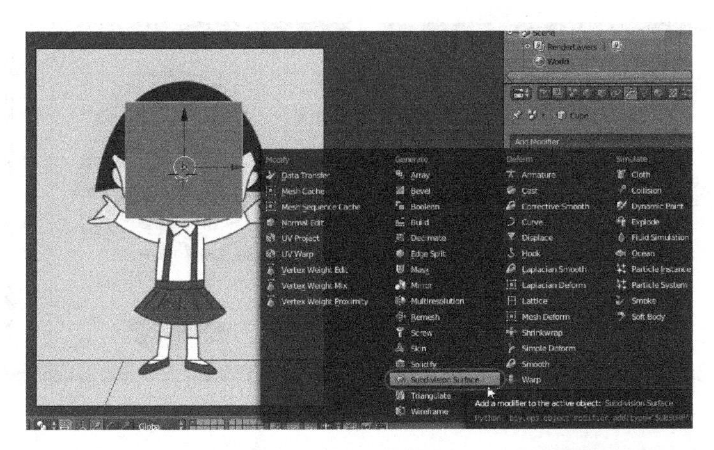

图 5-62　调整面部模型为类球体

使用快捷键“B”选择类球体左侧并将其删除，添加镜像修改器，其功能是能够使一侧的操作与另一侧同步（见图 5-63）。

图 5-63　修整面部模型

(3) 使用编辑线来修整头部形状

进入编辑模式，利用编辑线（快捷键“O”）来使类球体与小丸子头部形状相似（见图 5-64）。

图 5-64　完善面部模型

调整编辑线勾勒出小丸子侧面轮廓并进行修整，通过渲染功能添加肤色（见图 5-65）。

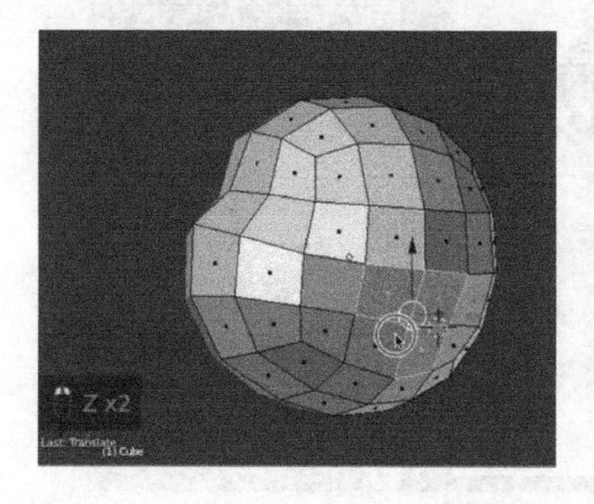

图 5-65　编辑面部模型侧面轮廓

(4) 制作耳朵、颈部、躯干及四肢等部位

选定特定的几个面拉伸出耳朵、颈部和身体，细节调整以尽量生动形象（见图 5-66）。

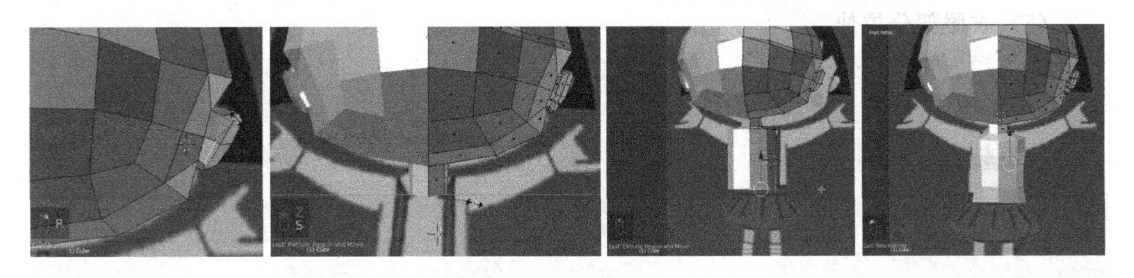

图 5-66　拉伸特征部位模型

沿身体底部添加线条，使其产生一个六边形以进行腿部的拉伸。两条腿拉伸完成后，将其底部缩小，再拉伸小腿并进行材质调整（见图 5-67）；脚部、手臂、手掌和手指的拉伸操作方法与腿部建模相同，其中脚部添加红色材质，衣服添加白色材质（见图 5-68）。

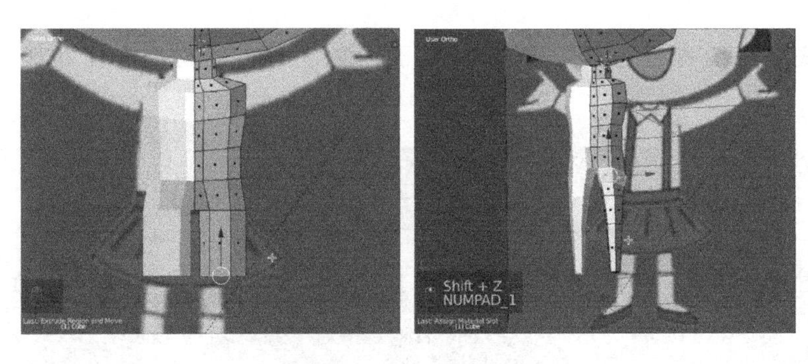

图 5-67　拉伸腿部模型

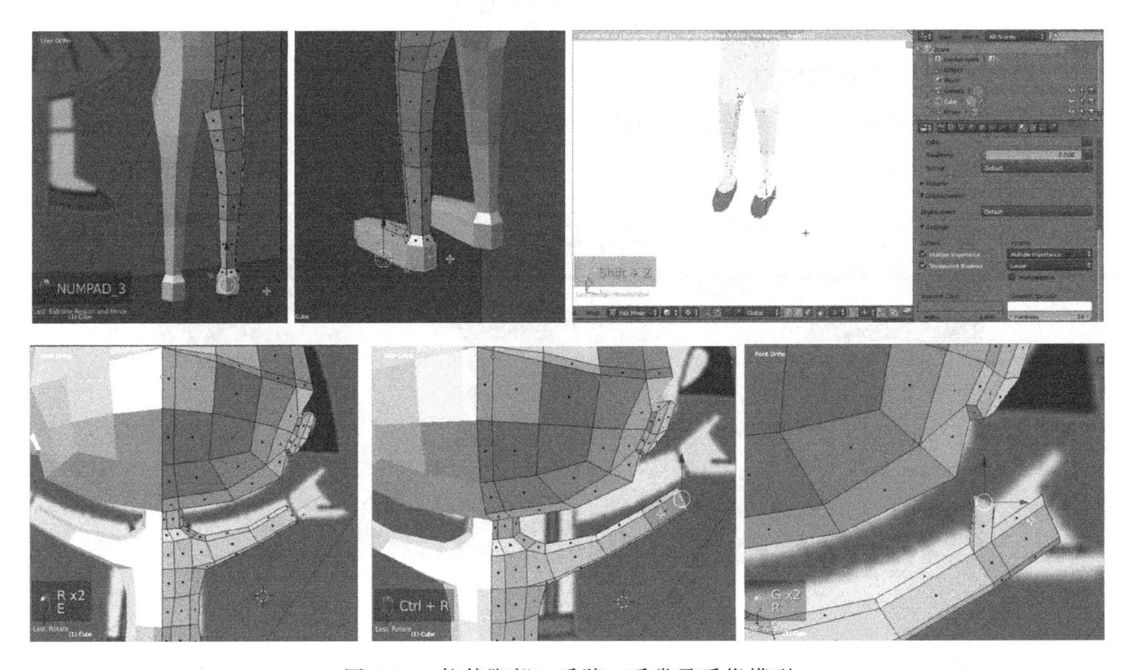

图 5-68　拉伸脚部、手臂、手掌及手指模型

(5) 衣服部分拉伸

选定颈肩结合部位处的几个面，使用快捷键“Alt+S”将面沿法线方向向上拉伸形成衣领，选择特定的线并按两下“G”，可以在线上滑动点，然后拉伸出正反面的两条背带，添加红色材质（见图 5-69）。

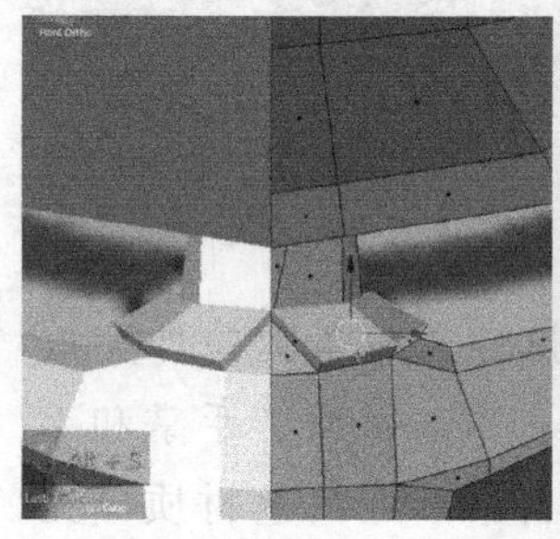
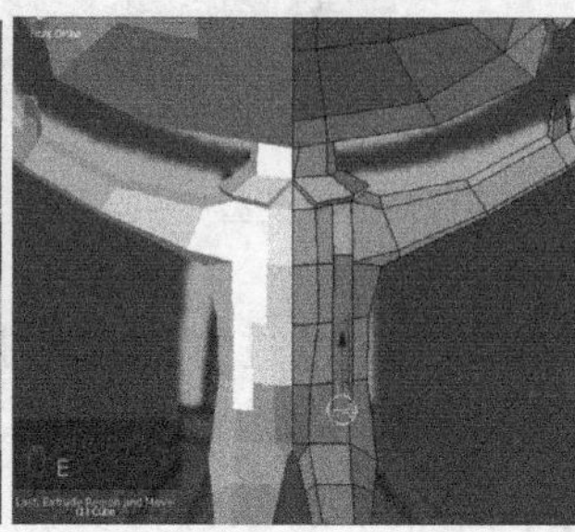
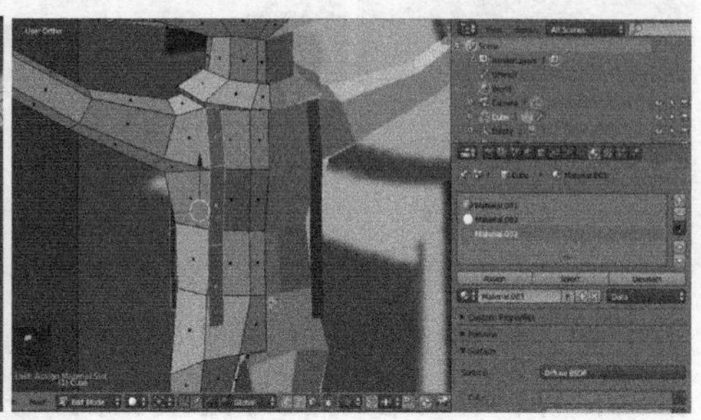

图 5-69 拉伸衣服模型

将背带底部用线进行连接并拉伸出裙子，调整大小及材质，使其美观圆滑（见图 5-70）。

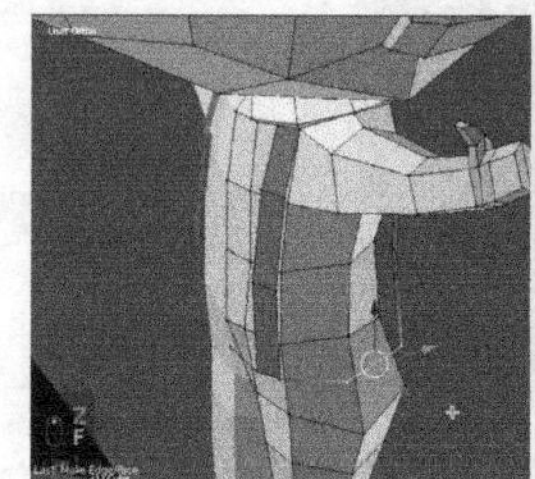
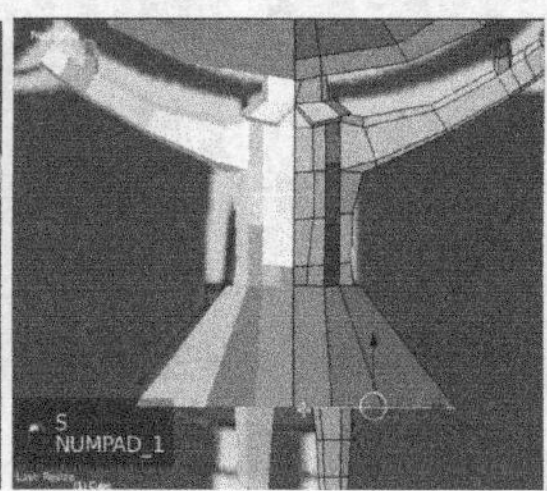

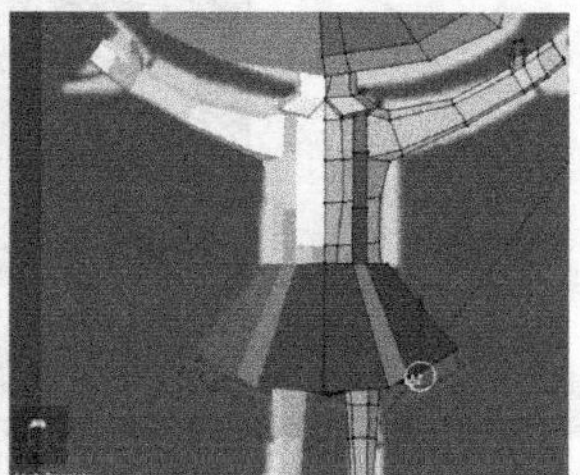

图 5-70 完善裙摆造型

(6) 制作头发和面部特征

头部选好这些面，使用快捷键“Ctrl+D”复制，再使用“Shift+P”将它们分离出来并调整材质（见图 5-71）。

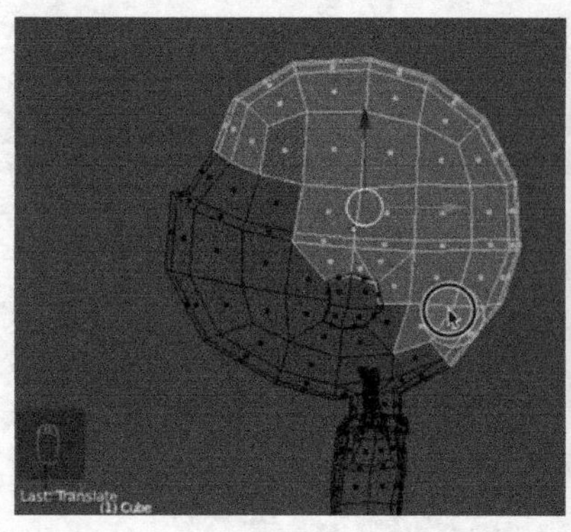

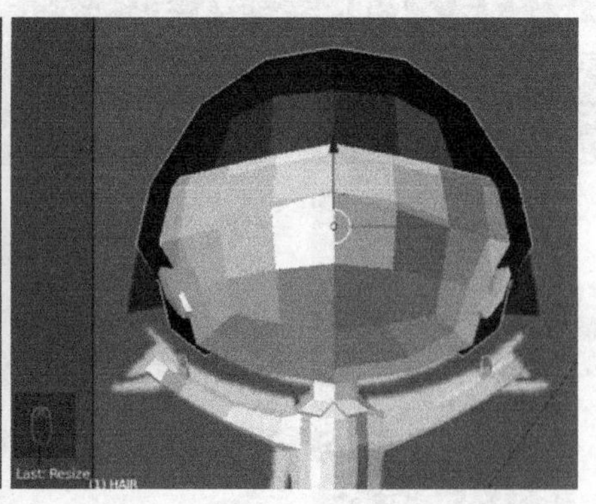

图 5-71 建立头发模型

对头发进行修改，拉伸出蘑菇头的发型并制作出尖尖的刘海（见图 5-72）。

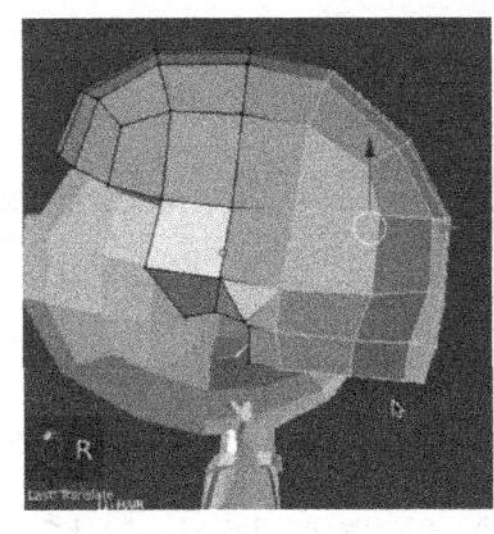

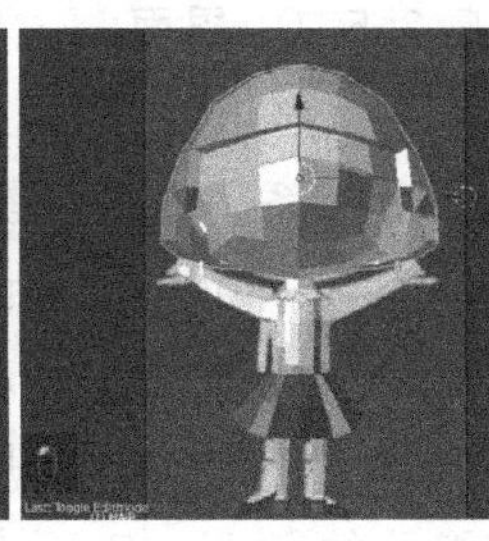

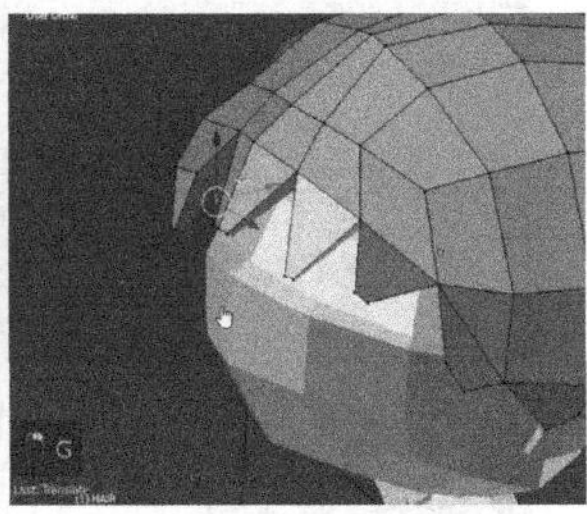

图 5-72 完善头发模型特征

建立两个六棱柱，缩放并移动到面部适合位置以完成眼睛模型的制作，并合并模型（见图 5-73）。

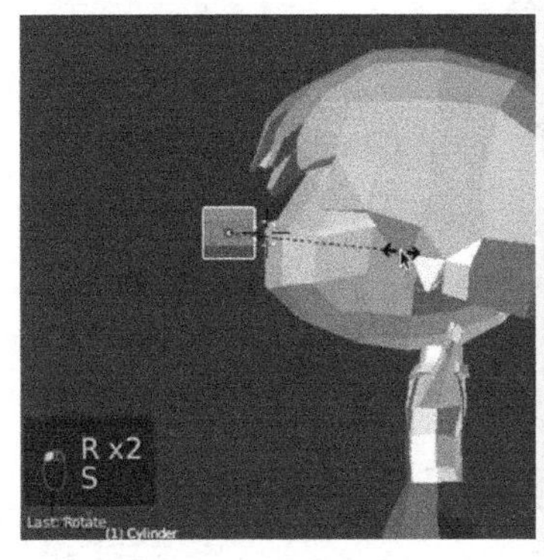

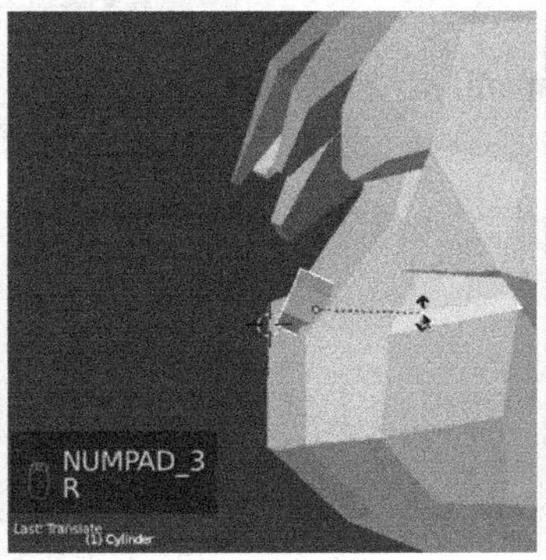

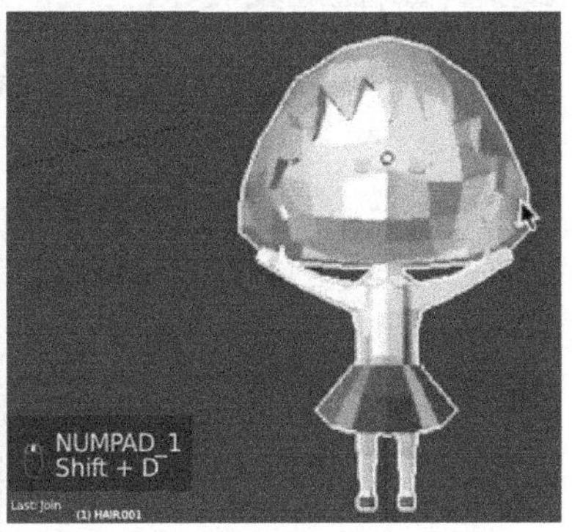

图 5-73 建立眼睛模型

调整细节及完成渲染。到此为止，一个可爱的樱桃小丸子模型就建立完成了（见图 5-74）。

图 5-74 最终完成的模型

5.2.5 3D One 玛雅金字塔建模教程

3D One 是一款适用于中小学的 3D 设计软件，由国内中望 CAD 公司开发。该软件可实现 3D 设计和 3D 打印软件的直接连接，并提供有丰富的本地及网络资源库，为用户提供一个简单易用、自由畅想的 3D 设计平台。

3D One 界面简洁灵动，它使用最自然的交互方式，通过“搭积木”的设计思想让用户快速制作出个性化的模型。即使是对制图或设计没有任何基础的人，也可以通过拖曳出资源库中不同的模型来“搭建”出想要的 3D 场景。

距今两千年历史的玛雅金字塔是古玛雅文明的象征，建筑高大雄伟，装饰神秘精美，无处不显现出高超的建筑和艺术水平，是古玛雅人对心中理想的完美垒砌（见图 5-75）。下面就通过建立玛雅金字塔造型，来让大家了解这款软件。

图 5-75　玛雅金字塔实景图片

5.2.5.1　界面

3D One 主界面由一个可变换的平面坐标系、左侧工具栏及下侧视角和视图调整功能选项组成。左下角的视角调整可以把模型调整到固定的角度观看，并可通过四周的小箭头做更加细致的微调。正下方的菜单栏中包括查看视图、渲染模式、显示/隐藏、整图缩放、3D 打印以及过滤器列表等选项。这些选项能够让已经成型的三维模型具有更好的观赏性（见图 5-76）。

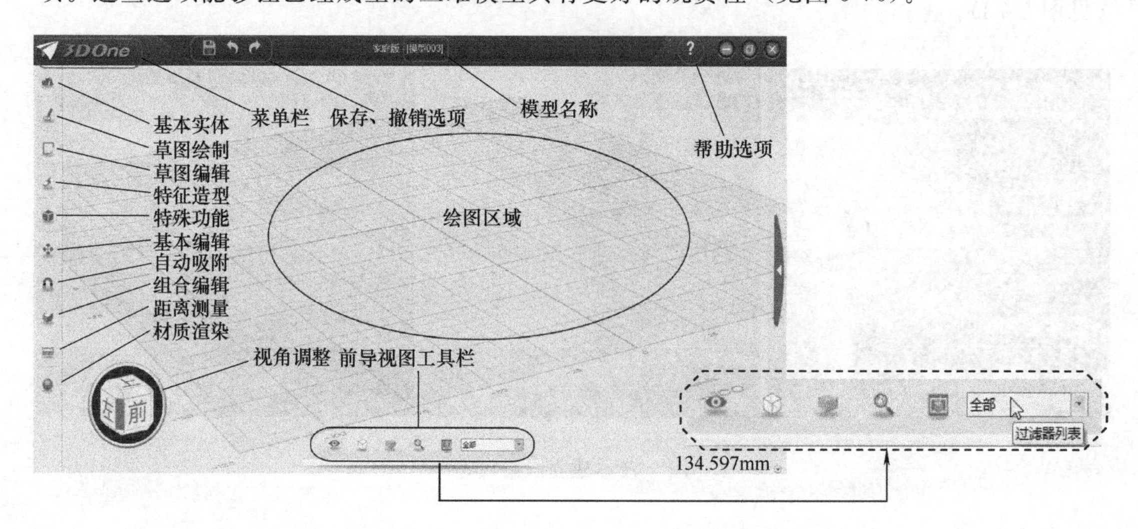

图 5-76　操作界面

5.2.5.2　命令工具栏

左侧工具栏是 3D One 软件的操作核心，包含基本实体、绘制草图、编辑草图、特征造型、组合编辑、材质渲染等功能（见图 5-77）。

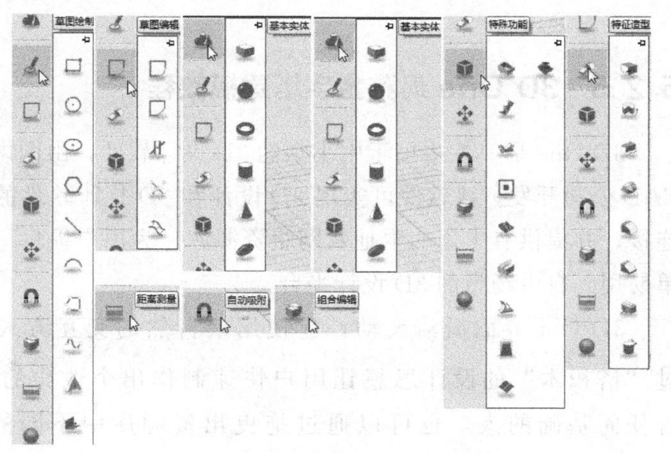

图 5-77　命令工具栏

5.2.5.3　塔身主体

玛雅金字塔主体部分的绘制思路是：将一个封闭的矩形拉伸出实体模型，接着再将其分割成多层，最后再将其组合。

（1）平面图

将视图调为上视图，选择绘制草图中的矩形绘制功能，在平面坐标系中先选定一个固定点，然后在左上角提示框中输入两点坐标，便可确定出矩形的尺寸，或直接在视图中相应尺寸标注的数字处，进行输入修改（见图 5-78）。

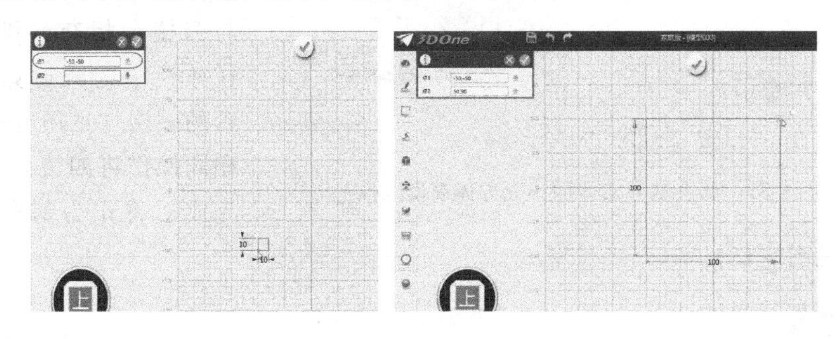

图 5-78 绘制草图

（2）实体模型

选择特征造型中的拉伸功能将矩形向上拉伸，并使实体造型的顶端适当收缩，以得到一个四棱台（见图 5-79）。

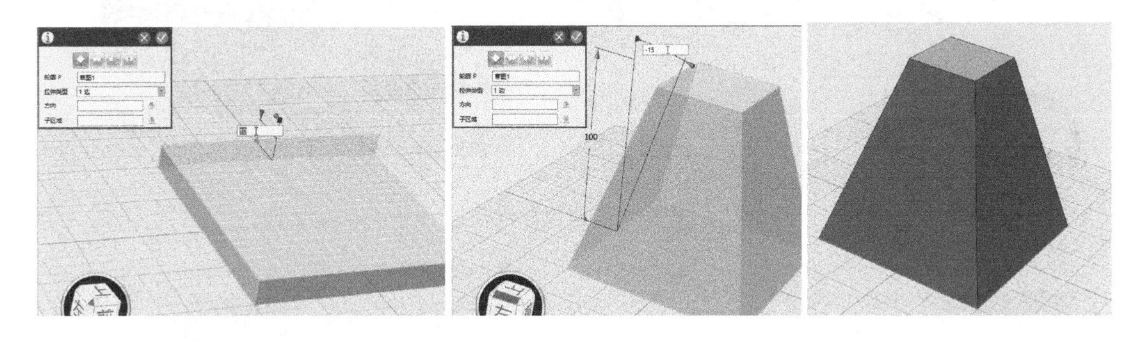

图 5-79 拉伸实体

（3）实体分层

选择基本实体中的六面体绘制功能，在四棱台一侧建立一个高出四棱台的立方体，作为之后分层的基准实体（见图 5-80）。在高立方体侧面创建一个小立方体，在左上角提示框中输入点坐标以调整立方体高度，或直接在视图中的尺寸上输入高度值（见图 5-81）。

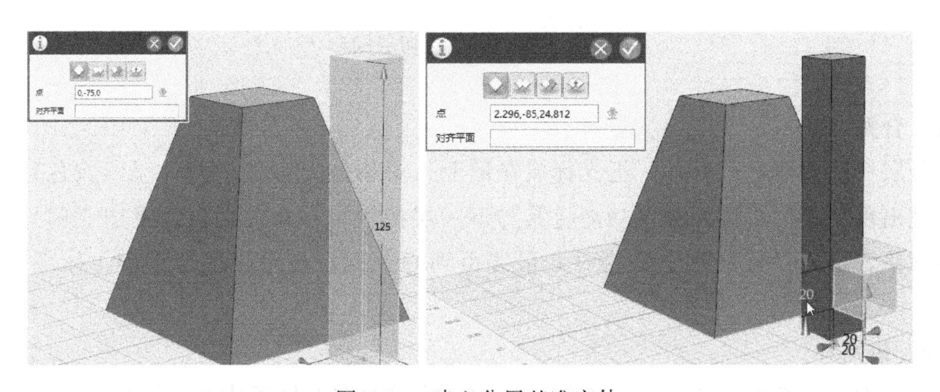

图 5-80 建立分层基准实体

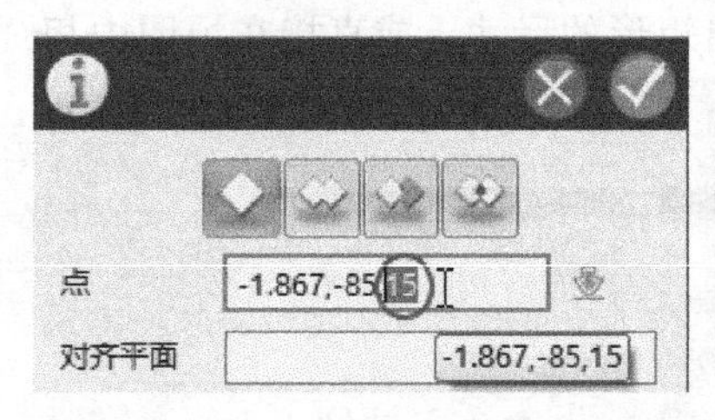

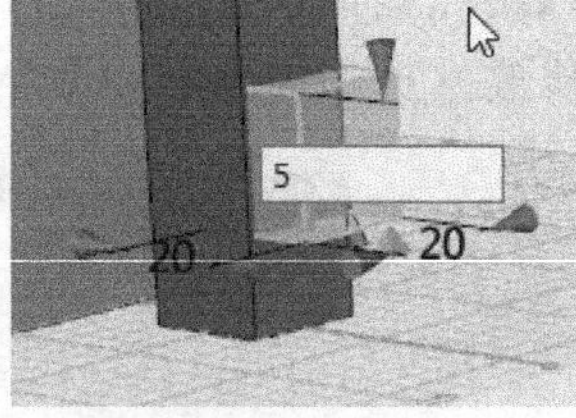

图 5-81 调整基准实体的小立方体高度

在立方体高度不变的情况下，将其长宽扩大，使其与四棱台相交，利用左上角任务栏中的减运算切去四棱台的一层（见图 5-82）。执行相同操作将四棱台切去多层，完成后将作为基准实体的立方体删除（见图 5-83）。

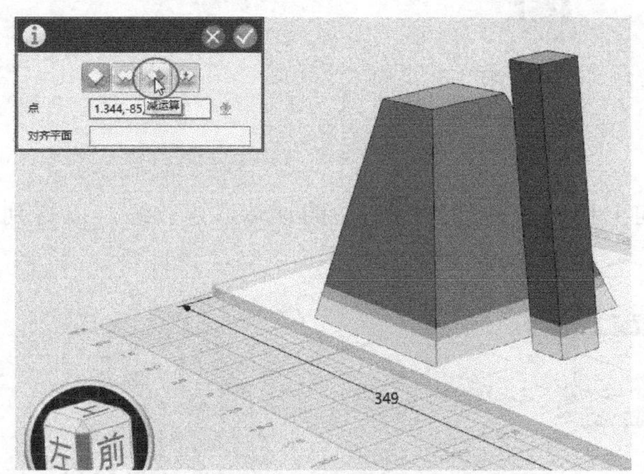

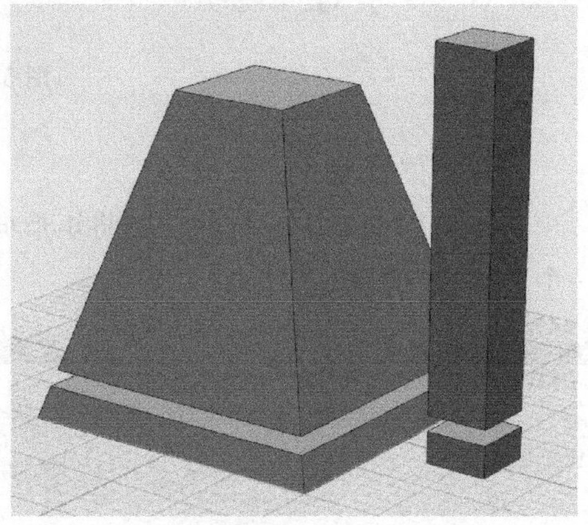

图 5-82 四棱台切层

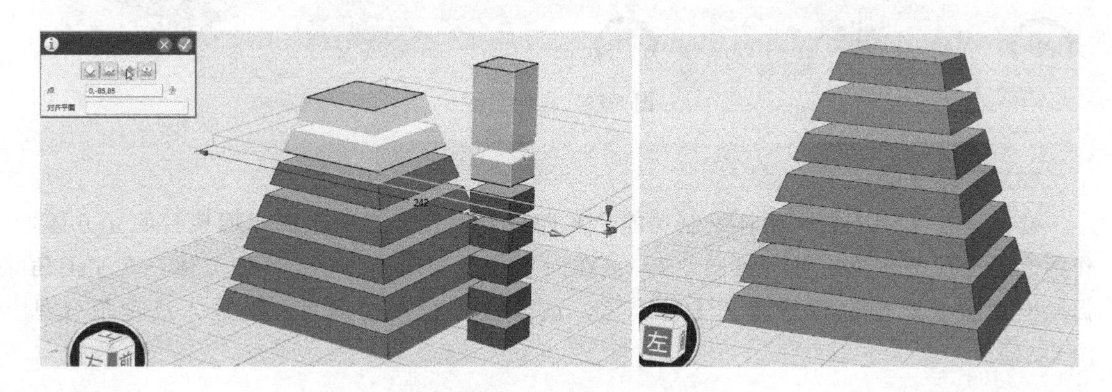

图 5-83 完成四棱台切层操作

（4）合并

将分层后的实体进行合并。把光标放在最上一层物体上（选中物体呈浅黄色），点击鼠标左键出现工具栏，选择移动功能将其与下一层接触，并合并两层（见图 5-84）。按此操作步骤使各层进行逐层接触并合并，最终得到一个四棱梯台，即金字塔主体部分（见图 5-85）。

5.2.5.4 塔顶

持续 3 次选取基本实体中的六面体，并逐一将其放置在塔顶中央，调整好各立方体大

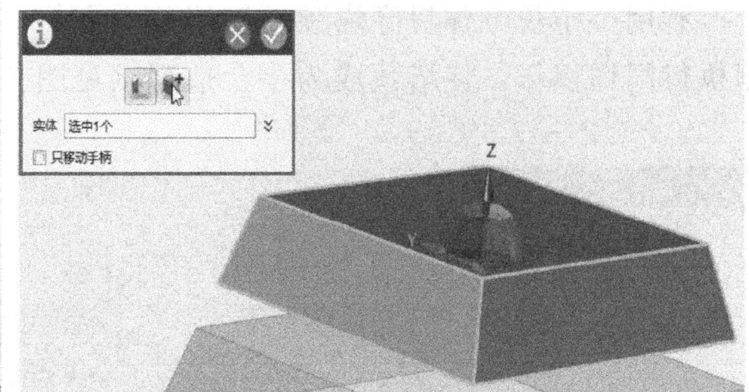

图 5-84 合并分层实体

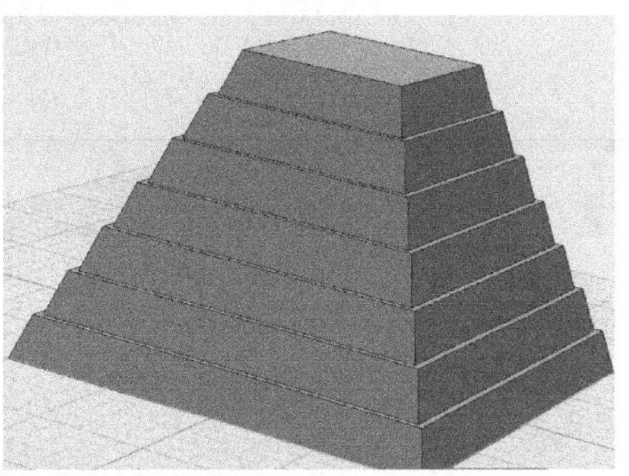

图 5-85 主体四棱梯台模型

小及高度并进行排列，形成塔顶结构（见图 5-86）。

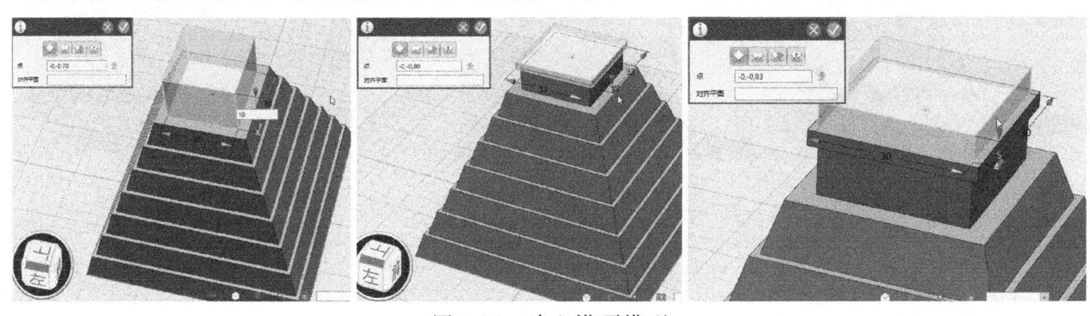

图 5-86 建立塔顶模型

将最上面一个立方体的高度设为负值，同时选取周边适合宽度、利用减运算产生一个凹槽（见图 5-87）。

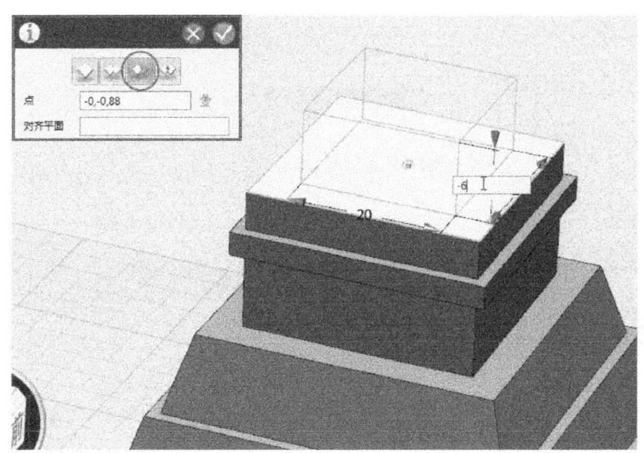

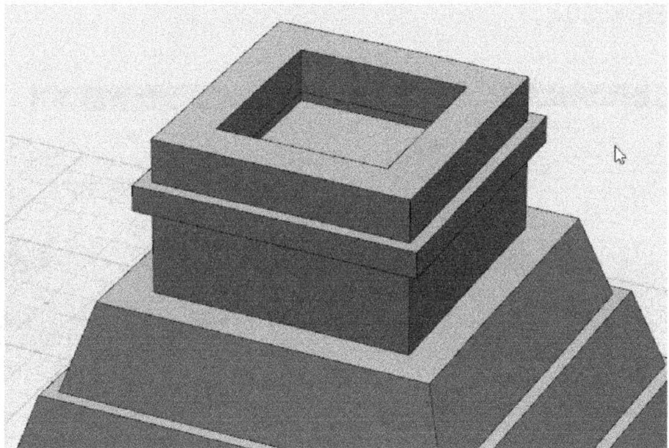

图 5-87 生成塔顶凹槽

利用一个长方体贯穿塔顶基座层的立方体，再使用减运算使其产生一个空腔；在另一侧执行同样操作，使塔顶成为亭台造型（见图 5-88）。

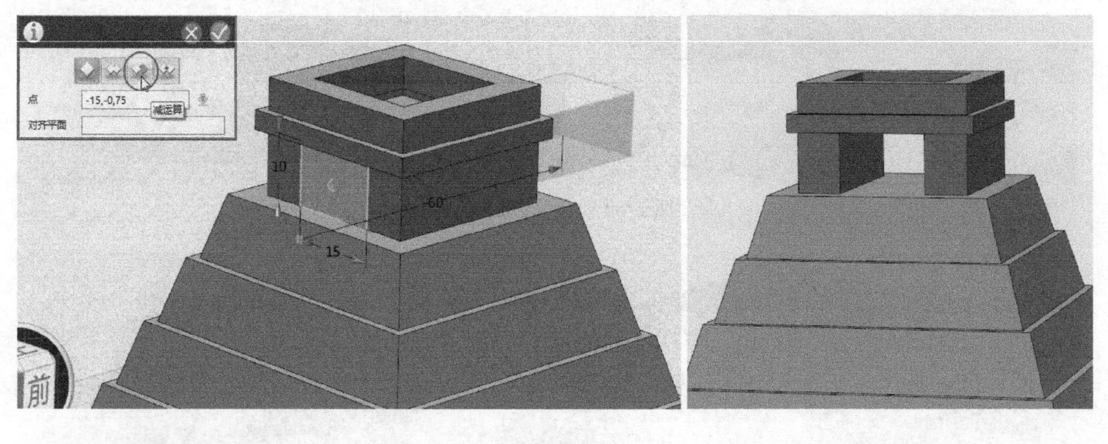

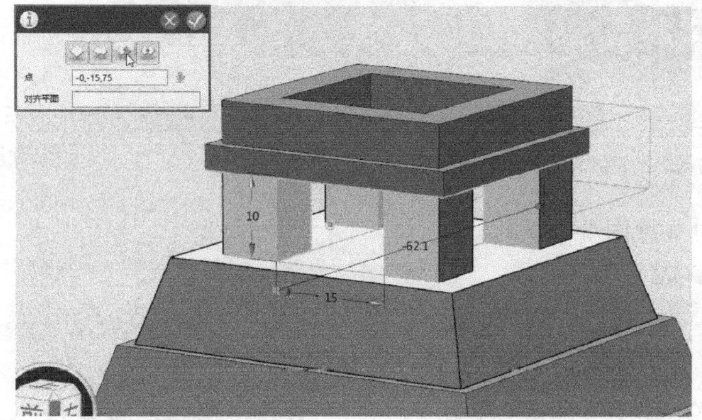

图 5-88 建立塔顶亭台模型

5.2.5.5 楼梯

在塔体一侧放置一立方体，选择工具栏中直线绘制功能，将平面坐标系选为过立方体一侧中点的垂直平面上，把视角调到左视图，并绘制一个四边形（见图 5-89）。选择所画四边形并使用拉伸功能拉出一个六面体，然后使用减运算将该六面体切出一个凹槽（见图 5-90）。

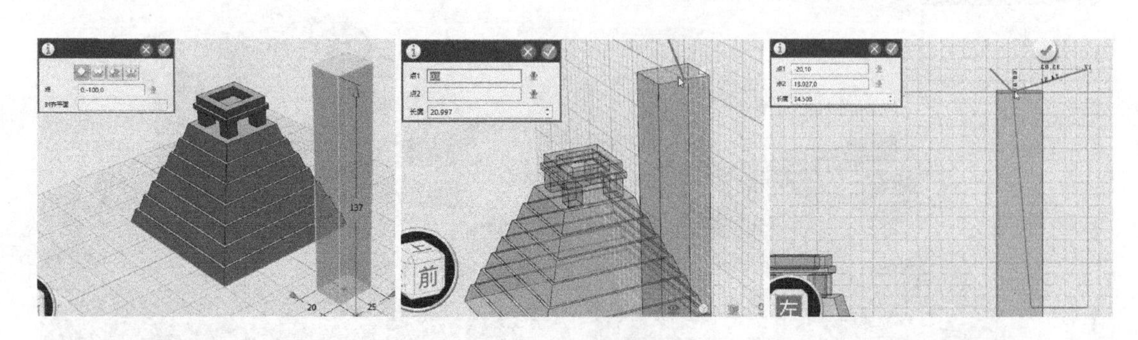

图 5-89 绘制楼梯草图

图 5-90 生成楼梯结构

利用相同的原理，再将六面体切去一部分，完成楼梯主体造型（见图 5-91）。

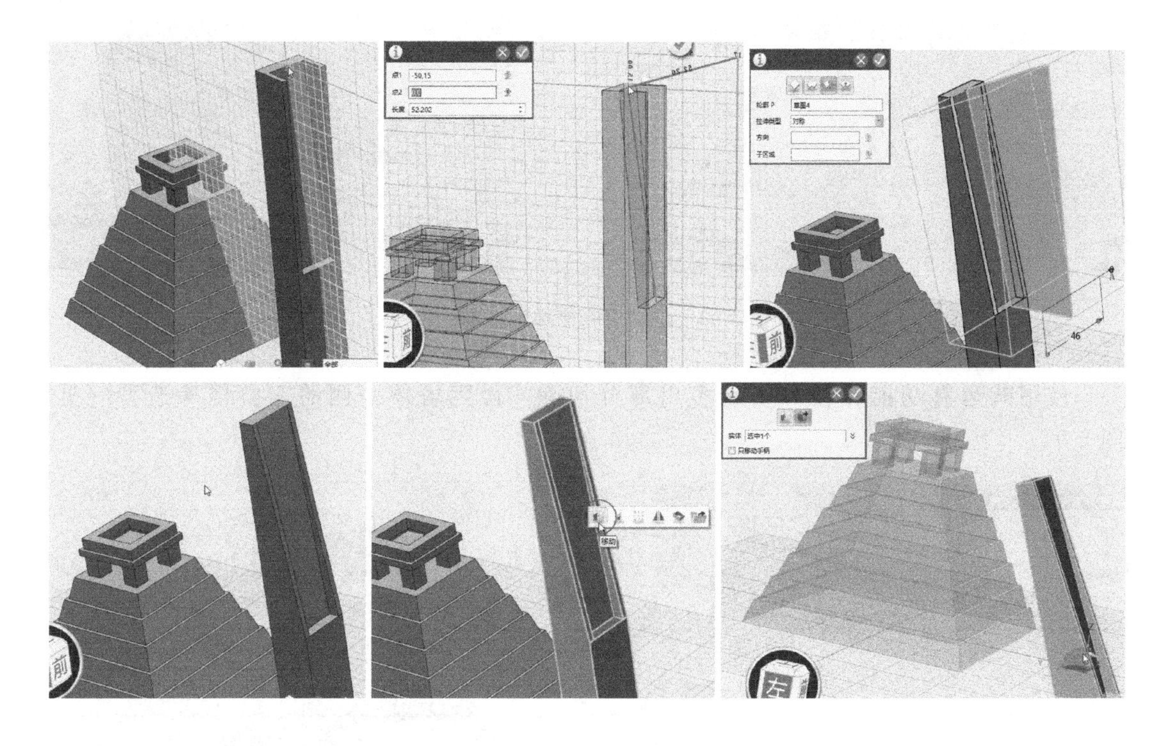

图 5-91 楼梯主体造型

选择该模型，使用动态移动功能将其旋转到一定的角度。使用点对点移动功能，选择楼梯模型最上面一条棱的中点，将其与塔顶平台的一条棱的中点相对接，即可将楼梯模型安放在金字塔的一侧（见图 5-92）。

接下来的任务就是把楼梯下端多出部分切除掉。选择工具栏中绘制草图选项的多段线绘制功能，首先在金字塔底端绘制一条线段，再以该线段为基准向一端延长（注意：如果延长线位于该线段所在的直线上时，其颜色为红蓝相间），再绘制出一个空间四边形（见图 5-93）。

图 5-92　一侧楼梯与塔体组合

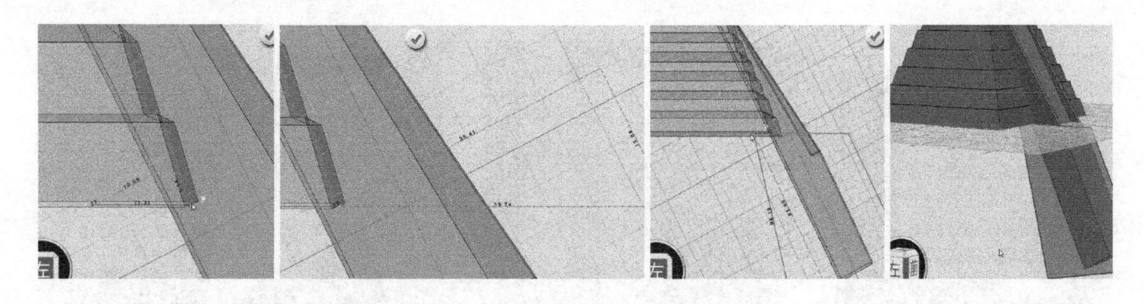

图 5-93　绘制切除楼梯用基准线段

使用减运算功能将楼梯下端多出部分切除，得到塔体一侧的完整楼梯造型（见图 5-94）。

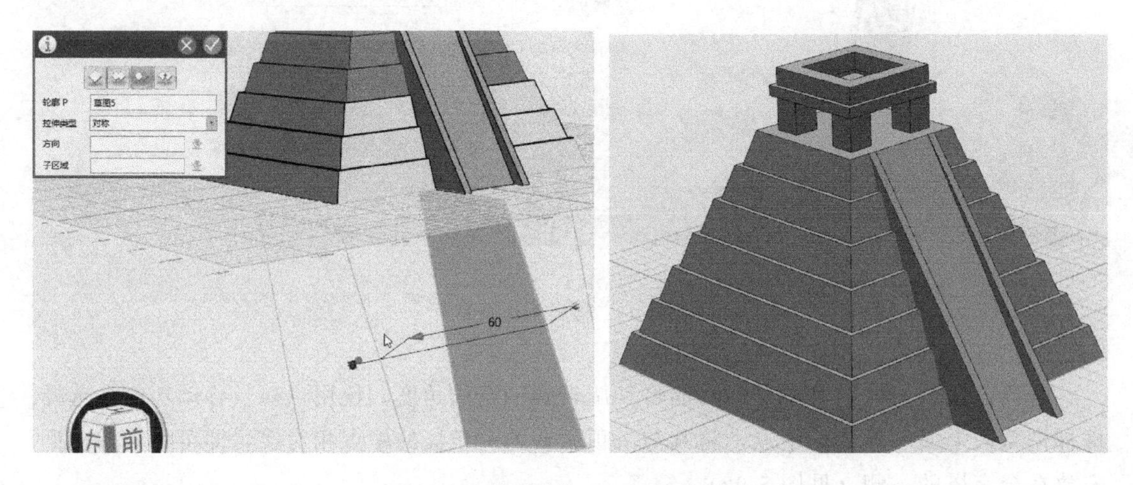

图 5-94　完成塔体及一侧楼梯模型

依次对已成型的楼梯进行复制、旋转、点对点移动和镜像功能，使玛雅金字塔四周都拥有楼梯（见图 5-95）。将各部分组合在一起，完成玛雅金字塔模型的建立（见图 5-96）。

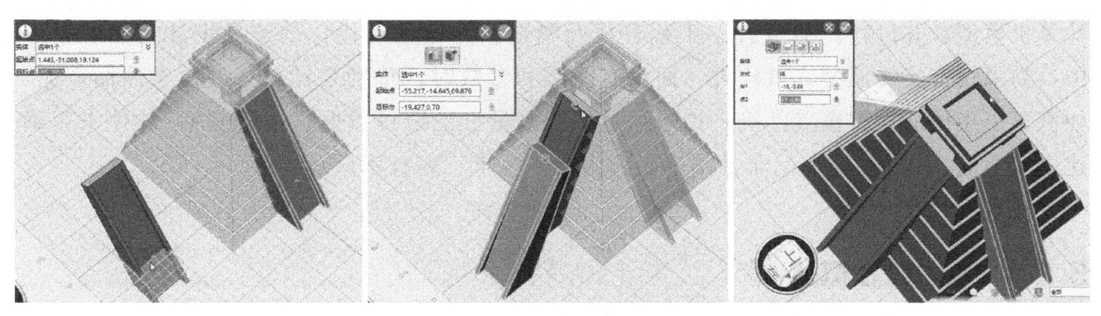

图 5-95　塔体四周楼梯模型

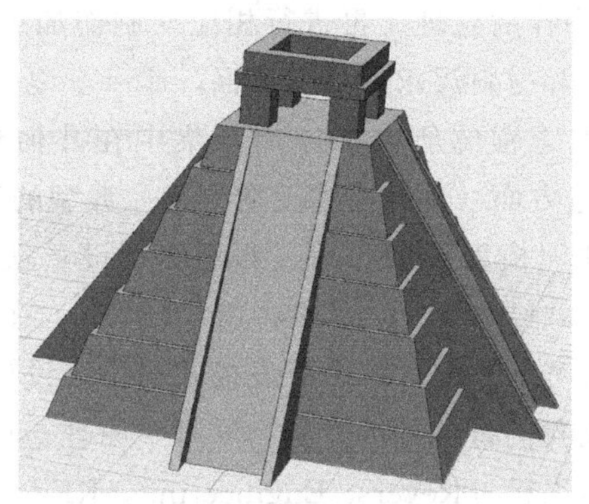

图 5-96　玛雅金字塔模型

5.2.5.6　渲染

选择工具栏中的材质渲染选项，通过调整不同的材质和颜色，便可将玛雅金字塔渲染成自己喜欢的样式。最终，一个完整的玛雅金字塔模型就呈现出来（见图 5-97）。如果电脑连有 3D 打印机的话，就可以使用下侧菜单中 3D 打印功能进行实物的制作。

图 5-97　渲染后的玛雅金字塔模型

5.3 反求工程

随着 CAD 技术的日益发展，设计人员可以方便地利用手工草图或现有图纸生成三维计算机模型，并进行产品设计、工程分析及制造。然而在现代化的产品设计或加工生产中，如果仅有实物模型或者样件，而没有图纸和参数时，特别是针对一些复杂曲面产品，如汽车、飞机的大型覆盖件等，如果通过传统测量方法取得数据，再经CAD软件来正确建立完整的3D模型，那就非常困难了。为此，反求工程技术应运而生。

5.3.1 反求工程概述

反求工程，顾名思义就是反其道而行，先有产品或样品，将测量系统测得的数据，导入专业软件或CAD/CAM中作后处理，再进行相应的制作加工。广义的反求工程包括形状（几何）反求、工艺反求和材料反求等诸多方面，是一个复杂的系统工程。

目前，大多数有关反求工程的研究和应用都集中在几何形状，即重建产品实物的CAD模型和最终产品的制造方面，称为实物反求工程。典型的工业应用如汽车外形设计：设计师完成等比例木模或油泥模型的制作后，利用测量设备获取物理模型表面的坐标数据，借助专用三维重构软件并结合CAD系统构造3D模型，在此基础上进行产品结构性能分析或制造出原型样件或产品。这种产品开发模式与传统设计方法正好相反，它的设计流程是从实物到设计，因此我们将这种由“实物原型→原理、功能→三维重构”的产品开发过程称为反求工程或逆向工程（Reverse Engineering，RE）。

RE是20世纪80年代后期出现的先进制造领域新技术，它是通过对实物的测量来构造其几何模型，进而根据具体功能需求进行改进设计和制造。与传统意义的仿形制造不同，RE主要是将原始物理模型转化为工程设计概念或设计模型，它一方面为提高工程设计、加工分析的质量和效率提供充足的信息，另一方面为充分利用先进的CAD/CAM/CAE技术对原始物理模型进行工程创新提供服务。需要指明的是，RE并不仅仅是单纯的复制模仿，而应是从样件测量开始，将技术引进与消化吸收、与创新相结合，对原产品进行再设计和提高的全过程，由此形成增强技术创新能力的重要手段，提高核心竞争力。

近年来，由于信息技术的快速发展以及各行业对三维信息的需求日益增多，RE技术还催生出许多新型的产业及服务项目，典型的有：

① 人体三维建模、服装设计、制鞋、三维人脸识别；

② 医学模型制造、医学仿生、美容整形模拟、牙模制作；

③ 文物数字化、文物保护与修复、数字化博物馆；

④ 三维游戏制作、三维影视动画制作；

⑤ 脚印、指纹采集与比对、弹痕采集及数字化；

⑥ 产品质量检测与测量、产品逆向工程；

⑦ 零件变形检测、工业在线检测；

⑧ 建筑数字化、建筑三维测量；

⑨ 模具设计、制造与检测；

⑩ 汽车、家电、家具设计等。

RE的工作流程由产品数字化、数据预处理、模型重建、模型分析与校验四个部分组成（见图 5-98）。

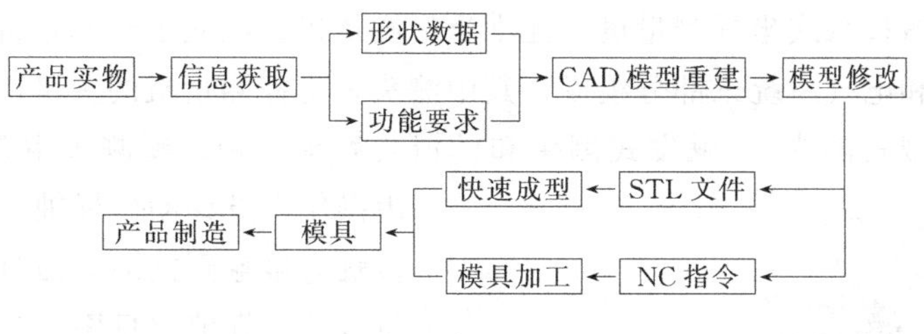

图 5-98　反求工程流程图

① 产品数字化。即零件原型的三维数字化测量。它是采用接触式或非接触式数字测量设备来完成零件原型表面点的三维坐标值采集，使用 RE 专业软件接收处理离散点云数据。

② 数据预处理。按测量数据的几何属性对获取的数据进行分割，采用几何特征匹配与识别的方法来获取零件原型所具有的设计与加工特征。

③ 模型重构。将分割后的三维数据在 CAD 系统中分别作曲面模型的拟合，并通过各曲面片的求交与拼接获取零件原型表面的 CAD 模型。

④ 模型分析及校验。对虚拟重构出的 CAD 模型，从产品的用途及零件在产品中的地位、功用进行原理和功能分析，确保产品良好的人机性能，并实施有效的改进创新。同时，根据获得的 CAD 模型，采用重新测量和加工出样品的方法、来校验重建的 CAD 模型是否满足精度或其他试验性能指标的要求，对不满足要求者重复以上过程，直至达到产品与零件的功能、用途等设计指标。

5.3.2　反求测量方法分类

快速、准确地获取实物模型的几何数据是实现 RE 的重要步骤之一。早期对实物模型的测量大都采用手工测量，效率低、精度差。随着计算机技术、CAD/CAM 及高精度坐标测量机的发展，产品数据采集逐渐转移到坐标测量机上完成，从而大大提高了测量精度和效率，也促进了 RE 的应用和推广。同时，光电、传感、控制等相关技术的发展也衍生出越来越多的零件表面数字化方法，其中典型的反求测量方法分类如图 5-99 所示。下面就常用的几种方法做一简单介绍。

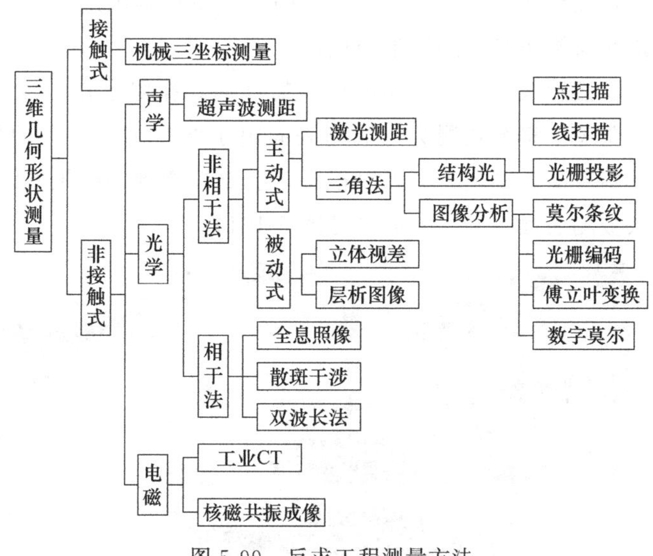

图 5-99　反求工程测量方法

(1) 坐标测量机法（Coordinate Measuring Machine，CMM）

在接触式方法中，坐标测量机作为一种精密的几何量测量仪器，在工业中得到广泛应用。它是集机、光、电、算于一体的接触式精密测量设备。根据测量原理的不同，三坐标测量机可分为机械接触式坐标测量机、光学坐标测量机、激光坐标测量机。坐标测量机一般由主机、测头和电气系统三部分组成，其中测头是坐标测量机的关键部件，可进一步细分为硬测头（机械式测头）、触发式测头和模拟式测头三种。硬测头主要用于手动测量，由操作人员移动坐标轴，当测头以一定的接触力接触到被测表面时，人工记录下该位置的坐标值（见图 5-100）。由于采用人工测量时对测量力不易控制，测头每接触一次只能获取一个点的坐标值，因此精度低、测速慢，但价格便宜。触发式测头是英国 Renishaw 公司和意大利 DEA 公司于 20 世纪 90 年代研制生产的新型测头。当该测头的探针接触被测表面并产生一定微小的位移时，测头就发出一个电信号，利用该信号可以立即锁定测头当前的位置，从而自动记录下其的坐标值。这种测头可以在工件上进行滑动测量，测量精度可达 30μm，测量速度一般为 500 点/s，具有准确性高，对被测物体材质和反射特性无特殊要求，且不受工件表面颜色及曲率影响等优点，缺点是不能对软质材料物体进行测量，测头易磨损且价格较高。

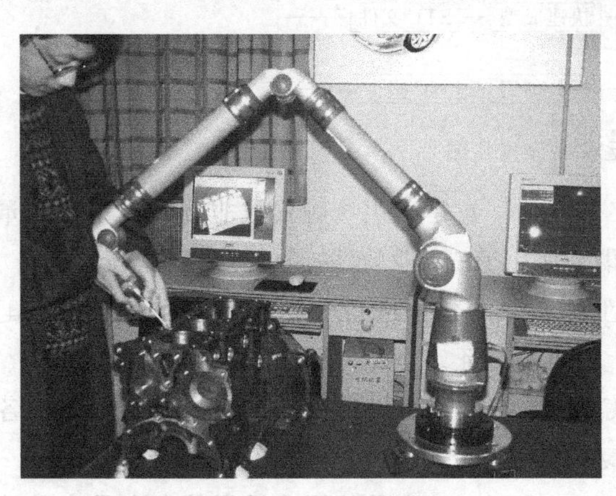

图 5-100 接触式数据采集

接触式测量法具有测量精度、准确性及可靠性高、适应性强、不受工件表面色泽影响等优点，对不具有复杂内部型腔、特征几何尺寸多且只有少量特征曲面的零件，CMM 法是一种非常有效而可靠的三维数字化测量手段。缺点是测量速度慢，无法测量表面松软的实物，测量仪对使用环境要求较高，测量过程须人工干预，此外，还须对测量结果进行测头损伤及测头半径的三维补偿。

非接触式数据采集速度快、精度高，排除了由测量摩擦力和接触压力造成的测量误差，避免了接触式测头与被测表面由于曲率干涉产生的伪点数，获得的密集点云信息量大、精度高，测量光斑可以很小，能够探测到一般机械测头难以测量的部位，最大限度地反映被测表面的真实外形（见图 5-101）。

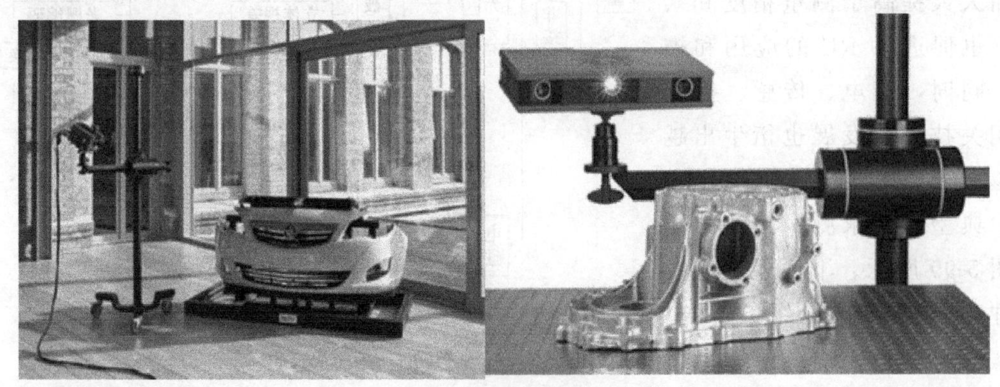

图 5-101 非接触式数据采集

(2) CT 法

计算机断层扫描（Computer Tomography，CT）技术最具代表性的是基于 X 射线的 CT 扫描机，它以被测量物体对 X 射线的衰减系数为基础，利用计算机重建物体的断层图像。CT 分为医用 CT 和工业 CT 两种。医用 CT 主要用于人体组织和器官的检测，成像范围相对较小。图 5-102 为采用 Mimics 医学影像处理软件（比利时 Materialise 公司）进行 CT 数据处理的界面，该软件的 STL＋模块可直接输出标准的 3D 格式文件。相对于医用 CT 来说，工业 CT 射线剂量大，可以测量大部分工业零件，测量精度相对较高，最小断层测量间距可达 0.2mm，适合于工业应用。产品实物经 CT 扫描层析后，获得一系列断面图像切片和数据，这些数据提供了工件截面轮廓及其内部结构的完整信息，不仅可以进行工件形状、结构和功能分析，还可以进行工件的几何模型重建。工业 CT 的组成结构如图 5-103 所示。

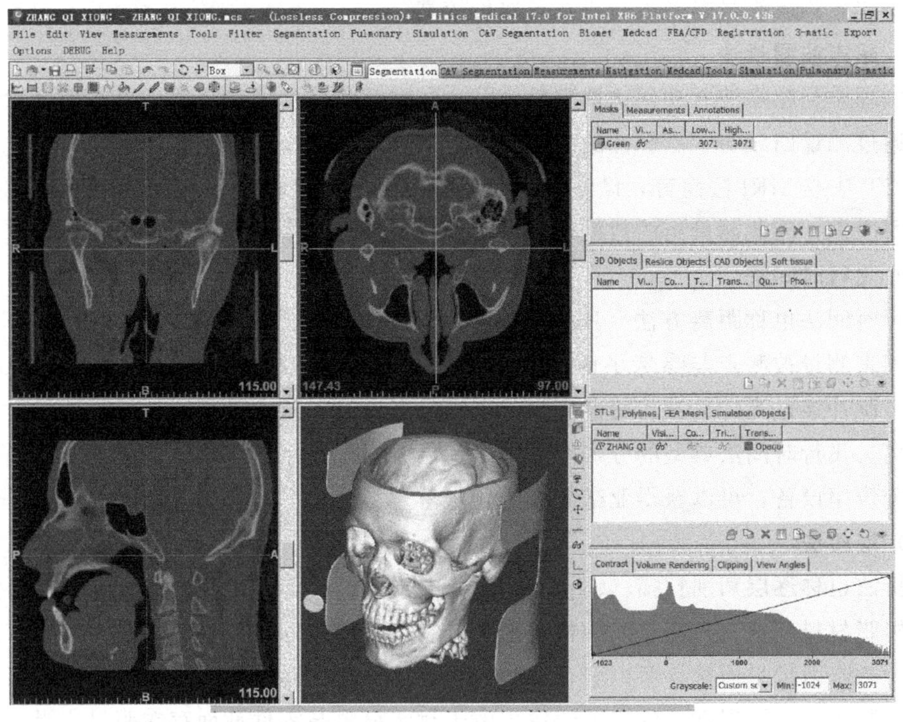

图 5-102 医学 CT 断层扫描及图像处理

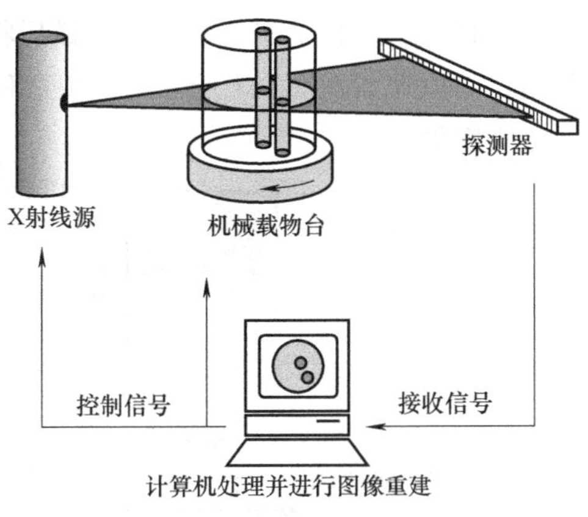

图 5-103 工业 CT 组成结构示意图

工业 CT 是目前较先进的非接触式测量方法，它可以在不破坏零件的情况下，对物体的内部构造进行测量，而且对零件的材料没有限制。但是 CT 测量法存在着测量系统空间分辨率低、获得数据需要较长的积分时间、重建图像计算量大、设备造价高、只能获得一定厚度截面的平均轮廓等缺点。

(3) 磁共振法 (Magnetic Resonance Imaging, MRI)

其理论基础是核物理学的磁共振理论，其基本原理是用磁场来标定人体某层面的空间位置，然后用射频脉冲序列照射，当被激发的核在动态过程中自动恢复到静态场的平衡态时，把吸收的能量发射出来，然后利用线圈来检测这种信号，由于这种技术具有深入物质内部且不破坏样品的优点，尤其对人体没有损害，因此在医疗领域应用广泛。但不足之处是目前对非生物组织材料尚不适用，且造价较高。

(4) 超声波测量法

其原理是当超声波脉冲到达被测物体时，在被测物体的两种介质交界表面会发生回波反射，通过测量回波与零点脉冲的时间间隔，即可以计算出各面到零点的距离。这种方法相对于CT法或MRI法而言，设备成本较低，但测量速度较慢，且测量精度由测头的聚焦特性所决定，因此测量出的数据可靠性较低。目前该法主要用于无损探伤及厚度检测。

(5) 飞行时间法

飞行时间法也称距离方法 (Range Methods)，它是利用激光或其他光源脉冲光束的飞行时间来测量被测点与参考平面的距离。测量过程中，物体脉冲经反射回到接收传感器，参考脉冲穿过光纤也被传感器接收，这样会产生时间差，就可以把两脉冲的时间差转换成距离。飞行时间法典型的分辨率在1mm左右，采用由二极管激光器发出的亚毫秒脉冲和高分辨率设备，可以获得亚毫米级的分辨率。

(6) 层析法

层析法也称逐层切削扫描 (Capture Geometry Inside, CGI) 法，它是先将待测零件用专用树脂材料（填充石墨粉或颜料）完全封装，待树脂固化后将工件装夹到铣床或磨床上，进行微吃刀量平面铣（磨）削，得到包含有零件与树脂材料的截面后，利用高分辨率光电转换装置获取该层截面的二维图像。由于封装材料与零件截面存在明显边界，通过数字图像处理技术便可得到边界轮廓图像。完成一层的测量后，再去除下一层材料。重复上述步骤，直至完成整个实物的测量。最后将各层的二维数据进行合成，即可得到实物的三维数据，其原理如图5-104所示。采用这种测量方法，可以精确获得被测物体的内、外曲面的轮廓数据。

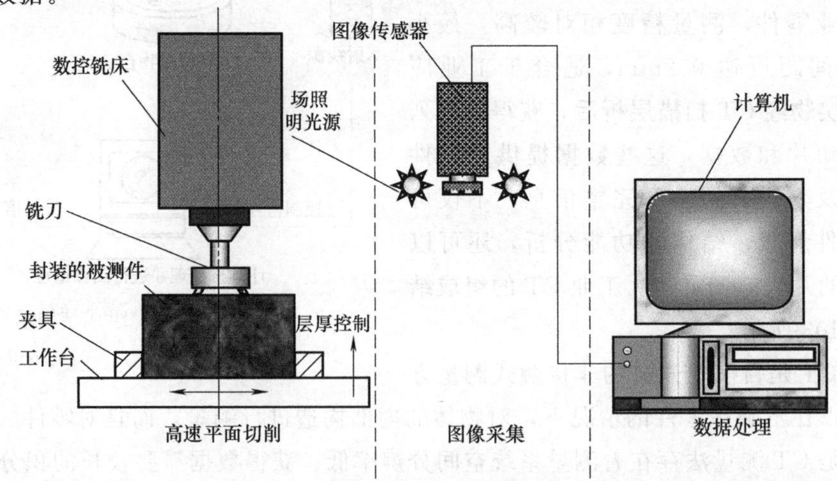

图5-104 层析法三维测量系统示意图

这种方法对被测实物的材料没有限制，设备价格便宜且能达到较高的测量精度，最小层间距能达到 0.01mm，但其缺点是对实物的测量是破坏性的。下面以对某进口摩托车发动机复杂内腔表面进行测量为例来说明层析法的具体应用。

在数控铣床上使用平面铣刀逐层铣削被测发动机，铣刀上方安装的刷子用来清除切屑。摄像机安装于数控铣床机身上，一个光电编码器用于检测工作台被测物是否移动到CCD（Charge Coupled Device，光电耦合）摄像机下。光电编码器和图像处理计算机之间通过并行口通讯。获取断层图像后进行图像处理、提取轮廓，再经标定后进行矢量化处理，由此得到断层轮廓的矢量化数据（图 5-105～图 5-108）。这些数据可以进行三维重构生成物体的 CAD 模型，也可以直接生成 STL 模型，还可以直接生成快速成型机所需的层片数据。

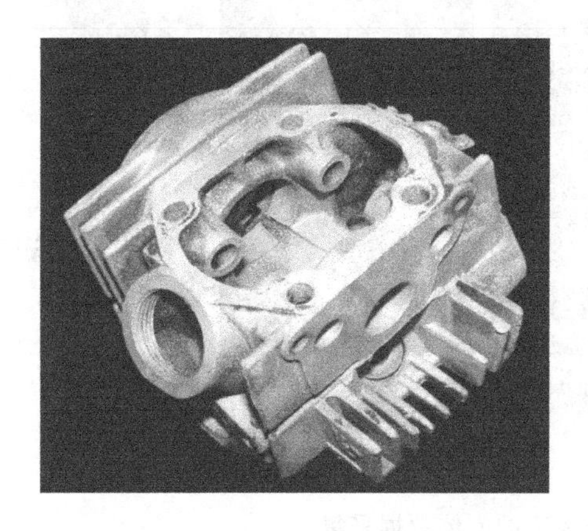

图 5-105 某摩托车发动机原始实物

图 5-106 层析法测量装置

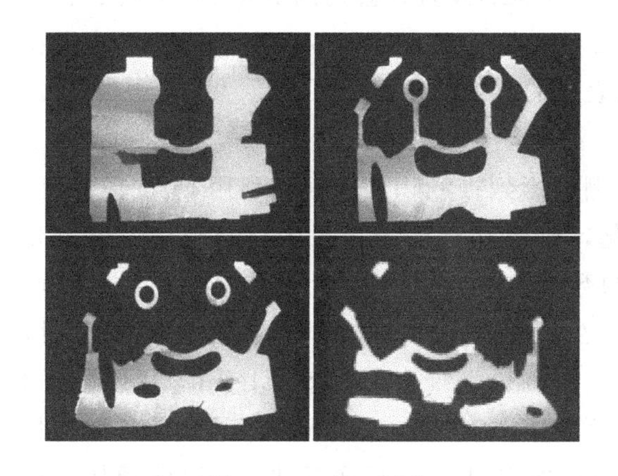

图 5-107 截面图像

图 5-108 重构后的三维实体模型

(7) 激光线结构光扫描法

激光线结构光扫描测量是一种基于线结构光和三角测量原理的主动式结构光编码测量技术，亦称为光切法（Light Sectioning）。它将具有规则几何形状的激光光源（如点光源、线光源）投影到被测零件的表面上，形成的漫反射光点（光带）成像于图像传感器后，根据三角形原理，即可测出被测点的空间坐标。

目前较为成熟、应用最广泛的线结构光测量方法是深度图像三维测量法，它的最大特点是测量速度快、精度较高、数据点密集，因此特别适合于测量大尺寸的具有复杂外部曲面的零件。但由于它不能测量激光照射不到的部位，对于突变的台阶结构和深孔结构易于产生数据丢失，同时对被测零件表面的色泽、粗糙度、漫反射和倾角过于敏感，存在阴影效应，因此限制了其使用范围。采用多激光扫描头进行扫描扇区的数据叠加，可以在很大程度上弥补上述不足。图 5-109 给出了通过多激光扫描头构成全身人体扫描仪，来进行人体测绘的扫描过程。

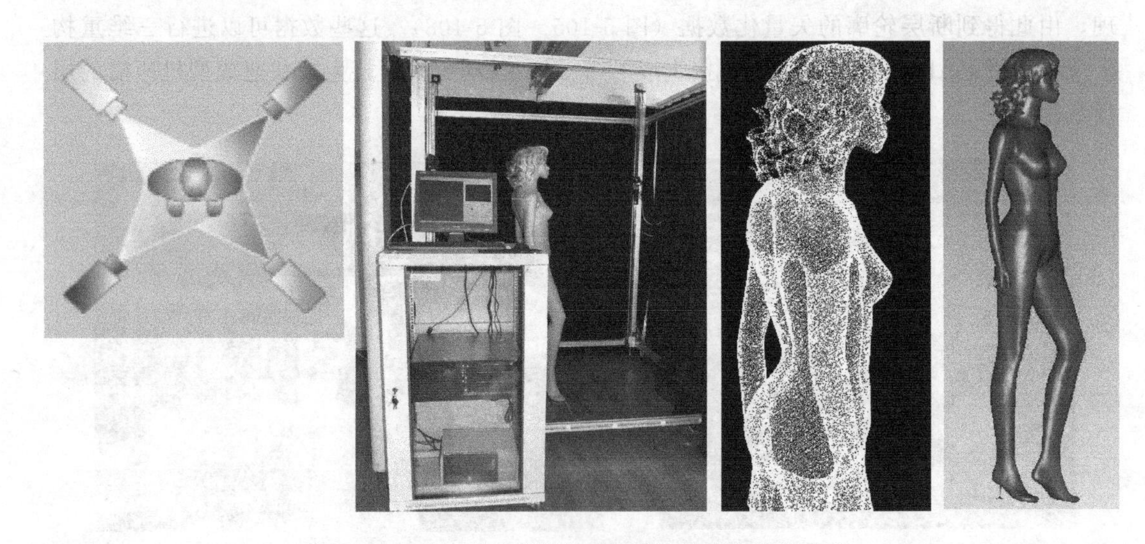

图 5-109 基于激光线结构光扫描法的人体数据采集

目前，商业化的光切三维测量系统有英国 3D SCANNES 公司的 Reversa 系统、日本 MINOLTA 公司的 VIVID700 系统等，这类设备扫描速度可达 15000 点/s 以上，测量精度在±0.0125～±0.2mm 之间，对测量对象表面的适应性较强。

(8) 投影光栅法

采用普通白光光源将正弦光栅或矩形光栅投影到被测物体表面，利用 CCD 摄像机，根据变形光栅图像中条纹像素的灰度值变化，可解算出被测物面的空间坐标。投影光栅法的优点是测量范围大，可对整幅图像的数据进行处理，由于无需逐点扫描，因而测量速度快、成本低、易于实现。不足之处在于对表面变化剧烈的物体进行测量时，在陡峭处往往会发生相位突变。目前较为成熟的测量系统有德国 STEINBICHLER 公司的 COMET 系列、德国 GOM 公司的 ATOS 系统等。其中，ATOS 系统是目前世界上最先进的非接触式三坐标扫描仪之一，主要有 ATOS 和 Tritop 两个模块。ATOS 模块又称为光学测量系统，通过两个高分辨率 CCD 相机对光栅干涉条纹进行拍照，利用光学定位技术和光栅测量原理，可在极短时间内获得表面的完整点云。最新的 ATOSⅢ系统，每次测量数据的周期是 11s，每次能采集到 400 万点数据，测量范围最大可达 2m×2m，特别适合大型工件的快速测量（见图 5-110）。Tritop 模块又称为照相测量定位系统，它是根据全球卫星定位原理进行开发，利用照相机技术来获取某些特征标志点的三坐标位置（见图 5-111）。

图 5-110 ATOS模块

图 5-111 Tritop 模块

(9) 基于立体视差的数字照相系统

许多非接触式三维测量都涉及立体视差（Stero Disparity）法。所谓视差就是物体表面同一个点在左右图像中成像点的位置差异，根据这样的差异通过算法便可获得物体上对应点的空间坐标。应用这种原理来进行物体测量，可实现将2个或2个以上视点所得的二维图像推广成三维图像。该方法优点是测量原理清晰、操作灵活、应用场合广泛、硬件成本低、测量时不受物体表面反射特性的影响。在不能或不便采用主动式测量的场合，如航空测量、卫星遥感、机器人视觉、军事侦察等领域，都对此技术有较大需求。

以上各种测量方法都有各自的优缺点和应用范围。目前用于测量造型技术的主要有投影光栅法和激光三角形法，其中以激光三角形法的应用更为广泛。下面就测量精度、速度、可测量轮廓的复杂程度、对材料是否有限制及成本等方面作一简单比较（见表5-1）。

表 5-1 各种测量方法的比较

技术类型	测量精度	速度	内腔测量	形状限制	材料限制	成本	代表产品
三坐标测量	高(±0.5μm)	慢	否	无	无	高	
投影光栅法	中(0.02mm)	快	否	表面不能过陡	无	低	(德)EOSCAN
激光三角法	较高(±5μm)	快	否	表面不能过于光滑	无	较低	(美)DIGIBOT
CT和MRI	低(1mm)	较慢	是	无	有	高	(美)INTER GRAPH
自动断层扫描仪法	中(0.025mm)	较慢	是	无	无	较高	
层析法	中(0.02mm)	慢	是	无	无	低	(美)CGI
立体视觉法	低(0.1mm)	快	否	有	无	较低	

5.3.3 反求数据处理

RE中较大的工作量就是离散数据的处理。一般来说，反求系统中应携带具有一定功能的数据拟合软件，而常规CAD软件，如UG Ⅱ、Pro/E等，有曲面拟合功能但不够完善。专用曲面拟合与修补软件有美国SDRC公司的Imageware Surfacer、美国Raindrop公司的Geomagic Studio、英国DELCAM公司的CopyCAD和韩国INUS公司的Rapid-Form等。

国内从事RE研究的单位多为高等院校，代表性的有清华大学激光快速成型中心进行的照片反求、CT反求研究；西安交通大学面向CMM的激光扫描法、基于线结构光视觉传感器的光学坐标测量机及层析法的研究，并根据断层轮廓集三角化表面重构的理论和算法，开发出反求软件StlModel 2000（见图5-112）；上海交通大学反求集成系统和自动建模技术；浙江大学的三角面片建模及其反求软件Re-soft，提出以三角曲面为过渡模型的NURBS曲面光滑重构理论和方法；南京航空航天大学的基于海量散乱点三角网格面重建和自动建模方法；华中科技大学的曲面测量与重建系列算法；西北工业大学的数据点处理、建模及其反求软件NPU-SRMS实物测量造型系统等。

此外，一些流行的CAD、CAM集成系统中也开始集成了类似模块，如Cimatron软件的ReEnge模块可以直接读入多种格式的测量数据，并提供了多种可以用点云直接生成样条曲线、网格和NURBS曲面，最终生成CAD模型的功能算法。所生成的三维曲线和曲面可以进行编辑，也可以对曲面进行数控加工。

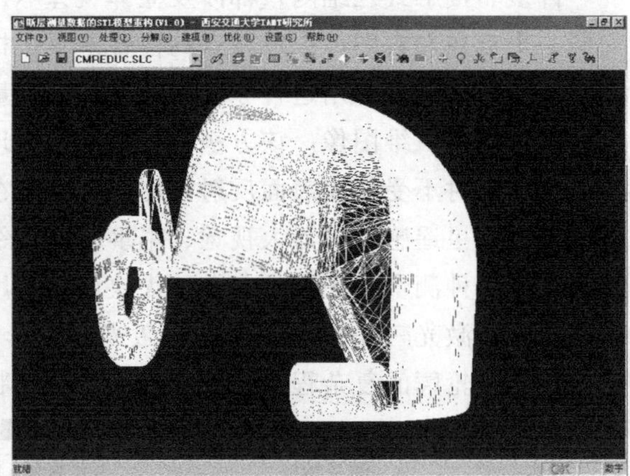

图5-112 StlModel 2000软件运行界面及通过断层轮廓集重构的车门拉手

5.3.4 反求工程实例

在设计一个产品前，首先必须尽量理解原有模型的设计思想，在此基础上还可能要修复或克服原有模型上存在的缺陷。从某种意义上看，逆向设计也是一个重新设计的过程。在开始进行一个逆向设计前应对零件进行仔细分析，主要考虑以下一些要点：

① 确定设计的整体思路。对设计模型进行系统分析，应首先考虑好先做什么、后做什么、用什么方法做，在模型的逆向建模中应主要考虑是将几何模型划分为几个特征区，得出设计的整体思路，并找到设计的难点。

② 确定构成模型的基本的曲面类型。这关系到相应设计软件的选择和软件模块的确定。例如，仪表盘的设计一般需要采用具有方便调整曲线和曲面的模块，应采用创成式设计方案。

③ 确定模型重建方案后，针对方案中使用的要素，进行合理的测量路径规划，要保证测量数据能够满足模型重建的需要。

本节介绍的客车仪表盘反求工程案例，即是通过非接触式三维扫描仪采集数据，之后将测量数据进行拼合并重构出三维模型的具体过程（见图 5-113 和图 5-114）。由于扫描件较大，需要分块进行扫描并拼接，为了提高拼接效率，在扫描件上粘贴了圆形标记点。对扫描所得的点云利用 Geomagic Studio 进行处理，处理过后的 STL 数据如图 5-115 所示。

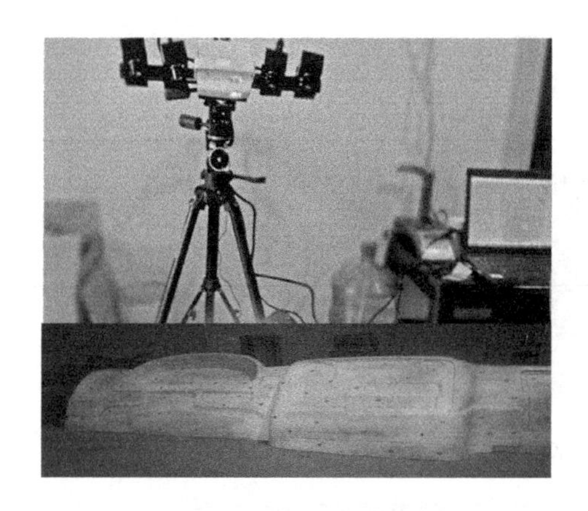

图 5-113　三维扫描仪工作状态

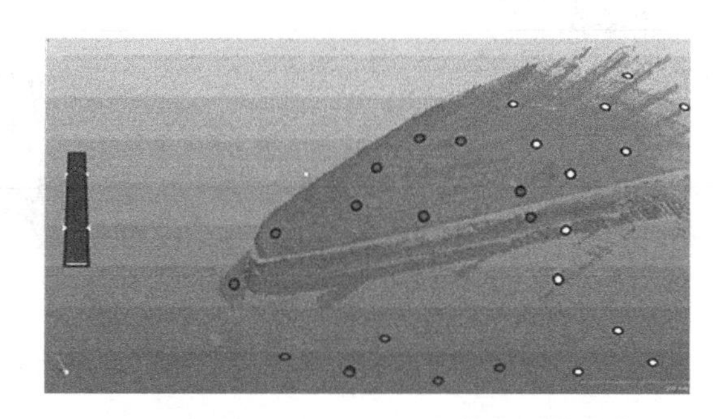

图 5-114　扫描界面显示

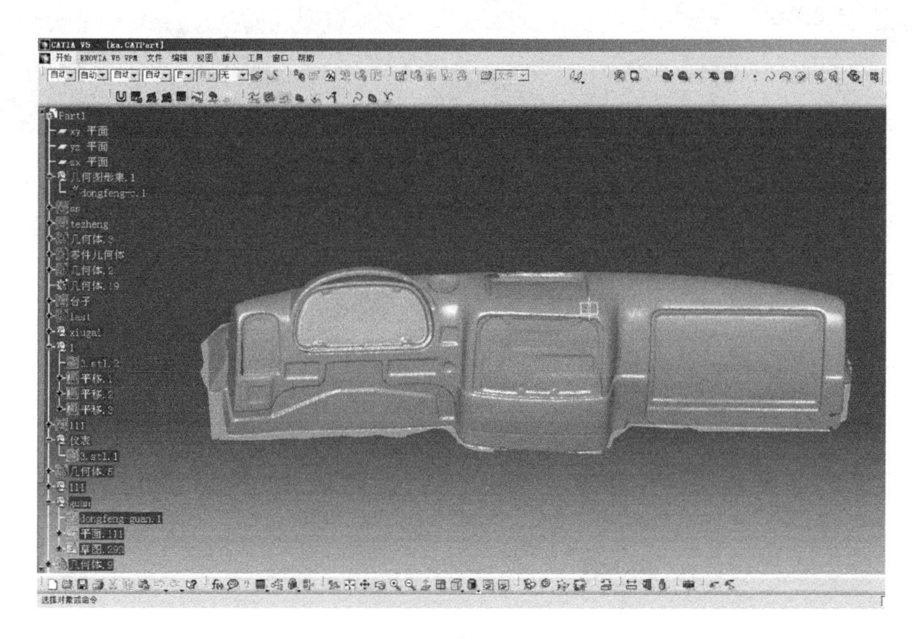

图 5-115　仪表盘扫描点云 STL 数据

5.3.4.1　数据的预处理

数据的预处理是利用 Geomagic 或 Imagerware 来实现坐标的对齐。

(1) Geomagic 的坐标对齐

① 工具—基准—弹出创建基准对话框（见图 5-116），通过选择三点或最佳拟合来确定平面 1。

② 创建基准平面后进行如图 5-117 所示操作，新建平面 1 对齐到全局。

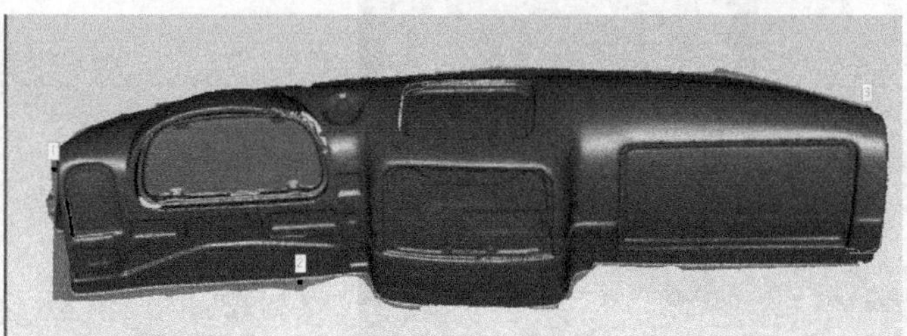

图 5-116　创建基准

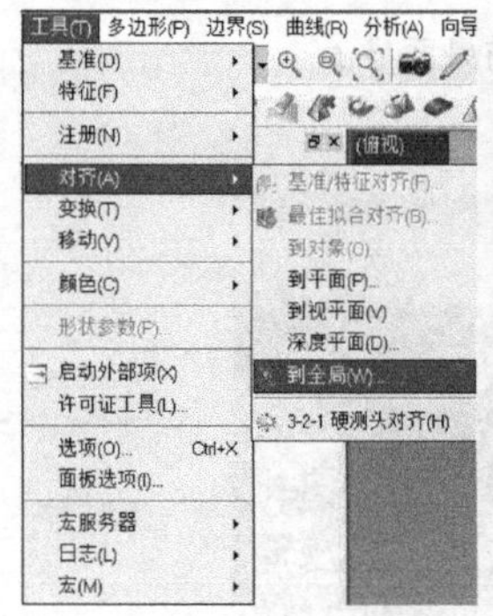

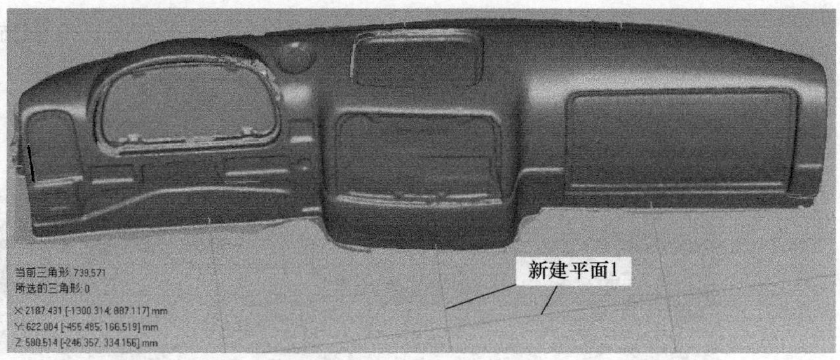

图 5-117　新建平面 1 对齐全局

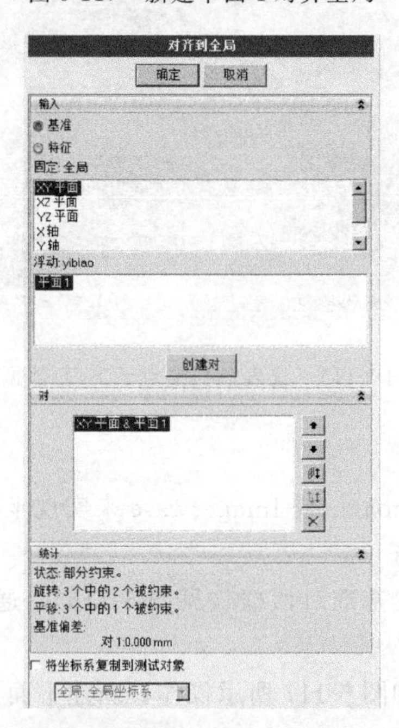

③ 在弹出的对话框中将 xy 平面与平面 1 对齐，这样点云数据的坐标就与世界坐标一致了（见图 5-118）。

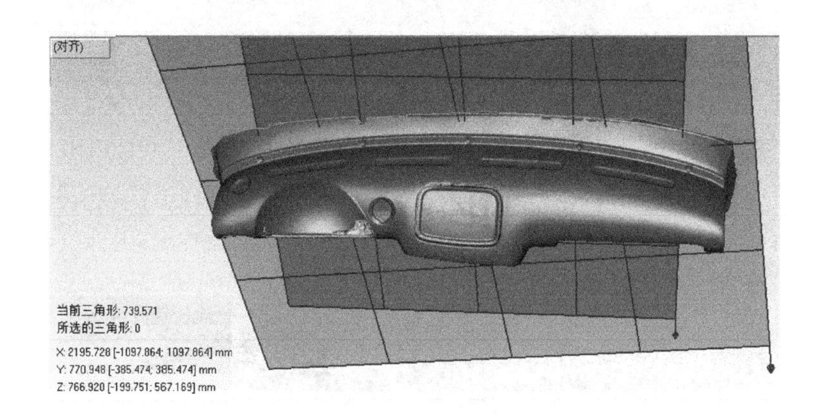

图 5-118 xy 平面与平面 1 对齐

④ 进行如下操作：工具—移动—精确位置。在对话框中进行平移与旋转，摆正 x、y、z 方向，坐标粗略对齐之后再进行微调，直至满足作图及脱模方向的需要（见图 5-119）。

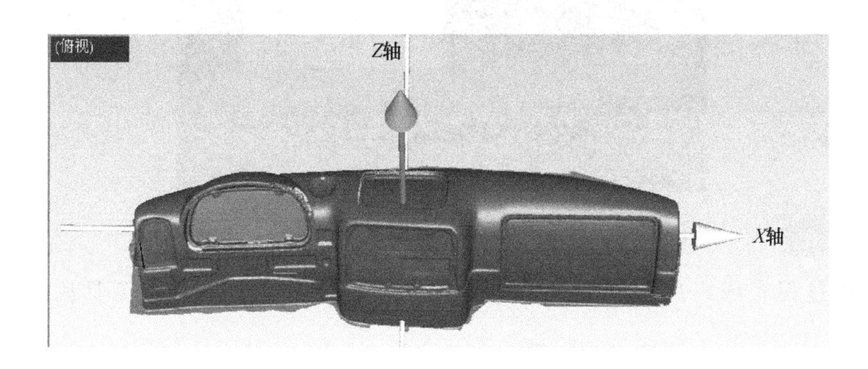

图 5-119 移动精确位置

（2）Imageware 中的坐标调整

① 在 Imageware 打开数据以后，按快捷键“Ctrl＋D”弹出点显示对话框，选择分散点。

② 观察其脱模方向的平面作为参考平面，利用这个图标框选以上所需平面的点，再保留一个原始数据。记住一定要选上同一平面内的点，将多余的凹凸部分删掉。如图 5-120 所示。

③ 在选好框架内的点数据后直接点击图标拟合平面，直接应用就可以，这个工具是把所有在同一平面内的点均匀的确定一个需要的平面，利用这个平面进行产品的对坐标操作（见图 5-121）。

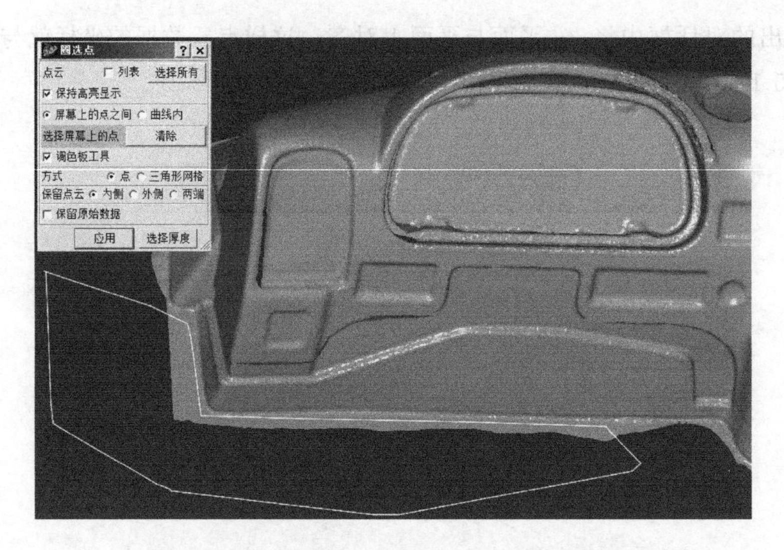

图 5-120　删除多余点

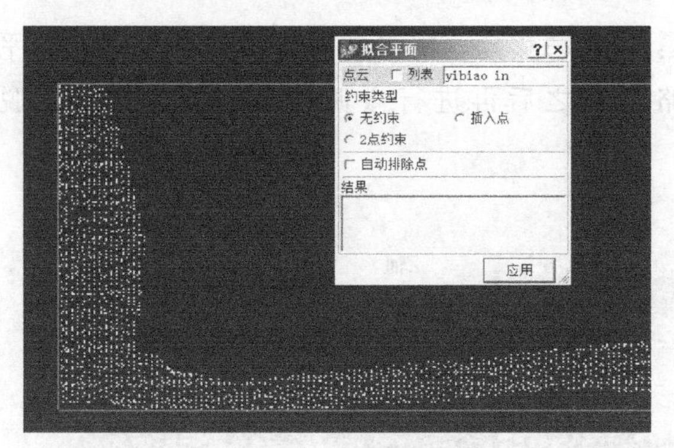

图 5-121　平面对标

④ 上述过程完成以后再把原始数据调出来，组成一个整体，用工具栏编辑里面创建组。

⑤ 创建坐标系，根据特征定位，选择如图确定好以上数据的完整性后，点“增加”出现应用之后，xy 平面就定了，然后利用旋转和位移摆正坐标，按“Shift＋U”打破群组，删除点云之外的辅助数据，输出 STL 格式文件，如图 5-122 所示。

5.3.4.2　曲面的重建

下面以在 CATIA V5 R21 中进行创成式设计为例，来让读者进一步了解反求工程的整个流程和 CATIA 的基本使用。

① 打开 CATIA，新建 part 文件。

② 插入几何图形集，自命名。

③ 在自命名的几何图形集下，点击在对话框中选择文件路径，点击应用导入 STL 点云文件，导入对话框如图 5-123 所示。

④ 插入新建图形集，命名为 surface（自命名）。

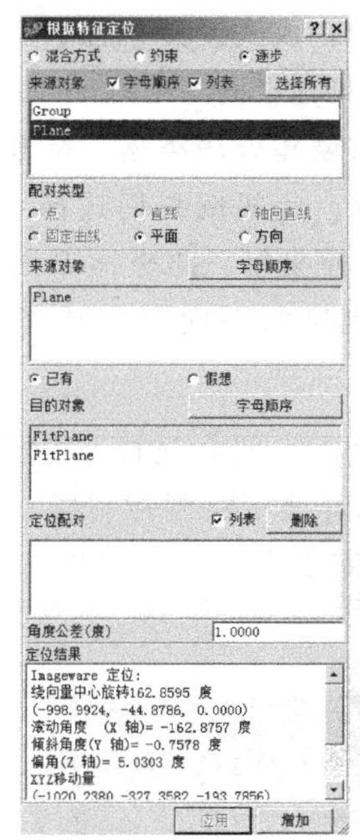

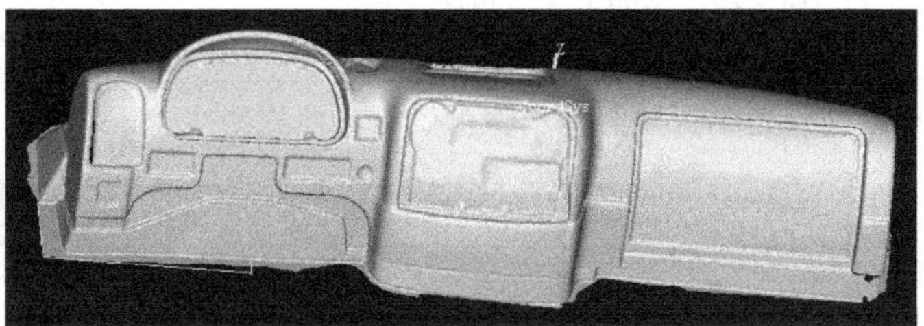

图 5-122 特征定位

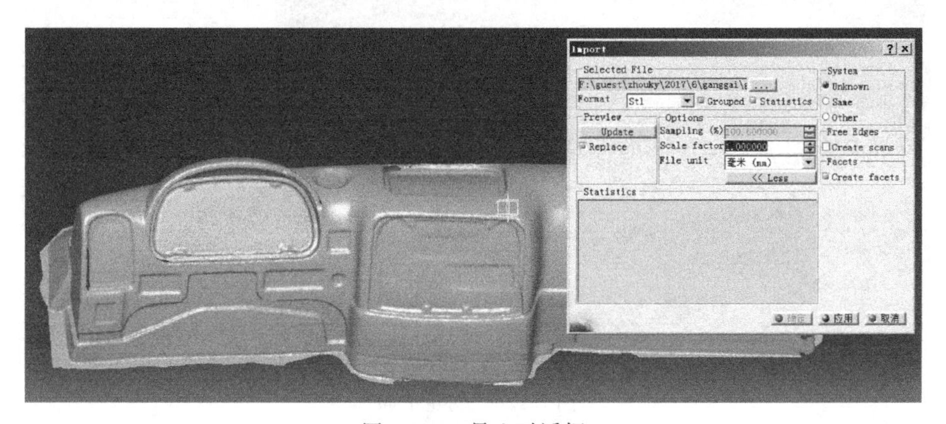

图 5-123 导入对话框

⑤ 首先提取数据的参考线，点击 在对话框中选择导入的点云数据，平面选择 yz 平面，截取点云的位置是需要创建的平面的控制线的位置。如图 5-124 所示。

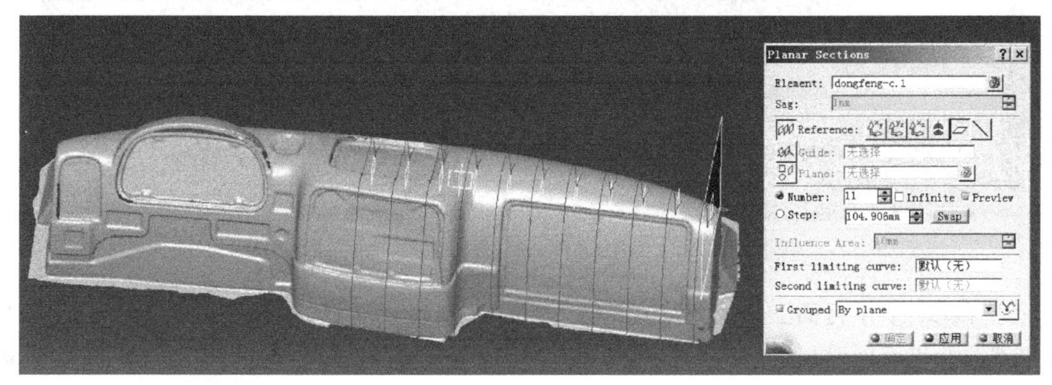

图 5-124 创建平面控制线

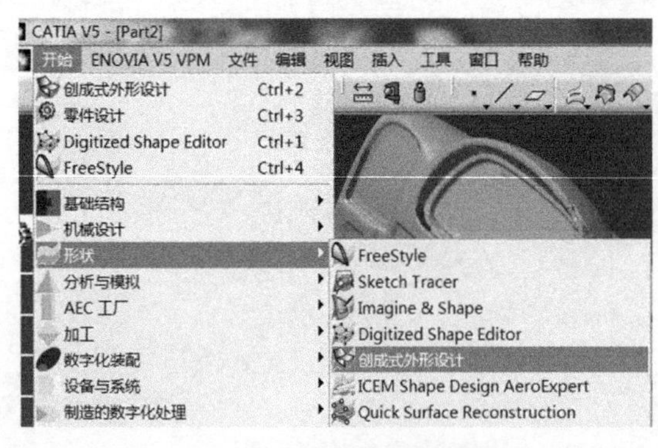

图 5-125　创成式平台切换

⑥ 切换到创成式设计平台下，在此控制线位置处创建平面（见图 5-125）。

⑦ 平面的创建方法类型、参考、点都可进行选择。此案例我们选择 yz 平面，点类型选择坐标，此坐标点在上述截取线上，创建的平面就完成了（见图 5-126）。

⑧ 单击草图按钮 选择上述创建的平面，在草图界面下绘制控制线（见图 5-127），绘制完成后退出草图编辑。点击 对草图进行光顺，按上述步骤再做出其他控制线。

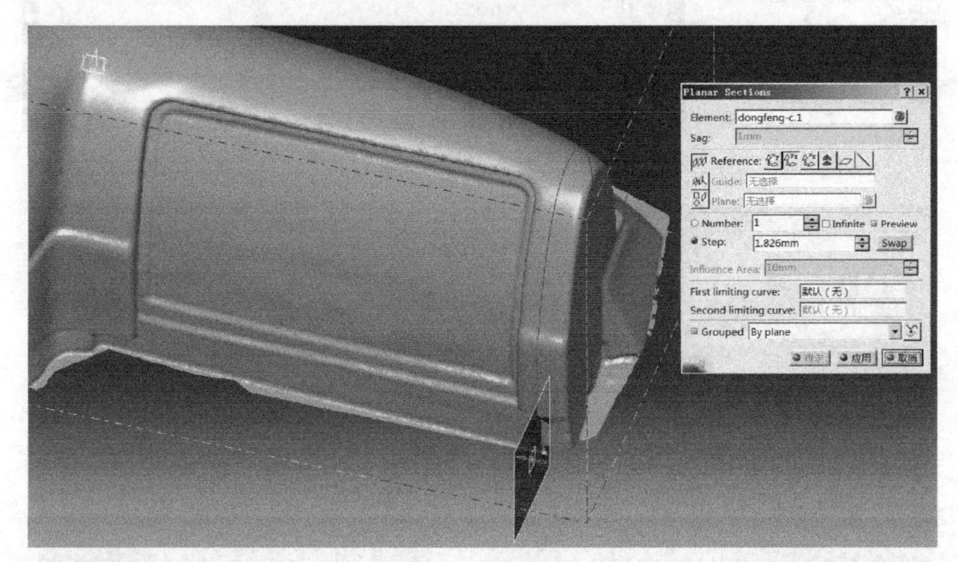

图 5-126　创建平面

图 5-127　绘制草图

⑨ 截取 xy 平行面上的控制线（见图 5-128）。创建一个与 xy 面平行的平面，把上述控制线与此平面创建相交，然后在此平面上画出草图，且此草图经过所有的交点。重复该步骤，创建多个 xy 面的平行平面并截取控制线（见图 5-129）。

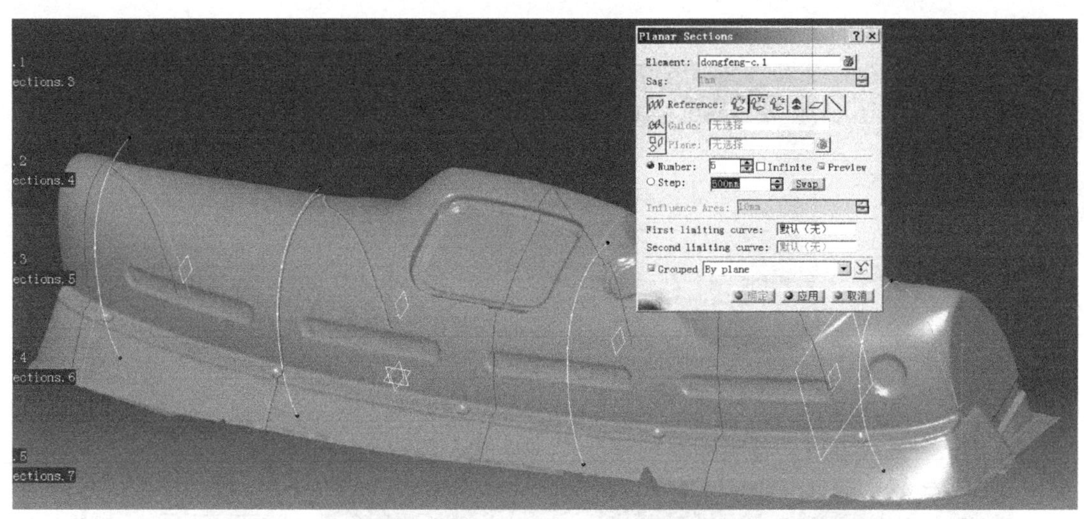

图 5-128 截取平行 xy 面的平面控制线

图 5-129 创建相交草图

⑩ 创建曲面，点击图标，弹出多截面曲面定义对话框。截面选择创建的支持面是 yz 面的 4 个光顺曲线，引导线是用刚创建的支持面 xy 面的光顺曲线，点击确定创建的曲面（见图 5-130）。

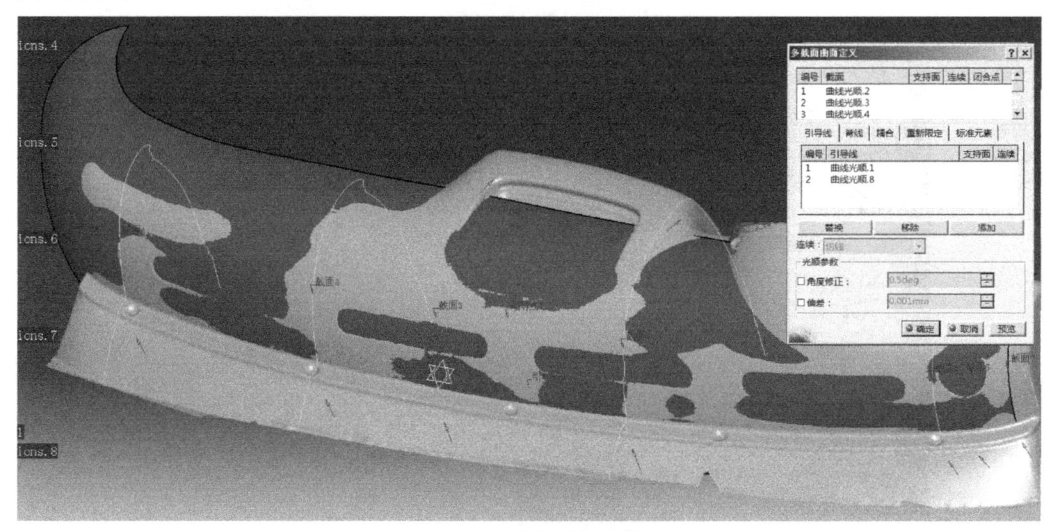

图 5-130 创建多截面曲面

⑪ 按照⑤～⑩的步骤，创建与之相交的曲面2（见图5-131）。

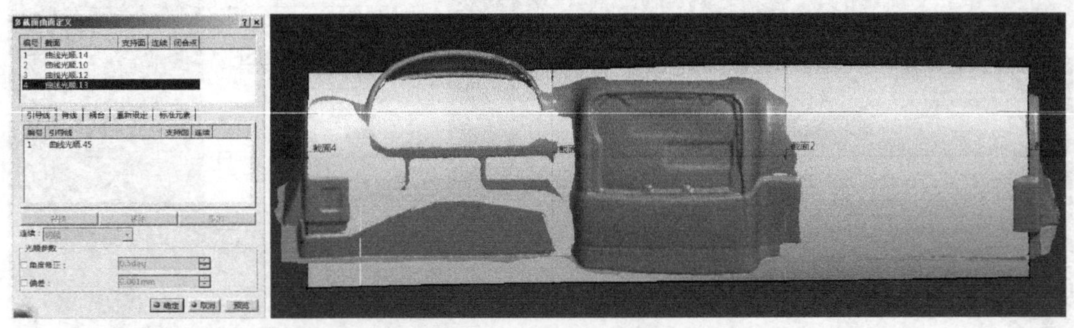

图 5-131　创建相交曲面

⑫ 相交后进行修剪，保留需要的部分面（见图5-132）。

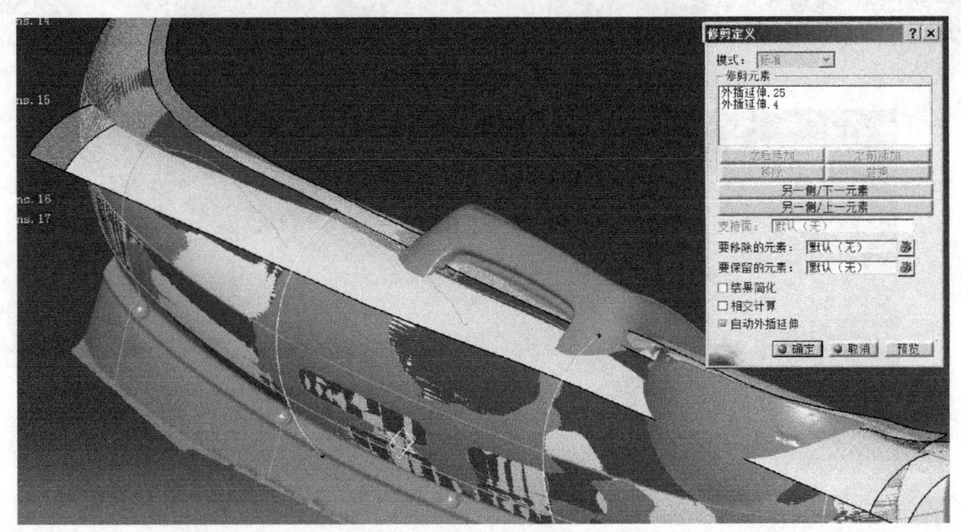

图 5-132　修剪曲面

⑬ 修剪后点击图标，进行圆角操作（见图5-133），修剪完成后如图5-134所示。

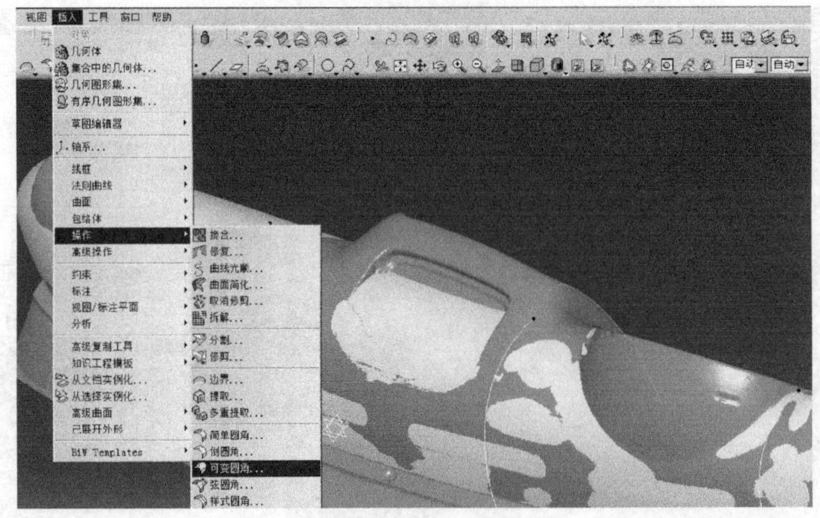

图 5-133　曲面倒圆角

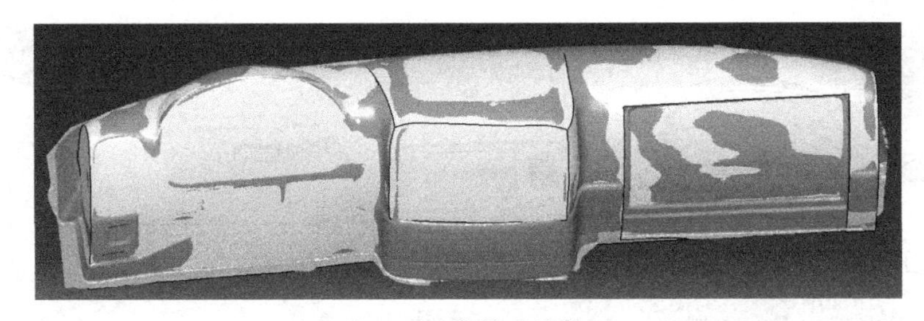

图 5-134 修剪后的曲面

⑭ 为进行封闭曲面操作，转入 CATIA 的零件设计模块操作界面（见图 5-135）。

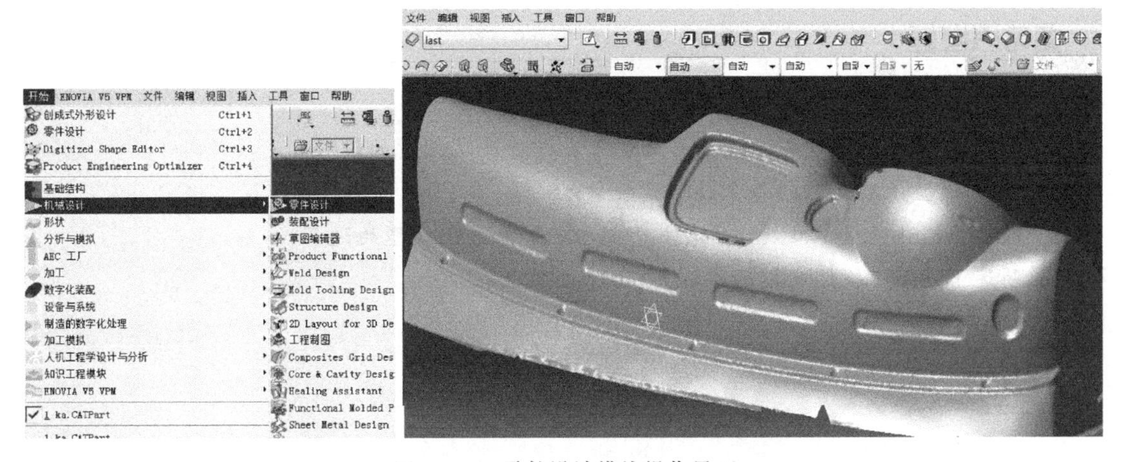

图 5-135 零件设计模块操作界面

⑮ 在插入下拉菜单中选择基于曲面的特征，选择封闭曲面特征（见图 5-136）。

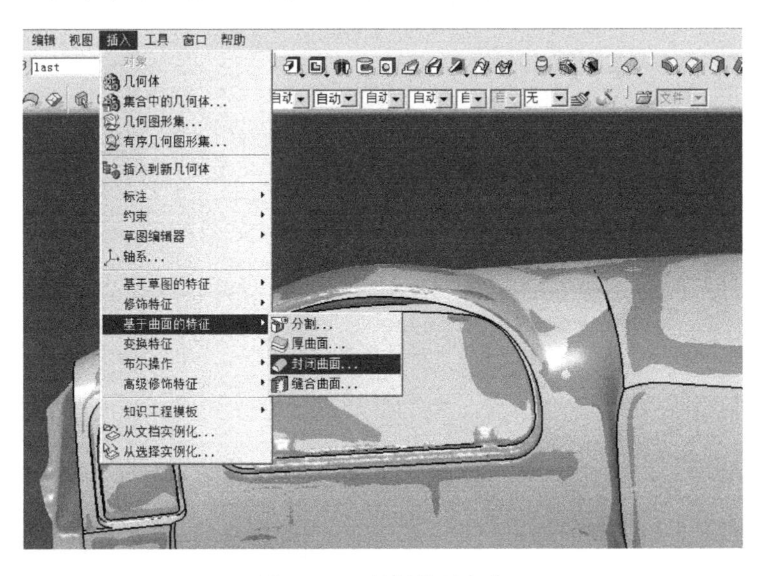

图 5-136 封闭曲面命令

⑯ 按以上步骤进行曲面的设计，生成实体。在实体操作模块内进行实体命令的其他操作，得到最终的实体模型（见图 5-137）。

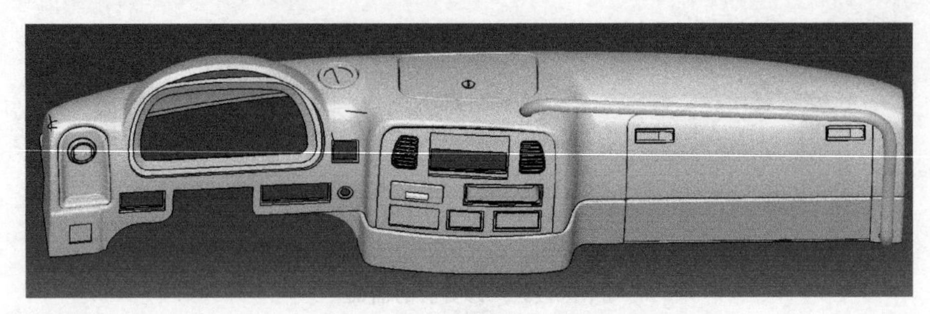

图 5-137 三维模型实物图

复习思考题

5-1 什么是反求工程，试述反求工程的基本步骤？

5-2 反求测量方法有哪些？试述利用层析法进行反求测量的过程。

5-3 STL 模型分层处理的基本过程是什么？

5-4 简述 Thinkercad 和 Rhino 软件建立一个简单卡通模型的过程。

5-5 简述 Blender 软件建模的步骤。

参考文献

[1] 颜永年，单忠德. 快速成形与铸造技术 [M]. 北京：机械工业出版社，2004.

[2] 范春华. 快速成形技术及其应用 [M]. 北京：电子工业出版社，2009.

[3] 王运赣，张祥林. 微滴喷射自由成形 [M]. 武汉：华中科技大学出版社，2009.

[4] 王运赣，王宣，孙健. 三维打印自由成形 [M]. 北京：机械工业出版社，2012.

[5] 朱晓云，郭忠诚，曹梅. 有色金属特种功能粉体材料制备技术及应用 [M]. 北京：冶金工业出版社，2011.

[6] “十三五”中国3D打印产业发展格局及未来前景展望分析报告，来源：百度文库.

[7] 王峰，颜永年. 快速成型与制造技术体系分析 [J]. 机械工业自动化，1998，20 (6)：10-13.

[8] Williams C B，Cochran J K，Rosen D W. Additive manufacturing of metallic cellular materials via three-dimensional printing [J]. The International Journal of Advanced Manufacturing Technology，2011，53：231-239.

[9] Reinhold M，Nahum T，Cordt Z. 3D printing of Al_2O_3/Cu-O interpenetrating phase composite [J]. Journal of Materials Science，2011，46：1203-1210.

[10] 杨守峰，张世新，田杰谟. 精细陶瓷成型新工艺——快速自动成型 [J]. 功能材料，1998，29 (4)：337-342.

[11] 傅仕伟，严隽琪. 快速成型技术及其在骨骼三维重构中的应用 [J]. 上海交通大学学报，1998，32 (5)：111-114.

[12] 杜昭辉. 快速原型技术医学应用的研究 [J]. 机械工业自动化，1997，19 (3)：53-56.

[13] 赵荣椿. 数字图像处理导论 [M]. 西安：西北工业大学出版社，1996.

[14] 吕培军. 数字与计算机技术在口腔医学中的应用 [M]. 北京：中国科学技术出版社，2001.

[15] 贾永红. 计算机图像处理与分析 [M]. 武汉：武汉大学出版社，2001.

[16] 张舜德，方强. 线性结构光编码的三维轮廓术 [J]. 光学学报，1997，Vol. 17 (11)：1533-1537.

[17] 郭东明，等. 理想材料零件数字化设计制造研究现状 [J]. 机械科学与技术，2003，Vol. 2 (25)：702-704.

[18] 朱心雄. 自由曲线曲面造型技术 [M]. 北京：科学出版社，2000.

[19] 谢红，张树生，等. 一种基于ICT的工件模型三维重构方法 [J]. 航空学报，1997，Vol. 18 (5)：599-602.

[20] 高士友，等. 激光快速成形TC4钛合金的力学性能 [J]. 稀有金属，2004，Vol. 28 (1)：29-33.

[21] 焦向东，等. 分层制造法的材料技术及其发展 [J]. 中国机械工程，2000，Vol. 11 (5)：584-586.

[22] 汪艳. 选择性激光烧结高分子材料及其制件性能研究 [D]. 华中科技大学材料科学与工程学院，2005.

[23] 胡德洲. 快速成型中STL和STEP模型的分层处理技术研究 [D]. 西安交通大学先进制造技术研究所，2000.

[24] 赵万华. 激光固化快速成型的精度研究 [D]. 西安交通大学先进制造技术研究所，2000.

[25] 段玉岗. 光固化快速成型中零件翘曲变形及材料研究 [D]. 西安交通大学先进制造技术研究所，2001.

[26] 吴懋亮，等. CPS紫外光固化快速成形系统的研究与开发 [J]. 中国机械工程，2000，Vol. 11 (10)：1120-1122.

[27] 马雷，等. 光固化快速成型中激光扫描路径的生成与优化 [J]. 中国机械工程，2000，Vol. 12 (3)：1524-1526.

[28] 胡晓冬. 基于等离子弧焊的三维焊接技术研究 [D]. 西安交通大学先进制造技术研究所，2004.

[29] 魏正英. 迷宫型滴灌灌水器结构设计与快速开发技术研究 [D]. 西安交通大学先进制造技术研究所，2006.

[30] 吴琼，陈惠. 选择性激光烧结用原材料的研究进展 [J]. 材料导报，2015，Vol. 11 (29)：78-83.

[31] 韩召，曹文斌. 陶瓷材料的选区激光烧结快速成型技术进展 [J]. 无机材料学报，2004，Vol. 19 (4)：705-713.

[32] Evans R S，Bourell D L，Beaman J J. Rapid manufacturing of silicon carbide composites [J]. Rapid Prototyping Journal，2005，11 (1)：37-40.

[33] 贾振元，邹国林. FDM工艺出丝模型及补偿方法的研究 [J]. 中国机械工程，2002，Vol. 13 (23)：1997-2000.

[34] 赵志文，程昌圻，韩秀坤. 快速原型制造技术及应用 [J]. 北京理工大学学报，1994 (10)：58-65.

[35] 刘厚才，莫健华，刘海涛. 三维打印快速成形技术及其应用 [J]. 机械科学与技术，2008，Vol. 27 (9)：1184-1190.

[36] 曾光，韩志宇. 金属零件 3D 打印技术的应用研究 [J]. 中国材料进展，2014，Vol. 33 (6)：376-382.

[37] Kim S S，Utsunomiya H，et al. Survival and Function of Hepatocytes on a Novel Three-Dimensional Synthetic，Biodegradable Polymer Scaffold With an Intrinsic Network of Channels [J]. Annals of surgery，1998，Vol. 228 (1)：8-13.

[38] Gans B J D，Duineveld P C，Schubert U S. Inkjet printing of polymers：state of the art and future developments [J]. Advance Materials，2004，Vol. 16 (3)：203-213.

[39] Gbureck U，H lzel T，et al. Direct printing of bioceramic implants with spatially localized angiogenic factors [J]. Advanced Materials，2007，19：795-800.

[40] 黄华，齐乐华. 超声振动微量给粉机理及振幅对给粉速率的影响 [J]. 机械工程学报，2009，45 (1)：267-272.

[41] 徐明君，单忠德. 超声焊接在数字化分层实体制造中的应用研究 [J]. 电加工与模具，2006 (4)：32-34.

[42] YOKOYAMA Y，ENDO K，et al. Variable-size solder droplets by a molten-solder ejection method [J]. Journal of Microelectromechanical Systems，2009，Vol. 18 (2)：316-321.

[43] KIM B，KIM S，et al. Dynamic characteristics of a piezoelectric driven inkjet printed fabricated using MEMS technology [J]. Sensors and Actuators A：Physical，2012，Vol. 173 (1)：244-253.

[44] TURM R，GRUM J，BOZIE S. Influence of the alloying elements in Al-Si alloys on the laser remelting process [J]. Lasers in Engineering，2011，Vol. 22 (2)：47-61.

[45] 张学军，唐思熠. 3D 打印技术研究现状和关键技术 [J]. 材料工程，2016，Vol. 44 (2)：123-128.